教育部职业教育与成人教育司
全国职业教育与成人教育教学用书行业规划教材
"十二五"职业院校计算机应用互动教学系列教材

双模式教学
通过丰富的课本知识和高清影音演示范例制作流程双模式教学，迅速掌握软件知识

人机互动
直接在光盘中模拟练习，每一步操作正确与否，系统都会给出提示，巩固每个范例操作方法

实时评测
本书安排了大量课后评测习题，可以实时评测对知识的掌握程度

中文版

AutoCAD 2015
电脑制图

编著／黎文锋

光盘内容
96个视频教学文件、
练习文件和范例源文件

☑双模式教学 ＋ ☑人机互动 ＋ ☑实时评测

海洋出版社
2015年·北京

内 容 简 介

本书是以基础实例讲解和综合项目训练相结合的教学方式介绍 AutoCAD 2015 的使用方法和技巧的教材。本书语言平实，内容丰富、专业，并采用了由浅入深、图文并茂的叙述方式，从最基本的技能和知识点开始，辅以大量的上机实例作为导引，帮助读者在较短时间内轻松掌握中文版 AutoCAD 2015 的基本知识与操作技能，并做到活学活用。

本书内容：全书共分为 10 章，着重介绍了 AutoCAD 2015 应用基础、执行命令与视图应用、绘制二维几何图形对象、使用辅助功能绘图、管理图形的特性和填充、管理和编辑图形对象、创建和编辑图形的注释、应用 AutoCAD 的三维建模、三维模型的编辑与渲染等。最后通过制作机械传动轴设计图、制作连体式马桶设计图、制作与渲染花瓶三维模型 3 个综合项目设计介绍了 AutoCAD 2015 在电脑制图方面的设计理论和制作方法。

本书特点：1. 突破传统的教学思维，利用"双模式"交互教学光盘，学生既可以利用光盘中的视频文件进行学习，同时可以在光盘中按照步骤提示亲手完成实例的制作，真正实现人机互动，全面提升学习效率。2. 基础案例讲解与综合项目训练紧密结合贯穿全书，书中内容结合劳动部中、高级图像制作员职业资格认证考试量身定做，学习要求明确，知识点适用范围清楚明了，使学生能够真正举一反三。3. 有趣、丰富、实用的上机实习与基础知识相得益彰，摆脱传统计算机教学僵化的缺点，注重学生动手操作和设计思维的培养。4. 每章后都配有评测习题，利于巩固所学知识和创新。

适用范围：适用于全国职业院校 AutoCAD 绘图专业课教材，社会 AutoCAD 绘图培训班教材，也可作为广大初、中级读者实用的自学指导书。

图书在版编目(CIP)数据

中文版 AutoCAD 2015 电脑制图互动教程/黎文锋编著. —北京：海洋出版社，2015.3
ISBN 978-7-5027-9078-3

Ⅰ.①中⋯ Ⅱ.①黎⋯ Ⅲ. ①AutoCAD 软件—教材 Ⅳ. ①TP391.72

中国版本图书馆 CIP 数据核字（2015）第 021050 号

总 策 划：刘 斌	发 行 部：(010) 62174379（传真）(010) 62132549
责任编辑：刘 斌	(010) 68038093（邮购）(010) 62100077
责任校对：肖新民	网 址：www.oceanpress.com.cn
责任印制：赵麟苏	承 印：北京画中画印刷有限公司
排 版：海洋计算机图书输出中心 晓阳	版 次：2015 年 3 月第 1 版
	2015 年 3 月第 1 次印刷
出版发行：海洋出版社	开 本：787mm×1092mm 1/16
地 址：北京市海淀区大慧寺路 8 号（716 房间）	印 张：21.25
100081	字 数：510 千字
经 销：新华书店	印 数：1～4000 册
技术支持：(010) 62100055	定 价：38.00 元（含 1CD）

本书如有印、装质量问题可与发行部调换

前　　言

　　AutoCAD 是由美国 Autodesk 公司开发的计算机辅助设计软件，它是一款强大的 CAD 图形制作软件，具有广泛的适应性，可以在各种操作系统支持的微型计算机和工作站上运行。

　　最新版的 AutoCAD 2015 具有易于掌握、使用方便、体系结构开放等优点，能够绘制各种模件的二维图形和三维图形，并具备渲染图形和输出图纸等功能，因此它在很多领域，特别是机械制造行业、建筑行业、电子制造业等，都有广泛的应用，已经成为设计领域相关人员所要掌握的主要软件之一。

　　本书共分为 10 章，通过由入门到提高、由基础到应用的方式，介绍了 AutoCAD 的基础知识、视图布局、二维图形的绘制与修改、使用绘图辅助功能的技巧、设置与修改对象特性和填充、选择与编辑图形对象、创建文字和表格的方法、使用标注进行图形注释、创建基本的三维模型、编辑和修改三维对象、为三维模型应用材质与进行渲染输出等知识，最后通过机械传动轴设计图、连体式马桶设计图和花瓶三维模型 3 个项目设计，综合介绍了 AutoCAD 2015 在电脑制图方面的应用。

　　本书是"十二五"职业院校计算机应用互动教学系列教材之一，具有该系列图书理论与训练相结合的主要特点，并以"双模式"交互教学光盘为重要价值体现。本书的特点主要体现在以下方面：

● 高价值内容编排

　　本书内容依据职业资格认证考试 AutoCAD 考纲的内容，有效针对 AutoCAD 认证考试量身定制。通过本书的学习，可以更有效地掌握针对职业资格认证考试的相关内容。

● 理论与实践结合

　　本书从教学与自学出发，以"快速掌握软件的操作技能"为宗旨，书中不但系统、全面地讲解软件功能的概念、设置与使用，并提供大量的上机练习实例，使读者可以亲自动手操作，真正做到理论与实践相结合，活学活用。

● 交互多媒体教学

　　本书附送多媒体交互教学光盘，光盘除了附带书中所有实例的练习素材外，还提供了一个包含实例演示、模拟训练、评测题目三部分内容的双模式互动教学系统，读者可以跟随光盘学习和操作。

➢ 实例演示：将书中各个实例进行全程演示并配合清晰语音的讲解，让读者体会到身临其境的课堂训练感受。

➢ 模拟训练：以书中实例为基础，使用了交互教学的方式，可以使读者根据书中讲解，直接在教学系统中操作，亲手制作出实例的结果，让读者真正动手去操作，深刻地掌握各种操作方法，达到无师自通的目的。

➢ 考核评测：使读者除了从教学中轻松学习知识之外，更可以通过题目评测自己的学习成果。

- 丰富的课后评测

本书在章后提供了精心设计的填空题、选择题、判断题和操作题等类型的考核评估习题，让读者测评出自己的学习成效。

本书不仅可以使初学者迅速入门和提高，也可以帮助中级用户提高电脑制图技能，还能在一定程度上协助高级用户更全面地了解 AutoCAD 的功能应用和高级技巧，并通过大量的上机练习，让读者可以活学活用，快速掌握软件应用，是一本专为职业学校、社会培训班、广大电脑制图的初、中级读者量身定制的培训教程和自学指导书。

本书是广州施博资讯科技有限公司策划，由黎文锋编著，参与本书编写与范例设计工作的还有李林、黄活瑜、梁颖思、吴颂志、梁锦明、林业星、黎彩英、周志苹、李剑明、黄俊杰、李敏虹、黎敏、谢敏锐、李素青、郑海平、麦华锦、龙昊等，在此一并谢过。在本书的编写过程中，我们力求精益求精，但难免存在一些不足之处，敬请广大读者批评指正。

编者

 光盘使用说明

　　本书附送多媒体交互教学光盘，光盘除了附带书中所有实例的练习素材外，还提供了一个包含实例演示、模拟训练、评测题目三部分内容的双模式互动教学系统，让读者可以跟随光盘学习和操作。

1. 启动光盘

　　从书中取出光盘并放进光驱，即可让系统自动打开光盘主界面，如图 1 所示。如果是将光盘复制到本地磁盘中，则可以进入光盘文件夹，并双击【Play.exe】文件打开主播放界面，如图 2 所示。

图1

图2

2. 使用帮助

　　在光盘主界面中单击【使用帮助】按钮，可以阅读光盘的帮助说明内容，如图 3 所示。单击【返回首页】按钮，可返回主界面。

3. 进入章界面

　　在光盘主界面中单击章名按钮，可以进入对应章界面。章界面中将各章提供的实例演示和实例模拟训练条列显示，如图 4 所示。

图3

图4

4. 双模式学习实例

（1）实例演示模式：将书中各个实例进行全程演示并配合清晰语音的讲解，让读者体会到身历其境的课堂训练感受。要使用演示模式观看实例影片，可以在章界面中单击 ⏵ 按钮，进入实例演示界面并观看实例演示影片。在观看实例演示过程中，可以通过播放条进行暂停、停止、快进／快退和调整音量的操作，如图5所示。观看完成后，单击【返回本章首页】按钮返回章界面。

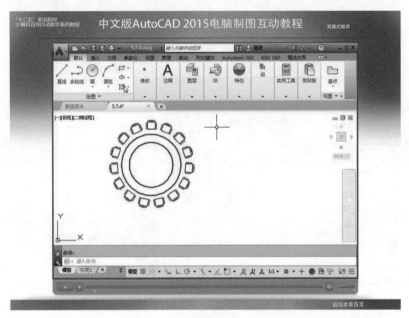

图5

（2）模拟训练模式：以书中实例为基础，但使用了交互教学的方式，可以让读者根据书中讲解，直接在教学系统中操作，亲手制作出实例的结果。要使用模拟训练方式学习实例操作，可以在章界面中单击 ⏵ 按钮。进入实例模拟训练界面后，即可根据实例的操作步骤在影片显示的模拟界面中进行操作。为了方便读者进行正确的操作，模拟训练界面以绿色矩形框作为操作点的提示，读者必须在提示点上正确操作，才会进入下一步操作，如图6所示。如果操作错误，模拟训练界面将出现提示信息，提示操作错误，如图7所示。

图6   图7

5. 使用评测习题系统

评测习题系统提供了考核评测题目，让读者除了从教学中轻松学习知识之外，更可以通过题目评测自己的学习成果。要使用评测习题系统，可以在主界面中单击【评测习题】按钮，然后在评测习题界面中选择需要进行评测的章，并单击对应章按钮，如图 8 所示。进入对应章的评测习题界面后，等待 5 秒即可显示评测题目。每章的评测习题共 10 题，包含填空题、选择题和判断题。每章评测题满分为 100 分，达到 80 分极为及格，如图 9 所示。

图8

图9

显示评测题目后，如果是填空题，则需要在【填写答案】后的文本框中输入题目的正确答案，然后单击【提交】按钮即完成当前题目操作，如图 10 所示。如果没有单击【提交】按钮而直接单击【下一个】按钮，则系统将该题认为被忽略的题目，将不计算本题的分数。另外，单击【清除】按钮，可以清除当前填写的答案；单击【返回】按钮返回前一界面。

如果是选择题或判断题，则可以单击选择答案前面的单选按钮，再单击【提交】按钮提交答案，如图 11 所示。

图10

图11

完成答题后，系统将显示测验结果，如图 12 所示。此时可以单击【预览测试】按钮，查看答题的正确与错误信息，如图 13 所示。

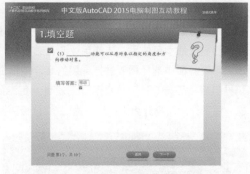

图12　　　　　　　　　　　　　　　　　　图13

6. 退出光盘

如果需要退出光盘，可以在主界面中单击【退出光盘】按钮，也可以直接单击程序窗口的关闭按钮，关闭光盘程序。

目　录

第 1 章　AutoCAD 2015 应用基础

学习目标

中文版 AutoCAD 2015 是 Autodesk 公司 AutoCAD 系列中最新推出的一套功能强大的电脑辅助绘图软件。通过本章的学习，读者将对 AutoCAD 2015 有整体的认识，并掌握该款软件的安装与使用以及文件管理、选择图形对象等方法，为后续的绘图学习打下坚实的基础。

学习重点

☑ 安装、激活与启动 AutoCAD 2015 程序
☑ AutoCAD 2015 二维工作区的组成
☑ 图形文件的基本管理方法
☑ 自定义二维工作区的各种方法
☑ 选择图形对象的方法

1.1　AutoCAD 2015 概述

AutoCAD 是美国 Autodesk 公司于 1982 年 12 月推出的一款计算机辅助设计软件，从最初的 AutoCAD R1.0 版本开始，经过多次升级改版，目前已经成功研发出最新版 AutoCAD 2015。

1.1.1　功能简述

新版本的 AutoCAD 2015 拥有强大的平面和三维绘图功能，可以通过它创建、修改、插入、注释、管理、打印、输出、共享及准确设计图形。使用灵活多变的图形编辑修改功能与强大的文件管理系统，用户可以轻松、便捷地进行精确绘图。

AutoCAD 是目前使用最为广泛的计算机辅助设计软件，其软件特点如下：

（1）具有完善的二维、三维图形绘制功能。

（2）具有强大的图形编辑、修改功能。

（3）可以进行二次开发或自定义成专用的设计工具。

（4）支持大量的图形格式，在数据转换方面能力较强。

（5）支持多种外部硬件设备，如专业的打印机与绘图仪等。

（6）支持多种模式的操作平台，使设计绘图多元化。

（7）简单易用，适用于不同领域的各类用户。

基于其性能的优越性，AutoCAD 拥有众多的青睐者，其使用面已经扩展到众多领域中，现列举如下。

（1）机械零件设计：设计与辅助设计各类机械零件，如图 1-1 所示。

图 1-1　机械零件图

（2）土木建筑设计：包括工程规划、建筑图绘制、园林设计、施工图设计等各类工程图纸，如图 1-2 所示。

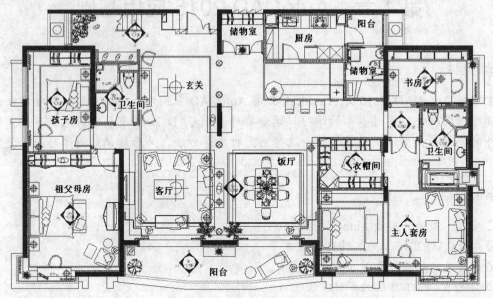

图 1-2　建筑平面图

（3）电子电路设计：绘制复杂的集成电路图、设计 PCB 电路板等，如图 1-3 所示。

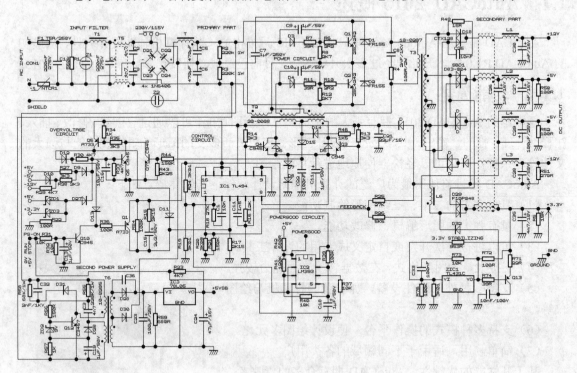

图 1-3　某电路开关电源电路图

（4）其他：测绘、工业设计、包装与服装设计、绘制军事地图及航天应用等，如图 1-4 所示。

图 1-4　服装设计图

1.1.2　Autodesk 360

　　Autodesk 360 是基于云的平台，允许用户访问存储、协作工作空间和云服务，由此来帮助用户大幅改善其设计、可视化、模拟以及随时随地与其他用户共享工作的方式。如图 1-5 所示为从 Autodesk 360 中打开图形文档。

　　另外，可以通过 Autodesk 360 桌面配套程序在任务栏通知区域中作为应用程序运行。它允许用户从本地桌面执行批量文件操作，如上载文件夹和文档。然后，这些本地文件活动将自动与用户的 Autodesk 360 联机存储同步。在 Autodesk 360 驱动器中每个受支持的文档和文件夹的图标上，都会显示一个同步状态指示器。如图 1-6 所示为安装 AutoCAD 2015 程序后在计算机中生成的 Autodesk 360 系统文件夹。

图 1-5　从 Autodesk 360 中打开图形

图 1-6　Autodesk 360 系统文件夹

1.2　安装与激活 AutoCAD 2015

　　在安装 AutoCAD 2015 之前，首先必须查看系统需求，了解管理权限需求，并且要找到 AutoCAD 2015 的序列号并关闭所有正在运行的应用程序。完成上述操作之后，就可以安装 AutoCAD 了。本节先了解程序对系统的安装需求，然后再介绍详细的安装与激活方法。

1.2.1　AutoCAD 2015 安装要求

　　在安装 AutoCAD 2015 前，首要任务是确保计算机满足最低系统要求，否则在 AutoCAD 内和操作系统级别上可能会出现问题。

在安装过程中，程序会自动检测 Windows 操作系统是 32 位还是 64 位版本，然后根据实际安装适当版本的 AutoCAD。要注意的是，不能在 32 位系统上安装 64 位版本的 AutoCAD，反之也是一样。AutoCAD 2015 的硬件和软件需求，如表 1-1 所示。

表 1-1　AutoCAD 2015 安装要求

操作系统	● Windows XP Home 和 Professional SP3 或更高版本 ● Microsoft Windows 7 SP1 或更高版本
中央处理器	● Windows XP：支持 SSE2 技术的英特尔奔腾 4 或 AMD Athlon 双核处理器（1.6 GHz 或更高主频） ● Windows 7/Windows 8：支持 SSE2 技术的英特尔奔腾 4 或 AMD Athlon 双核处理器（3.0 GHz 或更高主频）
内存	● Windows XP ：2 GB RAM（推荐 4 GB） ● Windows 7/Windows 8：2 GB RAM（推荐 4 GB）
显示器	1024x768 真彩色显示器（推荐 1600×1050 真彩色显示器）支持 1024×768 分辨率和真彩色功能的 Windows 显示适配器。
硬盘	6 GB 安装空间
定点设备	MS-Mouse 兼容
浏览器	Internet Explorer 8.0 或更高版本的 Web 浏览器
3D 建模其他要求	● Intel Pentium 4 或 AMD Athlon 处理器，3.0 GHz 或更高；或者 Intel 或 AMD Dual Core 处理器，2.0 GHz 或更高 ● 4 GB RAM 或更大 ● 8 GB 硬盘安装空间 ● 1280×1024 32 位彩色视频显示适配器（真彩色），具有 128 MB 或更大显存，且支持 Direct 3D 的工作站级图形卡 ● 提供系统打印机和 HDI 支持 ● Adobe Flash Player v10 或更高版本

1.2.2　安装 AutoCAD 2015 程序

下面以 AutoCAD 2015 简体中文单机版（64 位）为例，介绍安装 AutoCAD 2015 程序的操作过程。

"单机版"就是将应用程序安装在当前使用的电脑中，而不需要通过连接互联网来进行使用。在 AutoCAD 安装向导中包含了与安装相关的所有资料，通过安装向导可以访问用户文档，更改安装程序语言，选择特定语言的产品，安装补充工具以及添加联机支持服务。

动手操作　安装 AutoCAD 2015 中文版程序

1 将装有 AutoCAD 2015 应用程序的 DVD 光盘插进光驱，此时光盘自动播放，稍等片刻即可出现【安装向导】窗口。如果安装程序已经在电脑磁盘，则可以双击【Setup.exe】安装程序文件。

2 打开【安装向导】窗口后，可以在窗口右上方选择安装说明的语言，默认状态下会自动选择"中文（简体）"，接着单击【安装】按钮即可，如图 1-7 所示。

3 打开【许可协议】页面后，阅读适用于用户所在国家/地区的 Autodesk 软件许可协议，然后选择【我接受】单选按钮，再单击【下一步】按钮，如图 1-8 所示。

4 此时会出现【产品信息】页面，用户需要在页面上选择安装产品的语言和产品类型（安装单机版可选择【单机】单选按钮），然后输入序列号和产品密钥等信息（如果没有上述信息可选择【我想要试用该产品 30 天】单选按钮），接着单击【下一步】按钮，如图 1-9 所示。

图 1-7　通过向导安装 AutoCAD 2015 程序

图 1-8　接受软件的许可协议

5 打开【配置安装】页面后，选择要安装的产品。选择安装的产品选项后，在【安装路径】上输入需要保存安装文件的文件路径，或者单击【浏览】按钮指定安装目录。完成后，单击【安装】按钮，如图 1-10 所示。

6 此时安装向导将执行 AutoCAD 2015 程序的安装工作，并会显示当前安装的文件和整体进度，如图 1-11 所示。

图 1-9　设置安装产品的相关选项和信息

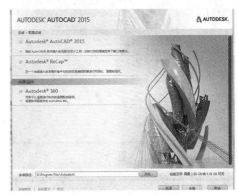

图 1-10　配置安装产品

7 在安装一段时间后，即可完成 AutoCAD 2015 应用程序的安装。此时将显示如图 1-12 所示的【安装完成】页面，并显示各项成功安装的产品信息。最后只需单击【完成】按钮即可。

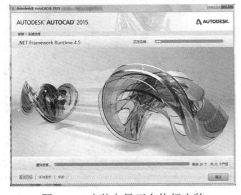

图 1-11　安装向导正在执行安装

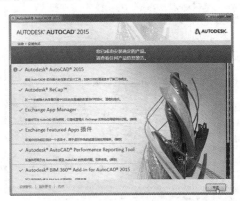

图 1-12　完成安装

1.2.3　更新 AutoCAD 2015 程序

　　安装 AutoCAD 2015 程序后，安装向导会引导用户安装 AutoCAD 2015 的更新程序，以便可以使用 AutoCAD 2015 的最新功能并安装软件的最新程序。

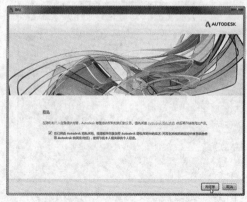

　　动手操作　更新 AutoCAD 2015 程序

　　1 完成安装后，安装向导显示【隐私】窗口，此时选择【我已阅读 Autodesk 隐私声明】复选项，然后单击【我同意】按钮，如图 1-13 所示。

　　2 打开【Autodesk Application Manager】窗口后，单击【更新软件】按钮，如图 1-14 所示。

图 1-13　同意隐私声明

　　3 切换到【更新】选项卡后，选择要安装的更新程序项目，然后分别单击项目右侧的【安装】按钮，如图 1-15 所示。

图 1-14　更新软件

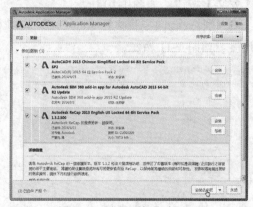

图 1-15　选择更新程序项目

　　4 此时系统将自动下载更新程序项目，并执行安装，如图 1-16 所示。

　　5 如果不想安装某个更新程序项目，可以直接单击【忽略】按钮；如果要取消安装正在下载的更新程序，则可以单击下载进度条右侧的 ✕ 按钮，再单击【是】按钮即可，如图 1-17 所示。

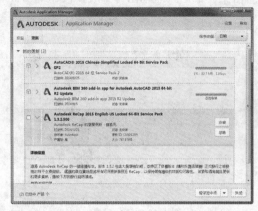

图 1-16　安装更新程序

图 1-17　取消安装更新程序

1.2.4　激活 AutoCAD 2015 程序

　　安装 AutoCAD 2015 应用程序后，还需要进行激活应用程序的操作，以便可以永久性使用 AutoCAD 2015。如果不进行激活的操作，则只能试用 30 天。

🖱 动手操作　激活 AutoCAD 2015 程序

　　1 通过【开始】菜单启动 AutoCAD 2015 应用程序，此时程序弹出【Autodesk 许可】窗口，以验证用户的许可，如图 1-18 所示。

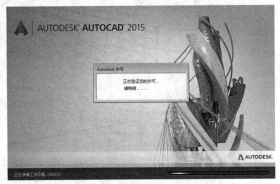

图 1-18　启动程序并验证许可

　　2 验证完许可后，即显示【请激活您的产品】页面，如果暂时不激活，则可以单击【试用】按钮进行使用。如果需要激活程序，则可以单击【激活】按钮，如图 1-19 所示。

　　3 进入【产品许可激活选项】页面后，页面将显示产品完整信息和申请号信息，此时用户可以通过联网激活产品，也可以使用 Autodesk 提供的激活码激活产品。如图 1-20 所示为使用激活码的方法，当输入激活码后，单击【下一步】按钮。

　　4 如果激活码正确的话，则可以成功激活 AutoCAD 2015，此时将显示【感谢您激活】页面，此时只需单击【完成】按钮即可，如图 1-21 所示。

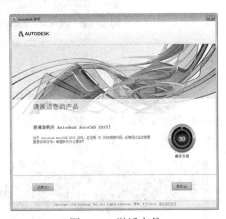

图 1-19　激活产品

图 1-20　输入产品激活码

图 1-21　成功激活产品

1.2.5 启动与退出 AutoCAD 2015

1. 启用桌面分析计划

安装并激活 AutoCAD 2015 应用程序后，可以通过【开始】菜单来启动该程序。第一次启动 AutoCAD 2015 应用程序时会打开【新选项卡】界面，并显示【桌面分析计划】窗口，在该窗口中单击【确定】按钮，启用该计划，如图 1-22 所示。

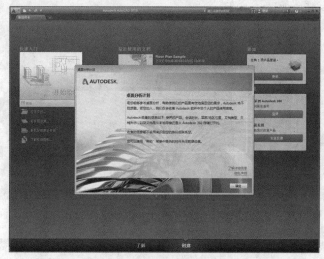

图 1-22 启用桌面分析计划

2. 【创建】选项界面

启动的 AutoCAD 2015 程序在界面中默认打开【新选项卡】界面，单击该界面的【创建】按钮，可以显示创建文件功能。在【创建】选项界面中可以单击 ▇▇▇ 3 个按钮来切换项目缩图显示方式，如图 1-23 所示。

图 1-23 切换创建项目的显示方式

3. 【了解】选项界面

如果在选项界面中单击【了解】按钮，则可显示【了解】界面，可以查看快速入门视频、功能视频、新特性概述和联机资源等内容，如图 1-24 所示。

图 1-24　切换到【了解】选项界面

4. 退出 AutoCAD 2015

当需要退出 AutoCAD 2015 程序时，可以单击程序界面右上角的【关闭】按钮⊠，或者单击【菜单浏览器】按钮▲，再单击【退出 Autodesk AutoCAD 2015】按钮即可，如图 1-25 所示。

图 1-25　退出 AutoCAD 2015

1.3　AutoCAD 2015 工作空间

AutoCAD 2015 提供了"草图与注释"、"三维基础"与"三维建模"3 种工作空间。下面以如图 1-26 所示的【草图与注释】工作空间为例，介绍 AutoCAD 2015 的二维工作界面的组成与使用方法。

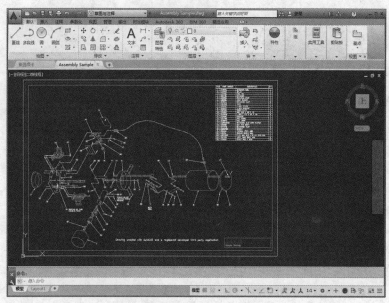

图 1-26　AutoCAD 2015 的【草图与注释】工作空间

1.3.1　菜单浏览器

通过菜单浏览器，可以搜索可用的菜单命令，也可以标记常用命令以便日后查找。只要单击【菜单浏览器】按钮 ，即可打开如图 1-27 所示的菜单浏览器面板。

菜单浏览器面板可大致分为 3 个部分，下面分别介绍。

1. 文件管理菜单命令

在菜单浏览器面板左侧为一些常用的文件管理命令，包括【新建】、【保存】、【打印】与【发布】等。将鼠标放在命令右侧的 按钮上，即可显示子菜单列表，如图 1-27 所示。

2. 菜单命令搜索栏

使用显示在菜单浏览器顶部的搜索栏可以搜索菜单命令。搜索结果可以包括菜单命令、基本工具提示、命令提示文字字符串或标记。要执行菜单命令，只要在列表中单击所需的搜索结果即可。将鼠标移至命令上停留 1 秒左右，即会显示相关的提示信息，如图 1-28 所示。

图 1-27　菜单浏览器面板

图 1-28　使用命令搜索栏搜索菜单

3. 显示最近使用的文件

（1）在默认状态下，【最近使用的文档】按钮 呈按下状态，菜单浏览器的右侧即会显示最新保存文件的列表，最新保存的文件列于列表的最上方，如图 1-29 所示。

（2）单击 按钮可以选择不同的排序方式，包括按当前顺序、访问日期、大小或者类型来进行排序。

（3）单击 按钮可以选择不同的显示方式，包括小图标、大图标、小图像、大图像 4 种类型，若选择【小图像】选项即可呈现如图 1-30 所示的显示效果。只要将鼠标移至缩略图上，即可获得关于文件尺寸和创建者的详细信息。

（4）单击【图钉】按钮 可以使某文件一直显示在列表中，而不考虑后来保存的文件。该文件将始终显示在最近使用的文档列表的底部，直到再次单击【图钉】按钮 将其关闭。

图 1-29　菜单浏览器显示最近使用的文档

图 1-30　以小图像方式显示文档列表

（5）如果在菜单浏览器中单击【打开文档】按钮 ，即可查看当前在 AutoCAD 中打开的文件的列表，最新打开的文件列于列表的最上方，可以选择不同的缩略显示方式，如图 1-31 所示。

（6）另外，在菜单浏览器右下方提供了两个按钮，单击【选项】按钮可以打开如图 1-32 所示的【选项】对话框，通过不同的选项卡，可以对程序进行详细的配置。单击【退出 Autodesk AutoCAD 2015】按钮则可退出 AutoCAD 2015 程序。

图 1-31　显示打开的文档列表

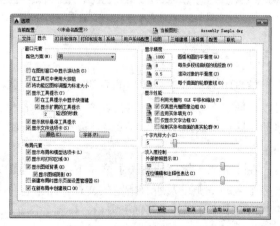

图 1-32　打开【选项】对话框

1.3.2　快速访问工具栏

在快速访问工具栏中，存储了经常使用的命令按钮。单击工具栏最右侧的▼按钮可以打开如图 1-33 所示的快捷菜单，通过选择预设的选项可以增加快速访问工具栏中的按钮数量。此外，也可以将一些常用的功能按钮自定义至此工具栏上。

在快捷菜单中选择【显示菜单栏】命令，可以将菜单栏显示于快速访问工具栏的下方，如图 1-34 所示。如果要取消显示菜单栏时，再次执行【显示菜单栏】命令取消其选择状态即可。

1.3.3　标题栏与菜单栏

标题栏位于界面顶部，主要用于显示软件名称和当前图形文件名称。在刚启动 AutoCAD 2015 没有打开任何图形文件时，标题栏则显示 "Drawing1.dwg"。

菜单栏位于标题栏的下方，AutoCAD 的大部分操作命令均以集合的形式分别收藏在文件、编辑、视图、插入、格式、工具、绘图、标注、修改、参数、窗口、帮助这 12 个菜单项中。

菜单栏以级联的层次结构来组织各个命令，并以下拉菜单的形式逐级显示。各个命令下面分别有子命令，某些子命令还有下级选项，如图 1-35 所示。

图 1-33　快速访问工具栏的快捷菜单

图 1-34　显示菜单栏后的效果

图 1-35　打开菜单栏查看菜单项

1.3.4　信息中心栏

信息中心栏位于标题栏的右侧，主要由信息搜索栏与多个功能按钮组成，通过信息中心栏可以访问多个信息资源，包括输入关键字进行信息搜索、登录 Autodesk 360 服务，以及访问帮助、显示"通讯中心"面板以获取产品更新和通知，还可以显示"收藏夹"面板以访问保存的主题。

在【键入关键字或短语】文本框中输入问题并按 Enter 键或单击【搜索】按钮🔍，即可搜索多个帮助资源以及所有指定的文件，结果将作为链接显示在面板上。例如，输入"圆角"并按 Enter 键即可打开【帮助】窗口，得到如图 1-36 所示的搜索结果。此外，单击搜索文本框左侧的▶按钮，可以收拢或者扩展搜索文本框。

图 1-36　搜索关键字的结果

1.3.5　功能区

功能区将传统的菜单命令、工具箱、属性栏等内容分类集中于一个区域中。功能区主要由"功能选项卡"、"面板"与"功能按钮"组成，如图 1-37 所示。

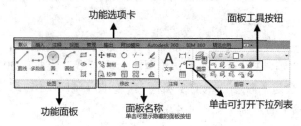

图 1-37　功能区结构分析

在【草图与注释】工作空间中包含【默认】、【插入】、【注释】、【视图】、【管理】、【输出】、【附加模块】、【Autodesk 360】、【BIM 360】、【精选应用】10 个功能选项卡，每个选项卡又包含了多个不同的功能面板，功能区选项卡可以控制功能区面板在功能区上的显示及显示顺序。

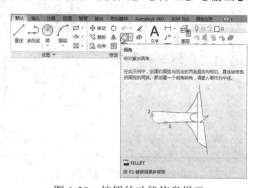

图 1-38　按钮的功能信息提示

AutoCAD 2015 将所有的菜单命令转变为较为直观的功能按钮，只要单击按钮即可执行相应的菜单命令，或者打开对话框与浮动面板。对于不熟悉的按钮，可以将鼠标移至按钮上停留 1 秒，即会出现详细的提示信息或者图示，如图 1-38 所示。

由于窗口范围有限，某些面板不能完全显示所有按钮，只要单击面板名称所在的按钮即可展开这些功能按钮，以便选择隐藏的按钮。展开收拢的按钮后，单击面板左下方的【图钉】按钮可以使隐藏的按钮一直显示在面板中。当鼠标离开面板后也不会自动收拢，这些按钮将始终显示在扩展后的面板中，如图 1-39 所示，直到再次单击【图钉】按

图 1-39　始终显示完整面板

钮将其关闭。

1.3.6　绘图区

绘图区是指图形文件中的区域，是进行绘图的平台，它占用了操作界面的大部分位置，如图 1-40 所示。由于 AutoCAD 2015 为每个文件都提供了图形窗口，所以每个文件都有着自己的绘图区。

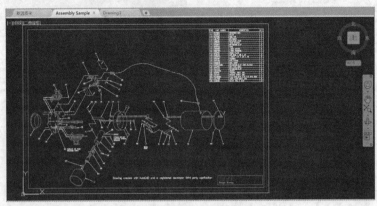

图 1-40　绘图区

在绘图区的左下方提供了"模型"、"布局 1"、"布局 2" 3 个标签，通过它们可以在模型空间与图纸空间进行切换。在默认状态下，绘图区为"模型"状态，如图 1-40 所示。如果选择【布局 1】标签，即会进入整幅图纸的绘图模式，如图 1-41 所示；选择【布局 2】标签，则只会显示图纸绘图区域中的范围，如图 1-42 所示。

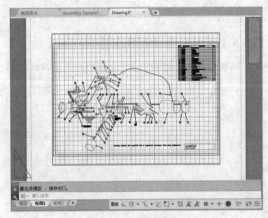

图 1-41　【布局 1】图纸模式

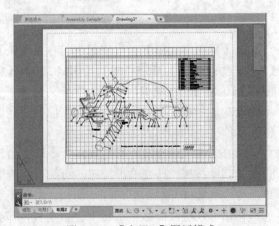

图 1-42　【布局 2】图纸模式

1.3.7　命令窗口

命令窗口位于绘图区的下面，主要由历史命令与命令行组成，它同样具有可移动的特性。命令窗口使用户可以从键盘上输入命令信息，从而进行相关的操作，其效果与使用菜单命令及工具按钮相同，是在 AutoCAD 中执行操作的另一种方法。

在命令窗口中间有一条水平分界线，上方为历史命令记录，这里含有 AutoCAD 启动后所有信息中的最新信息，而且用户可以通过窗口右侧的滚动条上下查看历史命令记录。分界线下方是当前命令输入行，当输入某个命令后，要注意命令行显示的各种提示信息，以便准确快速地进行绘图。

此外，命令窗口的大小可由用户自定义，只要将鼠标移至该窗口的边框线上，然后按左键并上下方向拖动，即可调整窗口的大小，在往上拖大命令窗口时，其操作如图 1-43 所示。

如果想快速查看所有命令记录，可以按 F2 键打开命令记录列表，这里列出了软件启动后执行过的所有命令记录，如图 1-44 所示。

图 1-43　往上拖大命令窗口　　　　图 1-44　AutoCAD 命令记录列表

1.3.8　状态栏

状态栏位于应用程序的最底端，主要分布了捕捉工具、导航工具以及用于快速查看和注释缩放的工具，如图 1-45 所示。通过捕捉工具、极轴工具、对象捕捉工具和对象追踪工具的快捷菜单，可以轻松更改这些绘图工具的设置。

图 1-45　状态栏

1.4　文件的基本管理

掌握创建、打开、保存图形文件等文件管理方法，是学习 AutoCAD 的基本入门课程。下面将详细介绍 AutoCAD 文件管理的各种方法。

1.4.1　新建图形文件

AutoCAD 2015 将创建文件的操作集中在【选择样板】对话框，可以通过该对话框创建"图形样板(*.dwt)"、"图形(*.dwg)"与"标准(*.dws)"3 种类型的文件。

1. 文件类型简述

- 图形样板：AutoCAD 的样板文件格式为 DWT。从程序的安装目录下可以找到预设的样板文件，可以在这些模板的基础上创建新的样板文件，通过编辑修改后再保存为合适的文件格式，以增强绘图效果。另外，也可以将一些常用的或者具有代表性的图形保存成样板文件，以供后续使用。
- 图形：图形文件的格式为 DWG，它不仅是 AutoCAD 图形文件的标准文件格式，还是 AutoCAD 的默认格式。当启动 AutoCAD 2015 程序后，程序会自动新建一个名称为 "Drawing1.dwg" 的新图形文件。
- 标准：标准文件的格式为 DWS。此格式类型只能查看，不能修改编辑。为了增强文件的安全性，通常会将图形文件以 ".dws" 格式保存。

2. 新建样板文件

 动手操作　新建样板文件。

1 执行以下任一操作，打开【选择样板】对话框：

（1）单击【菜单浏览器】按钮 ，再选择【新建】|【图形】命令。

（2）在快速访问工具栏上单击【新建】按钮 。

（3）按 Ctrl+N 快捷键。

2 在打开的【选择样板】对话框中会自动搜索出"Template"文件夹，这里预设了不同类型的多种样板。确定文件类型为【图形样板(*.dwt)】后，在文件列表中单击选择一个文件样板，接着单击【打开】按钮，如图 1-46 所示。

3 完成上述操作后，程序即可在所选样板的基础上创建出一个新图形文件，如图 1-47 所示。

图 1-46　根据预设样板新建样板文件

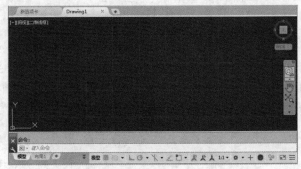

图 1-47　根据样板创建的样板文件

　　　　如果要创建一个空白的样板文件，可以在【选择模板】对话框中单击【打开】按钮右侧的 按钮，在如图 1-48 所示的下拉列表中选择【无样板打开 – 英制】或【无样板打开 – 公制】选项即可。两选项的含义如下。

图 1-48　无样板创建样板文件

- 英制：使用英制系统变量创建新图形，默认图形边界（栅格界限）为 12 英寸×9 英寸。
- 公制：使用公制系统变量创建新图形，默认图形边界（栅格界限）为 420 毫米×297 毫米。

3. 新建图形文件

动手操作　新建图形文件

1 执行以下任一操作，打开【选择样板】对话框：

（1）单击【菜单浏览器】按钮 ，再选择【新建】|【图形】命令。

（2）在快速访问工具栏上单击【新建】按钮 。

（3）按 Ctrl+N 键。

2 在【文件类型】下拉列表中选择"图形(*.dwg)"，接着在"Template"文件夹，或者计算机中的其他位置选择已有文件，作为样板文件，如图 1-49 所示，最后单击【打开】按钮即可从样板文件创建图形文件。

3 创建出来的图形效果如图 1-50 所示。如果想要新建空白的图形文件，可以单击【打开】按钮右侧的 按钮，在下拉列表框中选择【无样板打开 – 英制】或【无样板打开 – 公制】选项即可。

4. 新建标准文件方法

新建标准文件的方法与上述两种新建方法相似，只要在如图 1-49 所示中的【文件类型】下拉列表中选择为"标准(*.dws)"项目即可。

图 1-49　从样板新建图形文件

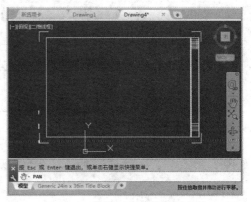

图 1-50　从样板新建的图形文件

1.4.2　新建图纸集

图纸集是几个图形文件中图纸的有序集合。

对于大多数设计组来说，图纸集是主要的提交对象。图纸集用于传达工程的总体设计意图并为该工程提供文档和说明，但手动管理图纸集的过程较为复杂和费时。因此，使用图纸集管理器，用户可以将图形作为图纸集管理，并可以从任意图形将布局作为编号图纸输入到图纸集中。

通过【创建图纸集】向导可以新建图纸集，既可以基于现有图形从头开始创建图纸集，也可以使用图纸集样例作为样板进行创建。

动手操作　新建图纸集

1 单击【菜单浏览器】按钮，选择【新建】|【图纸集】命令，打开【创建图纸集 – 开始】对话框，然后选择【样例图纸集】单选按钮，单击【下一步】按钮，如图 1-51 所示。

2 在【图纸集样例】窗口中选择【选择一个图纸集作为样例】单选按钮，然后选择列表中的第二个项目，再单击【下一步】按钮，如图 1-52 所示。

3 在【图纸集详细信息】窗口中输入新图纸集的名称为"施工图纸集"，如果有需要可以在【说明】文本框中输入描述内容。这里保持默认的保存路径，然后单击【下一步】按钮，如图 1-53 所示。

图 1-51　选择创建图纸集的工具

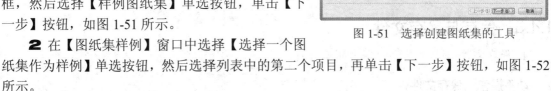

图 1-52 选择图纸集样例　　　　　　　　　　　　　　图 1-53 输入图纸集名称并指定保存位置

4 在【确认】窗口中查看【图纸集预览】列表中的相关信息，确认没问题后单击【完成】按钮，如图 1-54 所示。

5 完成上述操作后，即可返回到 AutoCAD 主程序，并会自动开启如图 1-55 所示的【图纸集管理器】面板。

图 1-54 确认图纸集信息　　　　　　　　　　　　　　图 1-55 创建图纸集后出现的面板

　　在使用【创建图纸集】向导创建新的图纸集时，将创建新的文件夹作为图纸集的默认存储位置。这个新文件夹名为"AutoCAD Sheet Sets"，位于"我的文档"文件夹中。可以修改图纸集文件的默认位置，但是建议将 dst 文件和项目文件存储在一起。

1.4.3 保存与另存文件

1. 保存文件

动手操作 保存文件

1 执行以下任一操作，打开【图形另存为】对话框：

（1）单击【菜单浏览器】按钮，再选择【保存】命令。

（2）在快速访问工具栏上单击【保存】按钮。

（3）按 Ctrl+S 键。

2 在对话框中设置保存位置、文件名与文件类型，并单击【保存】按钮，这样图形文件即会保存到相应的文件夹，如图 1-56 所示。

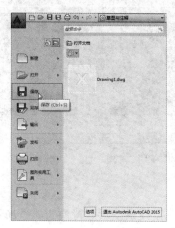

图 1-56　保存文件

　　　　如果当前的图形已被保存过，那么执行【保存】命令将不会再出现【图形另存为】对话框，只会自动地以增量的方式保存该图形的相关编辑处理，新的修改会添加到保存的文件中，并且会在相同的保存位置上生成一个扩展名为 ".bak" 的同名文件。

2. 另存文件

如果要将目前图形保存为一个新图形，而且不影响原图形时，可以单击【菜单浏览器】按钮▲，再选择【另存为】|【图形】命令，或者按 Ctrl+Shift+S 键，打开【图形另存为】对话框后，用一个新名称或者新路径来另存该文件即可。

1.4.4　打开图形文件

AutoCAD 提供了 "标准方式打开"、"查找方式打开"、"局部打开" 等多个方式打开文件。

1. 标准方式打开文件

标准打开文件的方式就是通过【打开】命令，在【选择文件】对话框中通过预览效果，选择所需的单个或者多个文件，并将其打开到绘图区中。

动手操作　使用标准方式打开文件

1 执行以下任一操作，打开【选择文件】对话框：

（1）单击【菜单浏览器】按钮▲，再选择【打开】|【图形】命令。

（2）在快速访问工具栏上单击【打开】按钮。

（3）按 Ctrl+O 键。

2 指定【查找范围】的位置，然后在文件列表中选择所需的图形文件，并单击【打开】按钮，这样即可将选中的文件打开，如图 1-57 所示的。

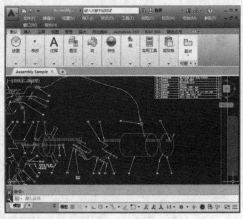

图 1-57 【选择文件】对话框

2. 查找方式打开文件

在 AutoCAD 2015 中，可以使用名称、位置和日期过滤器搜索图形、特性（如添加到图形中的关键字）或包含特定单词或词组的文本字符串。通过这样的方式，可以在打开图形文件时，通过查找的方式或者图形文件的预览缩略图来找到所需的图形。

📖 **动手操作　使用查找方式打开文件**

1 按 Ctrl+O 键打开【选择文件】对话框。

2 在对话框右上角单击【工具】按钮，在打开的下拉菜单中选择【查找】命令，打开【查找】对话框，如图 1-58 所示。

3 在【名称和位置】选项卡中输入"名称"(支持通配符)、"类型"和"查找范围"等属性，然后单击【开始查找】按钮，即可根据设置的内容搜索文件，如图 1-59 所示。

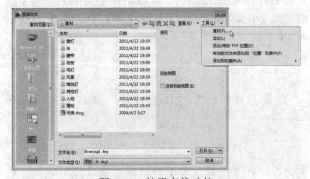

图 1-58　使用查找功能　　　　　　　　　图 1-59　设置查找选项

4 此时与搜索条件相符的文件即会显示于【查找】对话框下方的列表中，分别显示文件的"名称"、"所在文件夹"、"大小"、"类型"和"修改时间"5 项文件属性。只要双击某个文件即可将其指定到【选择文件】对话框的【文件名】文本框中，如图 1-60 所示。

3. 局部打开图形

如果要打开的图形很大时，将花费很大资源，而且必须重新调整其视图比例。此时可以通过"局部打开"的方式仅打开所需的区域，以便提高性能。局部打开文件的方式可以只打开某个视图、图层或者图形对象。

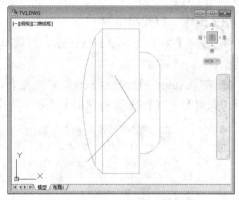

图 1-60　通过查找出来的结果打开图形文件

　　问：局部打开图形有什么限制吗？

　　答：局部打开图形只能编辑加载到图形文件中的部分，但是图形中所有命名对象均可以在局部打开的图形中使用。如果想编辑其他特性，可以再次使用【局部打开】命令，将所需特性的部分打开。

🖐 动手操作　使用局部打开方式打开图形

1 打开【选择文件】对话框，选择所需的文件，再单击【打开】按钮旁边的 ▣ 按钮，从打开的下拉菜单中选择【局部打开】命令，如图 1-61 所示。

2 打开【局部打开】对话框后，在【要加载几何图形的视图】列表中选择要加载的视图，默认状态为"范围"，表示加载整个图形。

3 在【要加载几何图形的图层】列表中选择要加载的图层，单击【全部加载】按钮，全选所有选项，然后手动取消选择 "0" 和 "ASHADE" 两个图层，如图 1-62 所示。选择完成后，单击【打开】按钮，即可打开指定的布局图形。

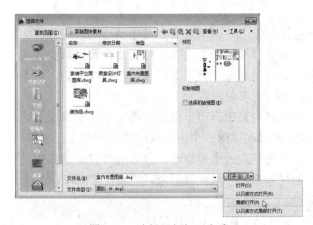
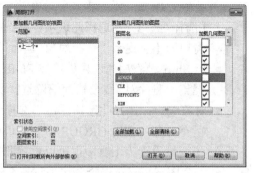

图 1-61　选择局部打开方式　　　　　　图 1-62　选择加载图形的图层并打开文件

1.4.5　打开图纸集

　　当保存图纸集后，即可使用【打开图纸集】命令将其打开。

动手操作　打开图纸集

1 单击【菜单浏览器】按钮▲，再选择【打开】|【图纸集】命令，打开【打开图纸集】对话框。

2 在"AutoCAD Sheet Sets"文件夹下选择图纸集文件，接着单击【打开】按钮。完成操作后，即可打开【图纸集管理器】面板，如图 1-63 所示。

图 1-63　打开图纸集文件

1.5　选择图形对象

在编辑或者修改图形时，必须先选择需要编辑的对象。因此，AutoCAD 根据不同需求提供了多种选择方式，包括逐一单击选择、拖动出矩形区域或交叉窗口选择等。

1.5.1　设置选择集模式

单击【菜单浏览器】按钮▲，再单击【选项】按钮打开【选项】对话框，通过该对话框的【选择集】选项卡，可以对程序的选择方式进行设置，如图 1-64 所示。

【选择集模式】选项组中的各选项说明如下：

- 先选择后执行：允许在启动命令之前选择对象，被调用的命令对先前选定的对象产生影响。例如，要旋转一个对象时，可以先选择【旋转】命令，然后命令窗口就会提示【选择对象】。当选择此选项，并选择要旋转的对象，然后选择【旋转】命令时，命令窗口即不再提示"选择对象"，而进行相应的旋转操作。

- 用 Shift 键添加到选择集：按 Shift 键并选择对象时，可以向选择集中添加对象或从选择集中删除对象。要快速清除选择集时，可以在图形的空白区域中绘制一个选择窗口。

- 对象编组：选择此选项后，当选择编组中的任意一个对象时，就可选择整个编组中的所有对象。使用 GROUP 命令，可以创建和命名一组选择对象。当将 PICKSTYLE 系统变量设置为 1 时，也可以设置此选项。

- 关联图案填充：选择此选项，那么选择关联填充时，填充边界也被一同选择。

- 隐含选择窗口中的对象：选择此选项时，在图形窗口内以拖动或者定义对角点的方式可以创建一个矩形区域，以选择对象。

- 允许按住并拖动对象：允许通过选择一点然后将定点设备拖动至第二点来绘制选择窗口。如果未选择此选项，可以用定点设备选择两个单独的点来绘制选择窗口。

- 允许按住并拖动套索：此选项是新增功能，选择该选项后，可以在按住鼠标拖动时，根据鼠标拖动轨迹出现套索，在套索范围内的对象即可被选择到，如图 1-65 所示。

图 1-64　【选择集】选项卡

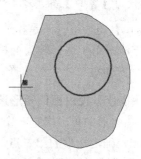

图 1-65　拖动鼠标时出现套索选择对象

1.5.2　逐一选择对象

在一般状态下，可以选择一个对象，也可以逐一选择多个对象。在 AutoCAD 2015 中，只要将拾取光标放在要选择的对象上，即会亮显对象，单击便可选择到该对象。

1. 选择单个对象

将光标移至要选择的对象上方，当其出现投影（亮显）时，单击即可将其选择，如图 1-66 所示。被选择后的对象如图 1-67 所示。

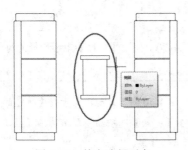

图 1-66　单击选择对象

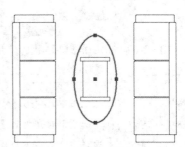

图 1-67　选择对象的结果

2. 逐一选择对象

使用选择单个对象的方法逐一单击图形中的其他对象，可以实现加选操作，即可逐一选择多个对象，如图 1-68 所示。

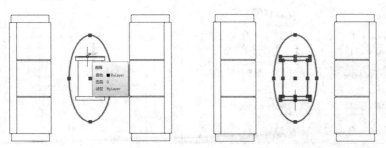

图 1-68　逐一选择多个对象

1.5.3 选择多个对象

当要一次选择多个对象时，可以使用多种方法来实现，包括指定矩形选择区域、指定不规则形状区域及指定选择栏等。

1. 使用【窗口】矩形选择

【窗口】矩形选择法是指通过光标从左至右拖出矩形区域，完全处于矩形内的对象将被选择。此方法常用于选择较为拥挤的多个对象，而无须担心会选错矩形内的对象，因为只有完全处于矩形内的对象才会被选择。任何处于矩形外或者与其边框相交的对象都不会被选择。

动手操作　使用窗口矩形选择多个对象

1 在图形中单击指定一个点，然后向右往对角方向拖动，直至选中指定对象后，在合适位置单击，确定矩形的第二点，即可完成【窗口】矩形选择，如图 1-69 所示。

2 完成选择后，即会出现如图 1-70 所示的结果。在【窗口】模式状态下指定矩形区域时，背景将变成实线包围的半透明蓝色。

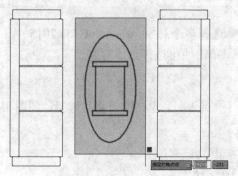

图 1-69　指定【窗口】矩形

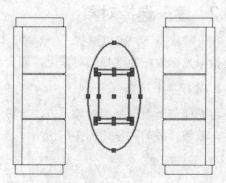

图 1-70　使用【窗口】矩形选择的对象

　在默认状态下，被选对象会自动显示夹点，如图 1-70 所示。为了易于查看被选的效果，可以打开【选项】对话框的【选择集】选项卡，在【夹点】选项组中取消选择【显示夹点】复选框，这样即可将夹点隐藏，变成如图 1-71 所示的结果。

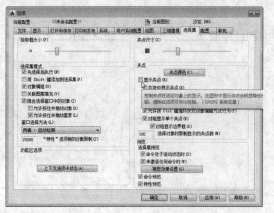

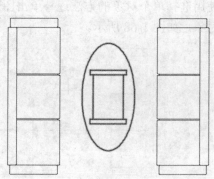

图 1-71　取消显示夹点

2. 使用【交叉】矩形选择

【交叉】矩形选择法是指通过光标从右至左拖出矩形区域，以选择矩形窗口包围的或相交的对象。

动手操作　使用交叉矩形选择多个对象

1 在图形中单击指定一个点，然后向左往对角方向拖动并指定对角点，即按从右至左的方式指定矩形区域的两个点，以指定【交叉】矩形区域，如图 1-72 所示。

2 完成选择后，图形即会产生如图 1-73 所示的选择结果。在【交叉】模式状态下指定矩形区域时，背景将变成虚线包围的半透明绿色。

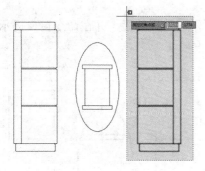

图 1-72　指定【交叉】矩形

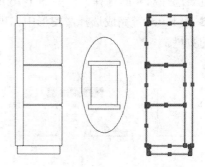

图 1-73　使用【交叉】矩形选择的对象

3. 使用不规则形状区域选择

通过 WP 或者 WC 命令可以使用【窗口多边形】或者【交叉多边形】的方式来圈选对象。它们通过指定不规则的区域来选择用户所需的区域。

（1）使用【窗口多边形】可以选择完全封闭在选择区域中的对象。

（2）使用【交叉多边形】可以选择完全包含于或经过选择区域的对象。

动手操作　使用不规则形状区域选择多个对象

1 执行一个需要选择对象的命令，如 erase（删除）命令。系统提示：选择对象，此时输入"wp"（执行窗口多边形命令），然后按 Enter 键。

2 系统提示：第一圈围点，此时移动光标至图形中，指定几个圈围点定义一个完全包含选择对象的区域，如图 1-74 所示。

3 当选择对象后，可以按 Enter 键闭合多边形选择区域并完成选择，即可出现如图 1-75 所示的结果。

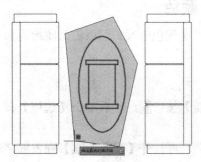

图 1-74　指定圈围区域

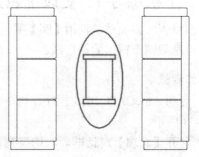

图 1-75　使用窗口多边形选择的结果

4. 使用【选择栏】模式选择

在复杂图形中，使用【选择栏】模式可以方便地选择所需的图形。选择栏的外观类似于多段线，仅选择它经过的对象。即不需通过封闭的区域就能选择对象，只要指定一条或者多条直线，最后直线所经过的对象均会被选择。

🖉 **动手操作 使用选择栏模式选择多个对象**

1 执行一个需要选择对象的命令，如 erase（删除）命令。系统提示：选择对象，此时输入"F"（栏选）并按 Enter 键。

2 系统提示：指定第一个栏选点，此时通过单击指定端点的方式指定两条直线路径，创建经过要选择对象的选择栏，如图 1-76 所示。

3 按 Enter 键完成选择，图形中出现如图 1-77 所示的选择结果，并在命令窗口提示选择对象的数量。

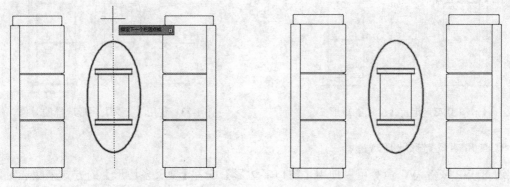

图 1-76 创建选择栏   图 1-77 使用【选择栏】模式选择的结果

 在选择多个对象过程中将不需要选择的对象都选中时，可以在"选择对象:"提示下输入"R"（删除），然后选择不需要选中的对象即可。

如果在选择对象的状态下按 Esc 键，可以取消所有选择状态。

1.6 技能训练

下面通过多个上机练习实例，巩固所学技能。

1.6.1 上机练习 1：更改配色方案和窗口颜色

本例将程序界面默认使用【暗】配色方案更改为【明】配色方案，然后更改图形窗口背景颜色，再隐藏图形窗口的栅格线。

🖉 **操作步骤**

1 启动 AutoCAD 2015 程序，再单击【菜单浏览器】按钮▲，然后单击【选项】按钮，如图 1-78 所示。

2 打开【选项】对话框后，切换到【显示】选项卡，再打开【配色方案】列表框，然后选择【明】选项，如图 1-79 所示。

图 1-78　打开【选项】对话框

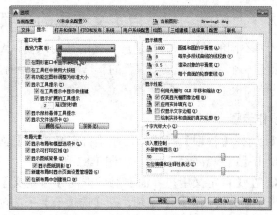

图 1-79　选择【明】配色方案

3 在【显示】选项卡中单击【颜色】按钮，打开【图形窗口颜色】对话框后，在【上下文】列表框中选择【二维模型空间】选项，然后在【界面元素】列表框中选择【统一背景】选项，接着打开【颜色】列表框，选择【白】选项，更改背景颜色为白色，如图 1-80 所示。

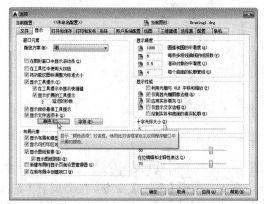
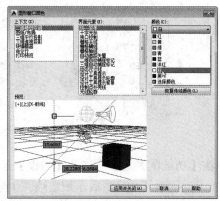

图 1-80　设置图形窗口背景颜色

4 返回【选项】对话框，然后单击【确定】按钮，关闭对话框，接着在图形文件窗口的状态中单击【显示图形栅格 – 开】按钮，隐藏图形栅格，如图 1-81 所示。

图 1-81　隐藏图形栅格

1.6.2 上机练习2：自定义专属的选项卡

针对不同的绘图项目与适应不同的使用习惯，AutoCAD 2015 允许用户自定义选项卡。本例将新建一个名为"我的工具"的新选项卡，然后在选项卡中添加【表格】、【图层】和【绘图】3 个功能面板。

操作步骤

1 选择【管理】选项卡，在【自定义设置】面板中单击【用户界面】按钮，如图 1-82 所示。

2 在【自定义用户界面】对话框的【自定义】选项卡中展开【功能区】选项，在【选项卡】子选项上单击右键，在打开的快捷菜单中选择【新建选项卡】命令，接着在【选项卡】的最底端输入新选项卡的名称，如图 1-83 所示。

图 1-82 打开【自定义用户界面】对话框

图 1-83 新建选项卡并命名

3 在【功能区】选项下展开【面板】子选项，在多个面板列表中按住 Ctrl 键选择要添加至新选项卡的面板选项，然后在被选项目上单击右键，选择【复制】命令。接着展开【选项卡】子选项，在上一步骤新建的"我的工具"选项卡上单击右键，再选择【粘贴】命令，如图 1-84 所示。

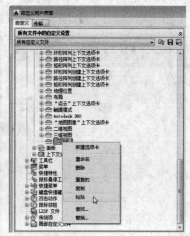

图 1-84 将指定面板复制到新选项卡

4 打开【工作空间】选项并选择【草图与注释 默认（当前）】子选项，然后在对话框右侧的【工作空间内容】选项区中单击【自定义工作空间】按钮，如图 1-85 所示。

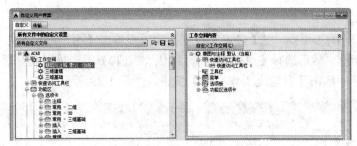

图 1-85　进入自定义工作空间状态

5 在【选项卡】列表中的"我的工具"新选项卡左侧打勾，然后在【工作空间内容】选项区中可以看到该选项卡已经位于当前列表中，接着单击【完成】按钮退出自定义工作空间状态。最后单击【应用】按钮确定自定义设置，单击【确定】按钮退出【自定义用户界面】对话框，如图 1-86 所示。

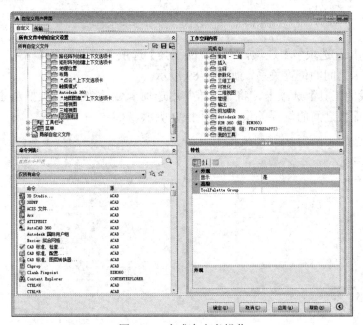

图 1-86　完成自定义操作

6 在一般情况下，新增的"我的工具"选项卡会默认显示于所有选项卡的最右侧，选择该选项卡即可查看里面的面板，如图 1-87 所示。

图 1-87　查看新增的选项卡

1.6.3　上机练习 3：进一步定义专属选项卡

对于功能区中的选项卡或者面板，均允许用户进行位置与顺序的调整。本例以上一小节新增的【我的工具】选项卡为例，介绍调整选项卡与面板的方法。

操作步骤

1 选择【管理】选项卡，在【自定义设置】面板中单击【用户界面】按钮，打开【自定义用户界面】对话框，然后选择【草图与注释 默认（当前）】子选项，在对话框右侧的【工作空间内容】选项区中单击【自定义工作空间】按钮，如图 1-88 所示。

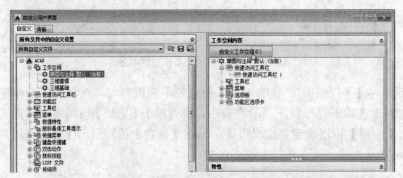

图 1-88　进入自定义工作空间状态

2 打开【功能区选项卡】选项，将【我的工具】选项卡往上拖至【常用 – 二维】选项的下方，调整选项卡之间的位置关系，如图 1-89 所示。

3 打开【我的工具】选项卡，将【二维常用选项卡 – 绘图】选项拖至【注释 – 表格】选项之上，调整面板之间的位置关系，如图 1-90 所示。

图 1-89　调整选项卡的顺序

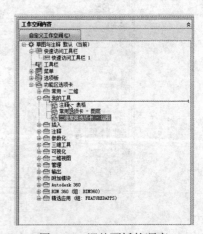

图 1-90　调整面板的顺序

4 自定义完毕后单击【完成】按钮退出自定义工作空间状态，再单击【确定】按钮，完成自定义并退出【自定义用户界面】对话框。返回功能区中可以看到自定义后的结果，如图 1-91 所示。

图 1-91　自定义功能区后的结果

1.6.4 上机练习 4：为文件设置保护密码

本例为图形文件设置用于打开此图形文件的密码，以便可以有效保护图形文件。

操作步骤

1 打开光盘中的 "..\Example\Ch01\1.6.4.dwg" 练习文件，通过保存文件的方法打开【图形另存为】对话框。

2 单击【图形另存为】对话框右上方的【工具】按钮，在打开的下拉菜单中选择【安全选项】命令，如图 1-92 所示。

3 在【安全选项】对话框的【密码】选项卡【用于打开此图形的密码或短语】文本框中，建议用户输入易于本人记取的数字与英文字母组合(密码不区分大小写，本例密码设置为123abc)，如图 1-93 所示。

图 1-92　打开【安全选项】对话框　　　　　图 1-93　输入密码

4 输入密码后，单击【确定】按钮，此时弹出【确认密码】对话框，要求用户再次输入相同的密码，此时再次输入密码并单击【确定】按钮，如图 1-94 所示。

5 返回【图形另存为】对话框中指定保存设置后，单击【保存】按钮。

6 当打开文件时，会打开如图 1-95 所示的【密码】对话框，输入正确密码并单击【确定】按钮后，方可打开加密文件。

图 1-94　确认密码　　　　　　　图 1-95　输入正确密码打开图形文件

　　　　加密主要用于防止数据被盗取，还可以保护数据的机密性。密码仅适用于 AutoCAD 2004 及以上版本的图形文件（DWG、DWS 和 DWT 文件）。

1.6.5 上机练习 5：从云绘制方式打开文件

从云绘制方式，其实是打开联机存储的图形文件的方式。这种方式可以从各种联机位置打开文件，包括 Autodesk 360、FTP 站点、URL 和 Web 文件夹。

下面将以从 Autodesk 360 打开图形文件为例，介绍以从云绘制方式打开文件的方法。在从 Autodesk 360 打开文件时，需要预先注册 Autodesk 账户，并通过此账户登录后打开文件。

操作步骤

1 单击【菜单浏览器】按钮，选择【打开】|【从云绘制】命令，此时打开【Autodesk - 登录】对话框并连接互联网，如图 1-96 所示。

图 1-96　选择【从云绘制】命令

2 连接互联网成功后，对话框显示【使用 Autodesk 帐户登录】界面，此时用户输入账户和密码即可登录。如果还没有注册 Autodesk 账户则可以单击【需要 Autodesk ID?】链接文本，然后通过【创建账户】对话框创建 Autodesk 账户，如图 1-97 所示。

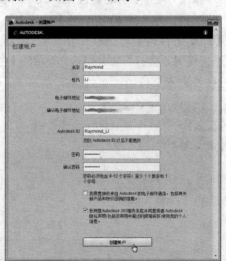

图 1-97　创建 Autodesk 账户

3 创建账户后即自动登录 Autodesk 360，程序弹出【默认的 Autodesk 360 设置】对话框，用户可以进行相关设置，然后单击【确定】按钮即可，如图 1-98 所示。

4 打开【选择文件】对话框并进入了 Autodesk360 中的个人账户目录内。选择保存在 Autodesk 360 中的图形文件，再单击【打开】按钮即可，如图 1-99 所示。

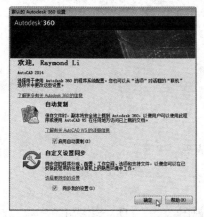

图 1-98　设置 Autodesk 360 默认设置

图 1-99　打开 Autodesk 360 中的图形文件

　　问：怎样将图形文件保存在 Autodesk 360 中？

　　答：如果想要将图形文件保存在 Autodesk 360 中，可以打开【菜单浏览器】并选择【另存为】|【绘制到云】命令，然后执行保存文件的操作即可。

　　或者复制图形文件，然后在【我的电脑】中打开【Autodesk 360 系统文件夹】，接着粘贴文件到该文件夹即可，如图 1-100 所示。

图 1-100　将文件粘贴到 Autodesk 360 系统文件夹

1.7　评测习题

一、填空题

（1）AutoCAD 2015 应用程序是＿＿＿＿＿＿＿公司的 AutoCAD 系列中最新推出的一套功能强大的电脑辅助绘图软件。

（2）第一次启动 AutoCAD 2015 应用程序时会打开＿＿＿＿＿＿＿界面，并显示【桌面分析计划】窗口。

（3）AutoCAD 2015 提供了"＿＿＿＿＿＿＿"、"二维基础"与"二维建模"3 种工作空间。

二、选择题

（1）以下哪个不是 AutoCAD 软件的特性？　　　　　　　　　　　　　　　（　　）

    A. 具有完善的平面和三维图形绘制功能

    B. 可以进行二次开发

    C. 支持多种外部硬件设备

    D. 支持大量的图形色彩模式

（2）按下哪个键可以快速打开 AutoCAD 命令记录列表？　　　　　　　　　（　　）

    A. F2　　　　　　　　B. F3　　　　　　　　C. F4　　　　　　　　D. F5

（3）以下哪个不是 AutoCAD 2015 预设的工作空间？　　　　　　　　　　　（　　）

    A. 草图与注释　　　B. 三维建模　　　　C. 描图视图　　　　D. 三维基础

（4）在绘图区的左下方，哪个标签不是程序默认提供的？　　　　　　　　　（　　）

    A. 模型　　　　　　B. 布局 3　　　　　C. 布局 2　　　　　D. 布局 1

三、判断题

（1）Autodesk 360 是基于云的平台，允许用户访问存储、协作工作空间和云服务，由此来帮助用户大幅改善其设计以及随时随地与其他用户共享工作的方式。　　　　　（　　）

（2）AutoCAD 2015 不能显示菜单命令。　　　　　　　　　　　　　　　　　（　　）

（3）通过【创建图纸集】向导可以新建图纸集，用户既可以基于现有图形从头开始创建图纸集，也可以使用图纸集样例作为样板进行创建。　　　　　　　　　　　　　　（　　）

四、操作题

以【插入】选项卡为例，将该选项卡移到【默认】选项卡的前面，结果如图 1-101 所示。

图 1-101　自定义工作后的结果

提示

（1）选择【管理】选项卡，在【自定义设置】面板中单击【用户界面】按钮，打开【自定义用户界面】对话框。然后选择【草图与注释 默认（当前）】子选项，在对话框右侧的【工作空间内容】选项区中单击【自定义工作空间】按钮。

（2）打开【功能区选项卡】选项，将【插入】选项卡往上拖至【常用 – 二维】选项的上方，调整选项卡之间的位置关系。

（3）自定义完毕后单击【完成】按钮退出自定义工作空间状态，再单击【确定】按钮，完成自定义并退出【自定义用户界面】对话框。

第 2 章　执行命令与视图应用

学习目标

执行功能和通过视图查看图形编辑结果是使用 AutoCAD 最常用的操作。AutoCAD 2015 提供了多种应用功能和用于控制与显示视图的方法。本章将详细介绍在 AutoCAD 2015 中执行功能命令和控制二维视图和三维视图的各种方法。

学习重点

☑ 执行功能命令的方法
☑ 缩放和平移二维视图
☑ 控制三维视图和动态观察
☑ 保存与恢复命名视图
☑ 视口的创建和应用

2.1　执行功能命令

使用 AutoCAD 执行命令的方法有很多种，可以单击功能区中的按钮执行命令。另外，在命令窗口中直接输入英文命令符，也是较为常用的一种执行命令方法。

2.1.1　通过功能按钮执行命令

在 AutoCAD 中，绝大多数命令都可以通过功能区来完成，因执行命令的差异，通常需要配合鼠标进行绘制与各种编辑的操作。

执行命令后，通常还要配以变量的设置，才能完成一个绘图与编辑操作。但也有一些操作无须设置变量，可以直接在窗口绘图，如绘制直线。

变量可以控制所执行的功能，以及设置工作环境与相关工作方式。例如，选择绘制圆形命令后，必须先确定圆心的位置与半径的值，这些都属于变量的设置。

下面以绘制正八边形为例，介绍使用功能区按钮并结合变量执行命令的方法。

动手操作　通过设置变量执行命令

1 新建一个图形文件并隐藏图形栅格，然后选择【默认】选项卡，在【绘图】面板中单击【正多边形】按钮◎。当命令窗口出现提示时，必须在命令窗口中输入变量（边的数目），此时输入"8"并按 Enter 键，如图 2-1 所示。

2 使用鼠标在绘图区中单击确定多边形的中心点，命令窗口又出现【内接于圆】与【外切于圆】的变量选择，同时鼠标旁边弹出【输入选项】列表，此时可以在命令窗口输入变量也可以直接在列表上选择选项，如图 2-2 所示。

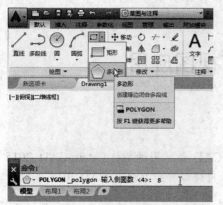

图 2-1　执行绘图命令并输入变量

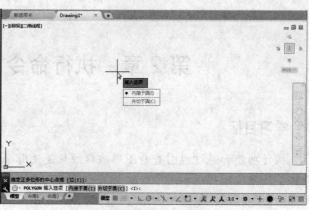

图 2-2　输入变量或选择输入选项

3 拖动光标确定多边形的半径大小与摆放的角度，在合适的位置上单击左键，确定多边形的角度与大小并完成图形的绘制，结果如图 2-3 所示。

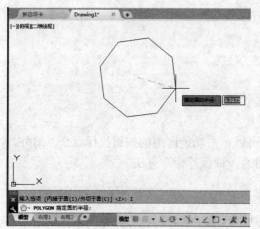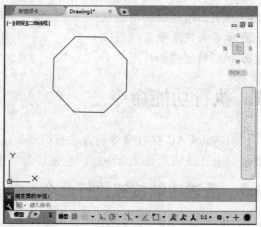

图 2-3　绘制正八边形

2.1.2　通过命令窗口执行命令

除了使用功能区外，还可以通过命令窗口以输入命令指令的方式执行 AutoCAD 中的所有命令。另外，在进行变量设置时，也可使用键盘通过提示信息进行准确设置。例如，在前面绘制正八边形的过程中，可以通过命令窗口指定多边形的中心与半径大小等信息。

下面以绘制矩形为例，介绍通过命令窗口输入命令来执行绘图的方法。

动手操作　通过命令窗口绘制矩形

1 在命令窗口中输入 "RECTANG" 命令并按 Enter 键，执行绘制矩形的指令，如图 2-4所示。此时系统提示：指定第一个角点或 [倒角(C)/标高(E)/圆角(F)/厚度(T)/宽度(W)]，此时输入 "1000" 确定角点位置，如图 2-5 所示。

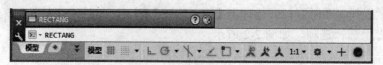

图 2-4　输入绘图的命令

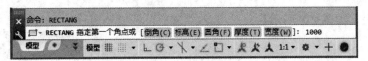

图 2-5 输入第一个角点的位置

2 系统再次提示：指定另一个角点或[面积(A) 尺寸(D) 旋转(R)]，此时输入"2000"，按下 Enter 键指定矩形的第二个角点位置。经过这些操作，即可绘制出矩形，如图 2-6 所示。

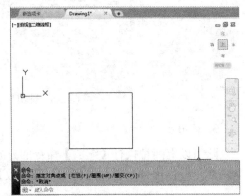

图 2-6 输入第二个角点位置完成矩形的绘制

 问： 如果想要取消之前设置的变量该怎么办？

答： 如果觉得之前设置的变量不合适，可以输入"U"再按 Enter 键，取消之前设置的变量，然后重新输入角点位置的变量即可。

2.2 视图缩放的控制

视图是指按一定比例、位置与角度显示图形的区域，【缩放】是一个放大或缩小视图的查看功能，它类似于相机中的镜头，具备拉近或者拉远的对焦功能，可以随意放大或者缩小拍摄的对象，但图形的实际大小不变。

2.2.1 缩放视图功能

1. 使用菜单

在 AutoCAD 2015 中，使用菜单、工具栏或者功能区面板都可实现缩放功能。通过快速访问工具栏显示菜单栏，然后选择【视图】|【缩放】菜单命令，即可打开【缩放】子菜单中的命令，在这里选择任意一个命令均可执行一项缩放操作，如图 2-7 所示。

2. 使用导航面板

在【视图】选项卡中单击右键并选择【显示面板】|【导航】命令，然后在显示的【导航】面板中也可以打开

图 2-7 使用【缩放】子菜单

【缩放】功能列表，如图 2-8 所示。

图 2-8　使用导航面板的【缩放】功能列表

3. 使用命令

除了以上两种执行【缩放】命令的方式外，在命令行中输入 "zoom" 并按 Enter 键，即可显示变量设置项目，它们的作用与【缩放】子菜单中的命令相同，如图 2-9 所示。

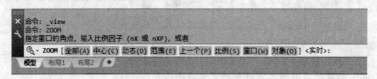

图 2-9　使用命令缩放视图

2.2.2　实时缩放视图

使用实时缩放功能可以按住鼠标向上拖动放大整个图形，而往下拖动即可缩小图形。

动手操作　实时缩放视图

1 打开光盘中的 "..\Example\Ch02\2.2.2.dwg" 练习文件，在【视图】选项卡的【导航】面板中单击【范围】按钮右侧 按钮，打开缩放功能列表并选择【实时】选项 ，鼠标光标随即变成 状态，缩放前的对象如图 2-10 所示。

2 移动光标至图形上，按下鼠标左键不放并往上方拖动，整个图形对象就会放大显示，如图 2-11 所示。

图 2-10　实时缩放前的图形

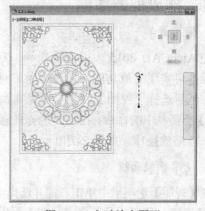

图 2-11　实时放大图形

3 移动光标至图形上，按下鼠标左键不放并往下方拖动，整个图形对象就会缩小显示，如图 2-12 所示。

4 完成缩放处理后单击右键，在打开的快捷菜单中选择【退出】命令，或者按 Enter 键完成缩放操作，如图 2-13 所示。

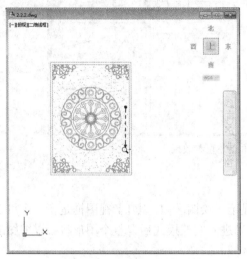

图 2-12 实时缩小图形

图 2-13 退出实时缩放状态

在缩放过程中，在【视图】选项卡的【导航】面板中单击【后退】按钮🔍，返回上一个缩放操作；单击【前进】按钮🔍，恢复下一个缩放操作。

2.2.3 窗口缩放视图

窗口缩放视图指在屏幕上指定两个对角点，以确定一个矩形范围来将指定区域放大至填满整个绘图区域。

在指定角点的操作中，较为常用的是使用十字光标来确定，但有时为了更加精确，也允许在命令行中输入两个点的坐标来确定。

🐁 动手操作 窗口缩放视图

1 在【视图】选项卡的【导航】面板中单击【范围】按钮右侧█按钮，打开缩放功能列表并选择【窗口】选项🔍窗口，光标随即变成"十"字形状。此时将光标移至目标图形合适位置并单击指定第 1 个角点，如图 2-14 所示。

2 拖动光标，再单击确定第 2 个角点，此时两个角点之间的区域即会以满屏的形式显示，如图 2-15 所示。

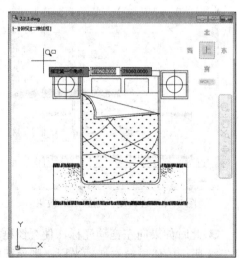

图 2-14 指定第 1 个角点

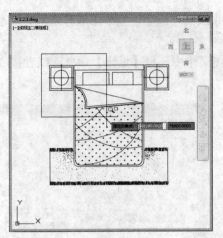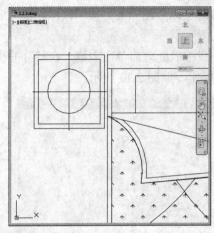

图 2-15 指定第 2 个角点并查看效果

2.2.4 动态缩放视图

动态缩放视图是指将视图框选中的区域满屏显示于绘图区内，其中，视图框是指一个可以随意移动与缩放的矩形（比例与屏幕尺寸相同）。当进入缩放模式后，整个图形将会以缩图的形式置放于绘图区的左下角，以便于选择缩放的区域。

动手操作 动态缩放视图

1 在【视图】选项卡的【导航】面板中单击【范围】按钮右侧 按钮，打开缩放功能列表并选择【动态】选项 ，图形立刻缩小至绘图区的左下角处，并出现一个与缩图尺寸相同的矩形框（这就是视图框），中间的"×"主要用于平移指定缩放的中心点，如图 2-16 所示。

2 单击鼠标将视图区从平移状态切换至缩放状态，原来的"×"符号消失，并在矩形框的右边增加"→"箭头符号，表示进入缩放状态，如图 2-17 所示。

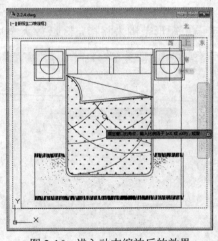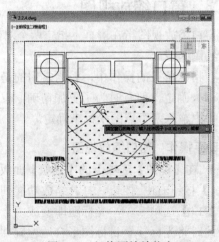

图 2-16 进入动态缩放后的效果   图 2-17 切换至缩放状态

3 此时如果向左拖动光标，使视图框变小以缩小显示区域，使图形的缩放因子更大，如图 2-18 所示。如果向右拖动光标，则使视图框变大以放大显示区域，如图 2-19 所示。

4 再次单击鼠标，即可从缩放状态切换回平移状态，接着将视图框的中心点移至图形中央处，单击确定缩放中心点，如图 2-20 所示。

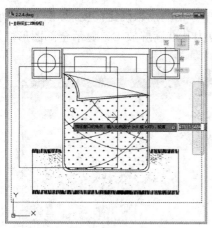

图 2-18　缩小显示区域

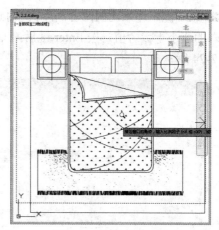

图 2-19　放大显示区域

5 确定缩放区域与大小后，按 Enter 键即可将视图框内的区域以满屏状态显示于绘图区内，效果如图 2-21 所示。

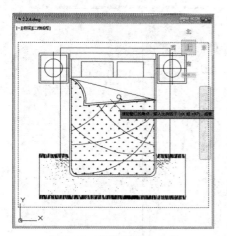

图 2-20　指定缩放中心点

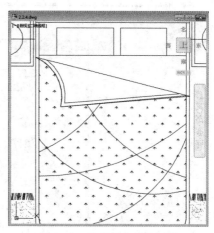

图 2-21　动态放大后的效果

2.2.5　圆心缩放视图

圆心缩放视图是指在图形中指定一个点作为缩放的中心基准点，然后通过比例或高度值来缩放图形。进入圆心缩放模式后，命令行将会显示目前比例或高度的参考值，当输入的值大于参考值时，图形即会以中心点为基准缩小，反之将会以同样的方式放大显示。

🔘 **动手操作　圆心缩放视图**

1 在【视图】选项卡的【导航】面板中单击【范围】按钮右侧 按钮，打开缩放功能列表并选择【圆心】选项　　，光标随即会变成十字符号，接着在图形上单击指定缩放的中心点，如图 2-22 所示。

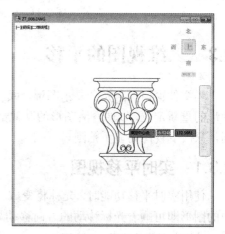

图 2-22　指定中心点

2 系统提示输入比例或者高度，此时通过在画面中单击两点来确定高度，如图 2-23 所示。当输入的值小于参考值，按 Enter 键后，即会以中心点为基准满屏放大，显示全部图形，效果如图 2-24 所示。

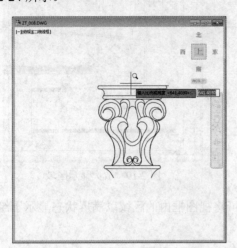 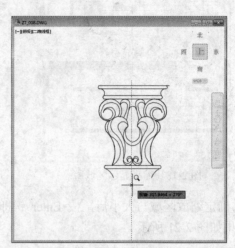

图 2-23　指定起始高度

图 2-24　以圆心缩放方式放大图形的效果

2.3　二维视图的平移

当文件窗口无法完全显示图形，或者显示比例大于原图形时，可以使用【平移】命令进行图形的重新定位，以便看清图形的其他部分。在平移过程中不会改变图形对象的位置或实际比例，只改变视图的显示范围。

2.3.1　实时平移视图

使用实时平移功能时，光标将变成一只小手，只要按住鼠标左键向四周随意拖动，绘图区中的图形即可顺着光标移动的方向移动显示。如果需要退出实时平移视图，只要按 Esc 键或 Enter 键即可。

动手操作　实时平移视图

1 假设文件窗口没有完全显示出图形，如图 2-25 所示。如果想要查看右侧的图形内容，可以执行以下任一操作，进入实时平移模式：

（1）选择【视图】|【平移】|【实时】菜单命令。

（2）在【视图】选项卡的【导航】面板中单击【平移】按钮 🖐 平移 。

（3）在文件窗口右侧的工具栏中单击【平移】按钮 🖐 。

2 当光标变成 🖐 形状时，按住鼠标左键不放并向左拖动，即可显示图形右边的内容，如图 2-26 所示。如果要退出平移，可以右击鼠标，在打开的快捷菜单中选择【退出】命令，或者按 Esc 键或 Enter 键，即可退出实时平移模式，完成平移操作。

图 2-25　实时平移前的视图

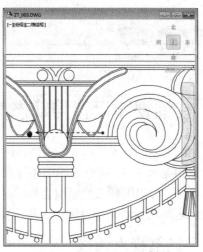

图 2-26　实时平移查看图形

2.3.2　点平移视图

使用【点】命令，可以通过指定基点和位移值来平移视图。在 AutoCAD 2015 中，点平移就好比瞄准器的镜头，它相当于将一个镜头对准视图，当镜头移动时，视口中的图形也跟着移动。

动手操作　点平移视图

1 选择【视图】|【平移】|【点】菜单命令，或者在命令行中输入"-pan"并按 Enter 键。

2 系统提示：指定基点或位移，并且光标会变成十字符号，此时在图形中的右侧单击确定平移的基点，如图 2-27 所示。

3 系统提示：指定第二点，此时接着拖动十字光标至绘图区右侧的合适位置单击，如图 2-28 所示，确定平移的终点。

4 完成上述操作后，程序即会根据前面指定的两个点来平移图形，效果如图 2-29 所示。

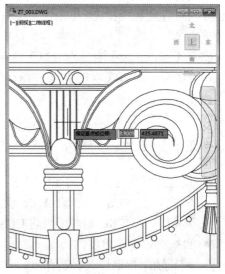

图 2-27　指定平移的基点

图 2-28　指定第二个点

图 2-29　点平移后的效果

2.4　三维视图设置与动态观察

在 AutoCAD 2015 中，可以在当前视口中创建图形的交互式视图，即三维视图。通过使用三维观察和导航工具，可以在图形中导航、为指定视图设置相机以及创建动画以便与其他人共享设计，同时可以围绕三维模型进行动态观察、回旋、漫游和飞行，设置相机，创建预览动画以及录制运动路径动画，以便将这些分发给其他人以从视觉上传达设计意图。

2.4.1　设置视点预设

在 AutoCAD 中，视点是指三维空间中观察三维模型的位置，相当于人的眼睛所在的位置，而从视点到观察对象的目标点之间的连线则可以看作表示观察方向的视线。视点预设就是通过设置视线在 UCS 中的角度来确定三维视图的观察方向。

打开【视点预设】对话框有以下两种方法。

（1）菜单：选择【视图】|【三维视图】|【视点预设】菜单命令。

（2）命令窗口：在命令窗口中输入"ddvpoint"命令。

如图 2-30 所示为【视点预设】对话框，它的设置选项说明如下。

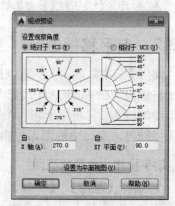

图 2-30　【视点预设】对话框

- 设置观察角度：相对于世界坐标系（WCS）或用户坐标系（UCS）设置查看方向。
  - 绝对于 WCS：相对于 WCS 设置查看方向。
  - 相对于 UCS：相对于当前 UCS 设置查看方向。
- 自：指定查看角度。
  - X 轴：指定与 X 轴的角度。
  - XY 平面：指定与 XY 平面的角度。
- 设置为平面视图：设置查看角度以相对于选定坐标系显示平面视图（XY 平面）。

除了直接在文本框中输入数值确定视点角度外，还可以使用样例图像来指定查看角度。其中黑针指示新角度，灰针指示当前角度，通过选择圆或半圆的内部区域来指定一个角度。

2.4.2　设置三维视点

1. 设置三维视点

在 AutoCAD 中，可以直接指定视点的坐标，或动态显示并设置视点。

动手操作　设置三维视点

1 选择【视图】|【三维视图】|【视点】菜单命令。

2 绘图区上显示一个坐标球和三轴架，只需移动坐标球中的小十字标记即可设置视点的方向，如图 2-31 所示。

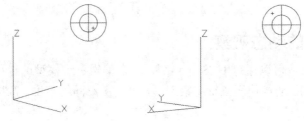

图 2-31　坐标球和三轴架

2. 坐标球和三轴架

坐标球是一个展开的球体，中心点是北极(0,0,n)，内环是赤道(n,n,0)，整个外环是南极 (0,0,–n)。坐标球中的小十字标记表示视点的方向，当移动小十字标记时，三轴架随着改变。

（1）如果小十字标记定位在坐标球的中心，则视线和 XY 平面垂直，这个就是平面视图。

（2）如果小十字标记定位在内圆中，则视线和 XY 平面的夹角范围在 0°～90°。

（3）如果小十字标记定位在内圆上，则视线与 XY 平面成 0°角，这就是正视图。

（4）如果小十字标记在内圆与外圆之间，那么视线就和 XY 平面的角度范围在 0°～–90°。

（5）如果小十字架标记在外圆上或外圆外，则视线与 XY 平面的角度为–90°。

2.4.3　选择预设三维视图

AutoCAD 2015 预置了多种三维视图，其中包括 6 种正交视图和 4 种等轴测视图。

切换到【视图】选项卡，然后在选项卡标题上单击右键并选择【显示面板】|【视图】命令，显示【视图】面板，接着打开【视图】列表，即可选择任意一种三维视图，如图 2-32 所示。

图 2-32　选择预设三维视图

要理解不同三维视图的表现方式,可以用一个立方体代表处于三维空间的对象,各种视图的观察方向如图 2-33 所示。

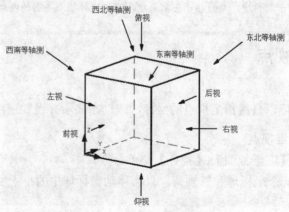

图 2-33　三维视图观察方向

2.4.4　三维空间的动态观察

当创建三维对象时,可以通过 UCS 来绘图,而在编辑三维模型的过程中,还可以使用不同的方式观察三维空间。通过使用三维观察工具,可以从不同的角度、高度和距离查看图形中的对象。

1. 受约束的动态观察

受约束的动态观察是指沿 XY 平面或 Z 轴约束的三维动态观察。

动手操作　受约束的动态观察

1 打开光盘中的 "..\Example\Ch02\2.4.4.dwg" 文件。选择【视图】选项卡,在【导航】面板中单击【动态观察】按钮。

2 当应用受约束的动态观察时,绘图区出现 图标,此时只要在绘图区中拖动此图标,即可动态地观察对象,如图 2-34。

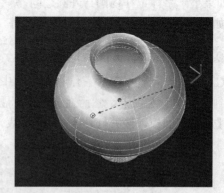

图 2-34　拖动鼠标调整视图观察三维对象

3 当观察完毕后,可以按 Esc 键或 Enter 键退出。

2. 自由动态观察

自由动态观察是指不参照平面,在任意方向上进行动态观察。当沿 XY 平面和 Z 轴进行动态观察时，视点是不受约束的。

动手操作 自由动态观察

1 打开光盘中的"..\Example\Ch02\2.4.4.dwg"文件。选择【视图】选项卡，在【导航】面板中单击【动态观察】按钮右侧的按钮，在打开的列表中选择【自由动态观察】选项。

2 在"自由动态观察"状态下，视图会显示一个导航球，它被更小的圆分成4个区域，拖动这个导航球可以旋转视图，如图2-35所示。

图2-35 自由动态观察三维对象

3 如果在不同的位置单击并拖动，旋转的效果也不同。当观察完毕后，可以按 Esc 键或 Enter 键退出。

（1）在导航球内部拖动，可以随意旋转视图。

（2）在导航球外部拖动，可以绕垂直于屏幕的轴转动视图。

（3）在导航球左侧或右侧的小圆内部单击并拖动，可以绕通过导航球中心的垂直轴旋转视图。

（4）在导航球顶部或底部小圆内部单击并拖动，可以绕通过导航球中心的水平轴旋转视图。

3. 连续动态观察

连续动态观察模式可以使系统自动进行连续动态观察。

动手操作 连续动态观察

1 打开光盘中的"..\Example\Ch02\2.4.4.dwg"文件。在【导航】面板中单击【动态观察】按钮右侧的按钮，在打开的列表中选择【连续动态观察】选项。

2 在对象上拖动出一条运动轨迹，使对象沿此路径不停地转动，如图2-36所示。

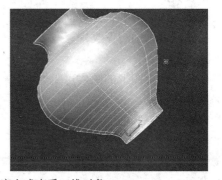

图2-36 通过连续动态观察方式查看三维对象

3 当对象运动至合适视点时，单击画面即可使对象停止运动并退出此次的连续动态观察。
4 在连续动态观察移动的方向上单击并拖动，使对象沿正在拖动的方向开始移动。
5 当观察完毕后，可以按 Esc 键或 Enter 键退出。

2.4.5 使用 ViewCube 工具

ViewCube 工具是一种可单击、可拖动且常驻界面的导航工具，可以用它在模型的标准视图和等轴测视图之间进行切换。在【三维建模】工作空间中，显示 ViewCube 工具后，将在窗口一角以不活动状态显示在模型上方。

尽管 ViewCube 工具处于不活动状态，但在视图发生更改时仍可提供有关模型当前视点的直观反映。可以切换至其中一个可用的预设视图，滚动当前视图或更改至模型的主视图，如图 2-37 所示。

指南针显示在 ViewCube 工具的下方并指示为模型定义的北向。可以单击指南针上的基本方向字母以旋转模型，也可以单击并拖动其中一个基本方向字母或指南针圆环，绕视图中心以交互方式旋转模型，如图 2-38 所示。

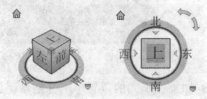

图 2-37　ViewCube 工具　　　　图 2-38　指南针

2.5 保存与恢复命名视图

对于大型的施工图纸而言，虽然可以通过平移、缩放等方式来放大显示某个区域，但使用【命名视图】命令可以将上述操作变得更简单。【命令视图】命令允许在一张工程图纸上创建多个视图，并将某个特定视图保存起来。当要查看、修改保存后的某一部分视图时，只要将该视图恢复即可。

2.5.1 保存视图

通过【视图管理器】对话框可以创建、设置、重命名与删除命名视图。命名和保存视图时，将保存以下设置：

（1）比例、中心点和视图方向。
（2）指定给视图的视图类别。
（3）视图的位置。
（4）保存视图中图形的图层可见性。
（5）用户坐标系。
（6）三维透视。
（7）活动截面。
（8）视觉样式。
（9）背景。

动手操作　保存当前的视图

1 打开光盘中的 "..\Example\Ch02\2.5.1.dwg" 练习文件，首先使用【窗口】缩放方式放大图纸中的飞机对象所在区域，作为要保存和命名的视图，如图 2-39 所示。

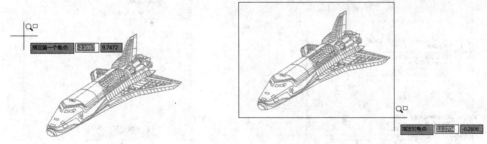

图 2-39　放大图形的视图

2 通过菜单栏选择【视图】|【命名视图】命令，如图 2-40 所示。

3 打开【视图管理器】对话框，单击【新建】按钮，如图 2-41 所示。

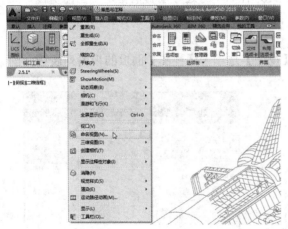

图 2-40　命名视图　　　　　　　　　　　图 2-41　新建视图

4 在打开的【新建视图/快照特性】对话框中输入视图名称（如果图形是图纸集的一部分，系统将列出该图纸集的视图类别，可以向列表中添加类别或从中选择类别）。接着在【边界】选项组中选中【当前显示】单选按钮，表示当前绘图区中可见的所有图形，如图 2-42 所示。

5 通过 ShowMotion 创建的动画视图称为快照，可以通过【新建视图/快照特性】对话框的【快照特性】选项卡修改快照，如图 2-43 所示。可以调整视图间的转场，还可以更改移动类型、相机位置和录制的长度。

　　　　　　　　　　【快照特性】选项卡中的可用选项取决于选定的视图类型。例如，如果快照的视图类型为"静止画面"，则可以更改录制的长度，但无法更改相机位置。如果选定的视图类型为"电影式"或"录制的漫游"，可用选项则有所不同。针对每种视图类型会显示不同的选项。

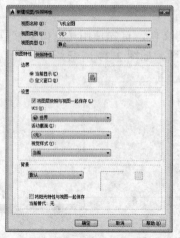

图 2-42　命名视图并设置特性

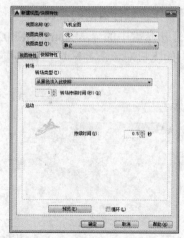

图 2-43　【快照特性】选项卡

6 单击【确定】按钮，返回到【视图管理器】对话框，在这里即可显示命令视图的相关属性，包括"名称"、"UCS"、"视觉样式"等。此外在右下方还显示目前指定视图缩览图，如果单击【删除】按钮即可将其取消命名。最后单击【应用】与【确定】按钮，完成当前视图保存操作，如图 2-44 所示。

7 当需要使用新建的视图时，可以通过【视图】选项卡【视图】面板的视图列表选择创建的视图，如图 2-45 所示。

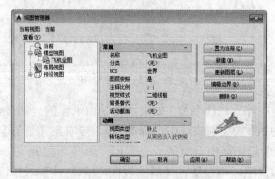

图 2-44　查看与完成命名视图

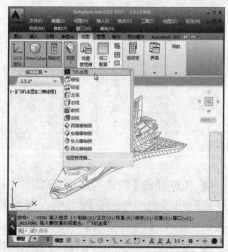

图 2-45　切换到自行创建的视图

2.5.2　恢复命名视图

AutoCAD 2015 允许一次命名多个视图，系统会将其罗列于【视图管理器】对话框的【模型视图】之下，可以选择恢复所有命名视图中的某一个。

动手操作　恢复命名视图

1 在【视图】选项卡中单击【视图管理器】按钮，打开【视图管理器】对话框，然后展开【模型视图】列表，选择目标视图，如图 2-46 所示。

2 单击对话框右上方的【置为当前】按钮（或者在目标视图选项上单击右键，在弹出的快捷菜单中选择【置为当前】命令），并单击【确定】按钮，即可在当前窗口中恢复此前保存的结果，如图 2-47 所示。

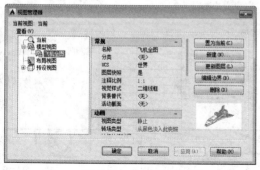

图 2-46　选择视图

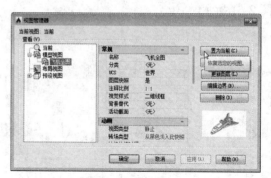

图 2-47　将视图置为当前

2.6　创建、分割和合并视口

"视口"是指以不同形式显示视图的区域，在编辑大型或复杂的图形中，通常需要将图形分成多个视口，以便进行平移或局部缩放等操作，以显示细节。

2.6.1　创建平铺视口

"平铺视口"是指将绘图区划分为多个区域，从而制定出多个不同的视口区域。在各个视口中都可查看图形的不同部分。AutoCAD 2015 支持同时打开多达 32000 个视口。

选择【视图】|【视口】菜单命令，打开【视口】子菜单后，即可选择显示多个视口，如图 2-48 所示。此外，还可以在如图 2-49 所示的【模型视口】面板中设置视口。

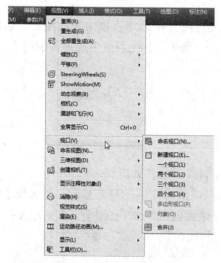

图 2-48　使用【视口】菜单命令

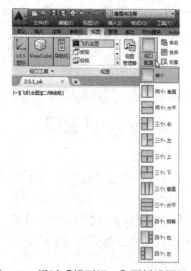

图 2-49　通过【模型视口】面板设置视口

在【视口】子菜单中选择【新建视口】命令，可以打开【视口】对话框，然后通过【新建视口】选项卡创建与设置各种不同结构的平铺视口。其中包括"两个：垂直"、"两个：水平"、"三个：右"、"三个：左"、"四个：相等"、"四个：左"等。

只要在该选项卡内输入平铺视口的名称，然后在【标准视口】列表框中选择合适的结构，即可在右侧的预览中查看所选视口的配置，如图 2-50 所示。创建"三个：上"视口的效果如图 2-51 所示。

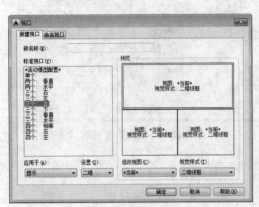

图 2-50　新建标准视口

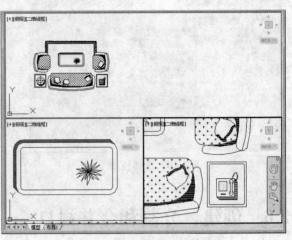

图 2-51　新建视口的效果

在【视口】对话框的下方分别提供了【应用于】、【设置】、【修改视图】、【视觉样式】4 个下拉列表框，它们各自的作用如下。

- 应用于：将模型空间视口配置应用到整个显示窗口或当前视口。如果选择【显示】选项，将视口配置应用到整个【模型】选项卡显示窗口，该选项为默认设置；如果选择【当前】选项，仅将视口配置应用到当前视口。
- 设置：用于指定二维、三维设置。如果选择【二维】选项，新的视口配置将通过所有视口中的当前视图来创建；如果选择【三维】选项，一组标准正交三维视图将被应用到配置中的视口。
- 修改视图：用从【标准视口】列表框中选择的视图替换选定视口中的视图。可以选择命名视图，如果已选择三维设置，也可以从【标准视图】列表框中选择。使用【预览】选项组中的区域查看效果。
- 视觉样式：将视觉样式应用到视口。

2.6.2　分割与合并视口

1. 分割视口

创建视口后，程序允许根据实际需要对其进行分割或者合并的操作。

当执行【一个视口】命令时，程序会将当前视口以填满绘图区的形式显示，而选择【两个视口】、【三个视口】或【四个视口】命令时，在命令行即会出现"水平(H)/垂直(V)/上(A)/下(B)/左(L)/右(R)"的配置选项，提示以哪种结构来分割当前视口。

2. 合并视口

通过【合并视口】功能可以指定两个视口，然后将其合并成一个视口。

🖰 动手操作　分割与合并视口

1 打开光盘中的"..\Example\Ch02\2.6.2.dwg"练习文件，激活上侧的视口作为当前视口，

然后选择【视图】|【视口】|【两个视口】菜单命令，在弹出的列表中选择【垂直】选项，表示以垂直结构分割当前视口，如图 2-52 所示。分割后的效果如图 2-53 所示。

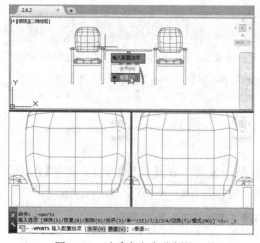

图 2-52　以垂直方向分割视口

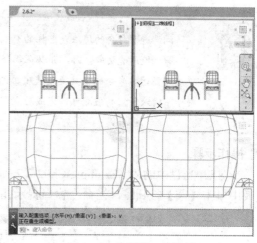

图 2-53　分割视口的效果

2 在【视图】选项卡的【模型视口】面板中单击【合并】按钮 合并，系统提示：选择主视口<当前视口>，此时单击左下角的视口，如图 2-54 所示。

3 系统提示：选择要合并的视口，此时单击右下角的视口，将下侧的两个小视口合并成一个大视口，效果如图 2-55 所示。

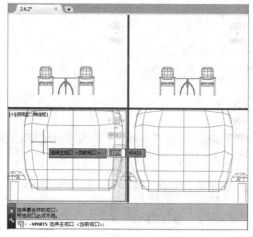

图 2-54　选择主视口

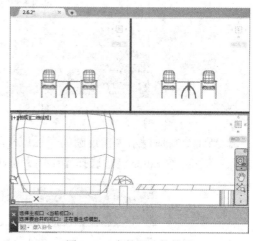

图 2-55　合并视口的效果

2.7　技能训练

下面通过多个上机练习实例，巩固所学技能。

2.7.1　上机练习 1：在绘图中应用透明命令

透明命令是指在不中断执行当前命令时可以再使用另一个命令的统称。在 AutoCAD 中许多命令可以透明使用，如 grid 或者 zoom 等命令都可看作是透明命令。

本例使用一个空白的图形文件，使用功能区的【圆】功能按钮配合"zoom"透明命令绘制一个圆形，然后将其保存为样板文件。

 问：透明命令的用法是怎样的？
　　答：使用透明命令时，可以在命令窗口的任意状态下输入"'+透明命令"，此时命令窗口随即显示该命令的系统变量选项，选取合适变量后即会以">>"标示后续的设置，在该提示下输入所需的值即可，完成后立即恢复执行原命令。

操作步骤

1 打开光盘中的"..\Example\Ch02\2.7.1.dwg"练习文件，在【默认】选项卡的【绘图】面板中单击【圆】按钮 ⊙，当命令窗口提示指定圆心时在绘图区中单击，如图 2-56 所示。

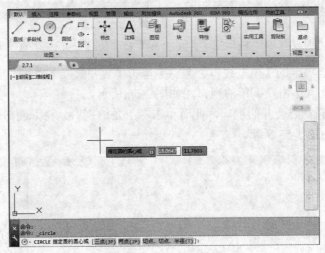

图 2-56　指定圆心位置

2 当命令窗口提示"指定圆的半径或 [直径(D)]:"时，输入"'zoom"并按 Enter 键。接着输入"S"并按 Enter 键，选择【比例】选项，如图 2-57 所示。

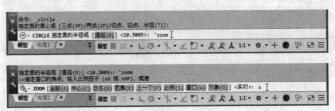

图 2-57　使用"比例"缩放透明命令

3 当命令窗口提示">>输入比例因子 (nX 或 nXP):"时，输入 0.5 并按 Enter 键，使当前显示比例缩小一倍，如图 2-58 所示。

图 2-58　输入比例因子的参数

4 恢复执行"CIRCLE"命令，并提示"指定圆的半径或 [直径(D)]:"，下面在绘图区中单击确定圆形的半径，如图 2-59 所示，最后保存文件即可。

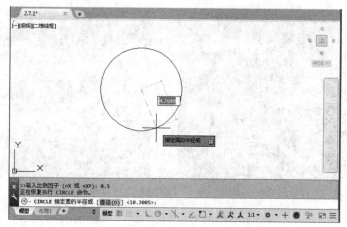

图 2-59　确定圆形半径完成绘图

2.7.2　上机练习 2：在图形对象中漫游与飞行

本例先设置漫游与飞行的选项，然后使用【漫游】和【飞行】命令，模拟在三维图形中漫游和飞行，在此过程中配合使用【定位器】窗口查看三维模型图形对象的效果。

穿越漫游模型时，将沿 XY 平面行进。飞越模型时，将不受 XY 平面的约束，所以看起来像"飞"过模型中的区域。

可以使用一套标准的键和鼠标交互在图形中漫游和飞行。使用四个箭头键或 W 键、A 键、S 键和 D 键来向上、向下、向左或向右移动。如果要指定查看方向，可以沿要查看的方向拖动鼠标。

操作步骤

1 打开光盘中的".. \Example\Ch02\2.7.2.dwg"练习文件，在菜单栏中选择【视图】|【漫游和飞行】|【漫游和飞行设置】命令，打开对话框后，选择【显示定位器窗口】复选项，再设置漫游和飞行的步长和每秒步数，最后单击【确定】按钮，如图 2-60 所示。

图 2-60　设置漫游和飞行选项

2 选择【视图】|【漫游和飞行】|【漫游】命令，此时可以在视图中按住鼠标，然后向任意方向拖动，以调整视图查看模型，如图 2-61 所示。

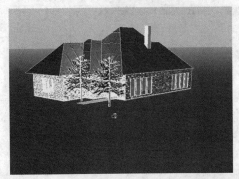
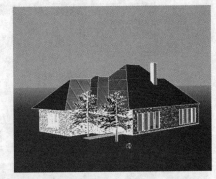

图 2-61　拖动鼠标以【漫游】方式查看对象

3 拖动鼠标后，原来显示的【定位器】窗口隐藏了，此时可以在视图上单击右键，再选择【显示定位器】命令，打开【定位器】窗口，然后在定位器上调整位置指示器，以显示模型关系中用户的位置，如图 2-62 所示。

图 2-62　通过定位器调整位置指示器

4 在文件视图上单击右键，然后选择【其他导航模式】|【飞行】命令，切换到【飞行】导航模式，如图 2-63 所示。

图 2-63　切换到【飞行】导航方式

5 拖动鼠标以【飞行】导航模式查看图形，也可以按键盘的前后左右方向键，调整飞行方向查看图形，如图 2-64 所示。

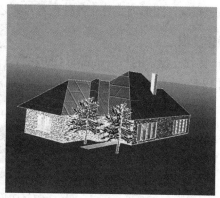

图 2-64　通过【飞行】方式查看图形

6 当需要恢复原来的视图时，可以单击右键，再选择【重置视图】命令。重置视图后，单击右键并选择【退出】命令，退出漫游和飞行导航操作，如图 2-65 所示。

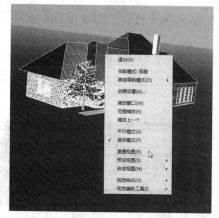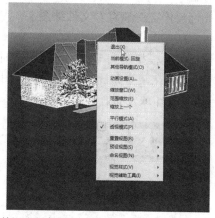

图 2-65　重置视图并退出导航操作

 　问：在设置漫游和飞行选项时，当中的"指令气泡"是什么？

　答："漫游和飞行导航映射"气泡提供用于控制漫游和飞行模式的键盘和鼠标动作的相关信息。气泡的显示取决于在【漫游和飞行设置】对话框中选择的显示选项。例如，在【漫游和飞行设置】对话框中选择【进入漫游和飞行模式时】单选按钮，那么在执行漫游或飞行命令时，指令气泡在用户界面右上角显示，如图 2-66 所示。

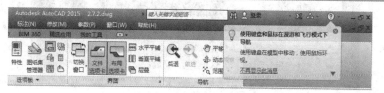

图 2-66　显示指令气泡

2.7.3 上机练习 3：使用【快速查看】工具

本例将使用【QVDRAWING】命令打开【快速查看】工具，然后使用该工具快速地查看文件的模型、布局、图形，并且在各种查看对象之间进行切换，甚至进行保存、打印与发布等操作。

操作步骤

1 打开光盘中的"..\Example\Ch02\2.7.3.dwg"练习文件，在命令窗口中输入"QVDRAWING"命令并按 Enter 键，此时文件窗口下方将显示【快速查看】工具栏，如图 2-67 所示。

图 2-67 打开【快速查看】工具栏

2 每个打开的文件均在【快速查看】工具栏显示为一行缩略图图像。如果单击文件缩图左上角的【保存】按钮，可以执行【保存】命令，单击右上角的【关闭】按钮，可以执行【关闭】命令。

3 将光标悬停在快速查看文件缩图上，可以显示文件的模型空间与布局的预览图像，如图 2-68 所示。

4 将鼠标移至模型空间与布局预览图上时，即可切换至"快速查看布局"模式，如图 2-69所示。将光标悬停在某个布局的快速查看缩图上时，可以通过单击【打印】按钮或者【发布】按钮进行打印或发布。

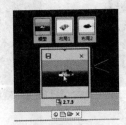

图 2-68 显示文件模型与布局的预览图　　　　图 2-69 切换到"快速查看布局"模式

5 在"快速查看布局"模式中单击图像缩图，可以在文件窗口中显示关联布局或模型，例如单击"布局 1"缩图后，即在文件窗口中显示"布局 1"，同时在文件窗口的左下方切换至"布局 1"标签，如图 2-70 所示。

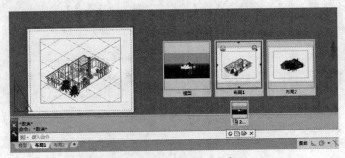

图 2-70 显示"布局 1"布局

6 将鼠标移至缩图上，然后在按住 Ctrl 键的同时拨动鼠标的 3D 滚轮，可以动态调整快速查看缩图的大小，如图 2-71 所示。

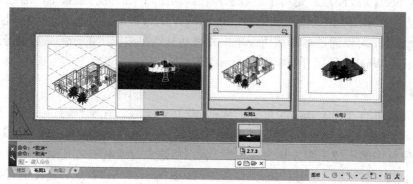

图 2-71　调整快速查看缩图的大小

7 在布局缩图上单击鼠标右键，可以显示附带其他选项的快捷菜单。通过菜单可以进行新建布局、激活布局、打印等操作，如图 2-72 所示。

8 将鼠标移到文件缩图上，在缩图上单击右键快捷菜单，可以关闭除要处理的图形外的所有其他图形，或者关闭并保存所有打开的图形，如图 2-73 所示。

图 2-72　使用布局缩图快捷菜单

图 2-73　使用文件缩图快捷菜单

9 当需要关闭【快速查看】工具栏时，在工具栏上单击【关闭】按钮即可。

问：【快速查看】工具栏的功能按钮分别有什么用途？

答：【快速查看】工具栏有 4 个功能按钮，它们的作用如下：

● 【固定快速查看图形】：固定【快速查看】工具栏，使用户在编辑文件过程中可以使用该工具栏。

● 【新建】：创建一个图形，该图形还会显示在快速查看图像行的末尾。

● 【打开】：打开一个现有图形，该图形还会显示在快速查看图像行的末尾。

● 【关闭】：关闭工具栏。

2.7.4　上机练习 4：使用 SteeringWheels 查看图形

SteeringWheels（控制盘）是用于追踪悬停在绘图窗口上的光标的菜单，通过这些菜单可以从单一界面中访问二维和三维导航工具。SteeringWheels 控制盘分为若干个按钮，每个按钮包含一个导航工具，可以通过单击按钮或单击并拖动悬停在按钮上的光标来启动导航工具。本例将使用 SteeringWheels 进行导航来查看图形编辑。

操作步骤

1 打开光盘中的 "..\Example\Ch02\2.7.4.dwg" 练习文件，在文件窗口右侧工具栏中单击【全导航控制盘】按钮，显示控制盘，将鼠标如图 2-74 所示移至控制盘的【缩放】按钮上。

2 按住鼠标左键不放，当光标变成 " " 状态后往上方或者右方拖动，即可放大图形。如果想缩小图形，可以往左方或下方拖动，如图 2-75 所示。当调整到合适比例时，即可释放鼠标左键，此时缩放的操作就完成了。

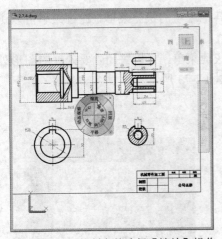
图 2-74　显示控制盘并选择【缩放】操作

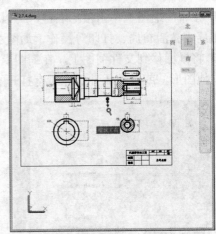
图 2-75　缩小显示图形

3 重新显示控制盘，将鼠标移至【平移】按钮上，如图 2-76 所示。此时按下鼠标左键不放，当指标变成 " " 状态后，拖动鼠标平移图形，如图 2-77 所示。至合适位置后释放左键，完成平衡操作。

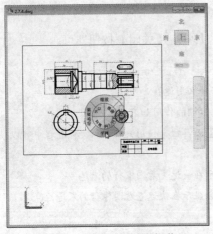
图 2-76　选择【平移】操作

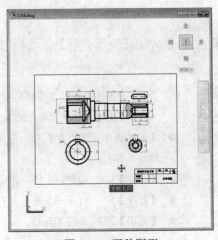
图 2-77　平移图形

4 使用控制盘上的工具导航模型时，先前的视图将保存到模型的导航历史中。如果要从导航历史恢复视图，可以移动鼠标至控制盘中的【回放】按钮上，如图 2-78 所示。

5 当出现历史缩图后，将鼠标在图像上面拖动，即可显示回放历史。如果要恢复先前的某个视图时，只要在该视图上释放鼠标左键即可，如图 2-79 所示。

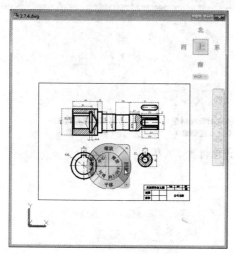 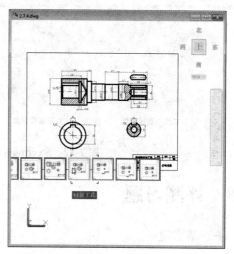

图 2-78 选择【回放】操作   图 2-79 浏览导航历史并恢复指定视图

6 单击【显示控制盘菜单】按钮 ⚪，即可弹出如图 2-80 所示的菜单，在此可以切换不同方式的控制盘，如果选择【SteeringWheels 设置】命令，可以打开如图 2-81 所示的【SteeringWheels 设置】对话框，可以对控制盘进行深入的设置。

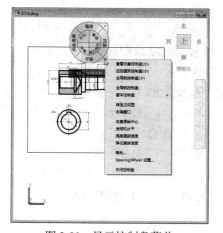 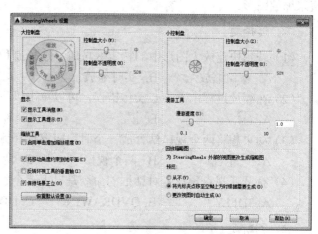

图 2-80 显示控制盘菜单   图 2-81 【SteeringWheels 设置】对话框

    SteeringWheels 共有 4 个不同的控制盘可供使用，如图 2-82 所示。每个控制盘均拥有其独有的导航方式。

- 二维导航控制盘：通过平移和缩放导航模型。
- 查看对象控制盘：将模型置于中心位置，并定义轴心点以使用【动态观察】工具。缩放和动态观察模型。

- 巡视建筑控制盘：通过将模型视图移近或移远、环视以及更改模型视图的标高来导航模型。
- 全导航控制盘：将模型置于中心位置并定义轴心点以使用【动态观察】工具、漫游和环视、更改视图标高、动态观察、平移和缩放模型。

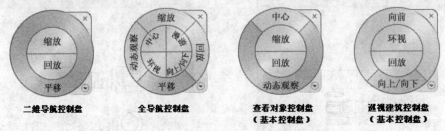

图 2-82　SteeringWheels 的 4 种控制盘导航方式

2.8　评测习题

一、填空题

（1）_____可以控制所执行的功能，以及设置工作环境与相关工作方式。

（2）_____可以在屏幕上指定两个对角点，以确定一个矩形范围来将指定区域放大至填满整个绘图区域。

（3）_____是在图形中指定一个点，作为缩放的中心基准点，然后通过比例或高度值来缩放图形。

二、选择题

（1）若想快速放大图形中的特定区域时，选择哪种缩放视图方法最便捷？　　　　　（　　）

　　A. 窗口缩放　　　　B. 实时缩放　　　　C. 动态缩放　　　　D. 中心缩放

（2）在缩放过程中不小心操作错误，可以单击以下哪个按钮返回上一个操作？　　　（　　）

　　A. 　　　　　　B. 　　　　　　C. 　　　　　　D.

（3）如果想将两个视口结合成一个时，应该选择哪个视口操作命令？　　　　　　（　　）

　　A. 一个视口　　　B. 两个视口　　　C. 两个：垂直　　　D. 合并

（4）打开【视点预设】对话框的命令是以下哪个？　　　　　　　　　　　　　　（　　）

　　A. 3DFLY　　　　B. QVDRAWING　　C. DDVPOINT　　　D. 3DWALK

三、判断题

（1）使用【实时】缩放功能时，按下 Esc 键或 Enter 键皆可退出模式。　　　　　（　　）

（2）在【动态】缩放模式中，单击鼠标右键可以在平移视图框与缩放视图框之间进行切换。

　　　　　　　　　　　　　　　　　　　　　　　　　　　　　　　　　　　　（　　）

（3）通过【视图管理器】对话框可以创建、设置、重命名与删除命名视图。　　　　（　　）

四、操作题

为练习文件创建两个垂直平铺的视口，使用 SteeringWheels 针对右侧的视口，先进行中心轴的定位，使图形处于视口的正中心，然后启用【缩放工具】的【单击增加缩放程度】特性在视口的中心单击，递增放大程序。最终的效果如图 2-83 所示。

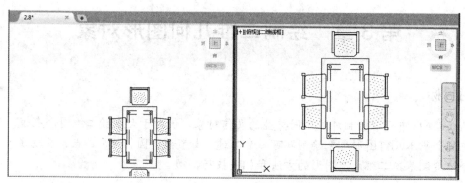

图 2-83　练习文件的图形效果

提示

（1）打开光盘中的 "..\Example\Ch02\2.8.dwg" 练习文件，在【视图】选项卡的【模型视口】面板中单击【视口配置】按钮，在打开的列表中选择【两个：垂直】选项。

（2）保持右侧视口被选状态，在文件窗口右侧的工具栏中单击【全导航控制盘】按钮 ，显示 SteeringWheels。将鼠标移至控制盘的【中心】按钮上，接着按住左键不放，移动鼠标至图形的中心处，当出现 "轴心" 二字时释放鼠标左键，将图形定位于视口的正中。

（3）单击【显示控制盘菜单】按钮，选择【SteeringWheels 设置】命令，打开【SteeringWheels 设置】对话框后，在【缩放工具】设置区中选择【启用单击增加缩放程度】复选框，接着单击【确定】按钮。

（4）调整控制盘至图形的中心处，然后连续单击【缩放】按钮，以图形的中心为缩放基点，每单击一次即按指定的比例放大图形。

（5）最后单击右键并从打开菜单中选择【关闭控制盘】命令，关闭 SteeringWheels。

第 3 章　绘制二维几何图形对象

学习目标

在 AutoCAD 中可以绘制许多不同类型的几何对象，但对于大多数二维图形来说，只需要知道其中几个基本几何图形对象绘制即可融会贯通，如直线、圆、矩形、点、多段线等。本章将详细介绍绘制基本二维几何图形的方法和相关技巧。

学习重点

- ☑ 绘制各种类型的线条
- ☑ 绘制矩形和多边形
- ☑ 绘制圆、圆弧和曲线
- ☑ 创建点和定数/定距等分点
- ☑ 绘制椭圆弧和修订云线

3.1　绘制线条图形

AutoCAD 2015 提供了多个工具与命令用于绘制各种类型的线条图形，包括直线、射线、构造线、多段线等图形。

3.1.1　绘制直线

直线是 AutoCAD 图形中最基本和最常用的对象。在 AutoCAD 2015 中，可以闭合一系列直线段，以及将第一条线段和最后一条线段连接起来，以构成不同的几何图形。

直线可以用作参照和构造几何图形，包括以下几种：

（1）地界线过渡。

（2）对称的机械零件的镜像线。

（3）避免干涉的间隙线。

（4）遍历路径线。

绘制直线的方法如下：

（1）菜单：选择【绘图】|【直线】菜单命令。

（2）功能区：在【默认】选项卡的【绘图】面板中单击【直线】按钮。

（3）命令：在命令窗口中输入"line"命令。

　　　　　　【line】命令具有自动重复的特性，它可以将某条直线的终点作为另一条直线的起点。同时，用户可以指定直线的特性，包括颜色、线型和线宽。

在 AutoCAD 中，可以用二维坐标（x,y）或三维坐标（x,y,z）来指定直线的端点，或者通过两种方式相结合的方法来定义端点。如果输入二维坐标，AutoCAD 将会用当前的高度作为 Z 轴坐标值，默认值为 0。

有些用户喜欢使用栅格线作为参照，而另一部分用户喜欢在空白区域中工作。要显示或隐藏栅格，可以按 F7 功能键。另外，即使栅格处于禁用状态，也可以通过按 F9 功能键强制光标捕捉到栅格增量。

动手操作　用直线绘制三角形

1 新建图形文件，在命令窗口中输入"line"或者"L"并按 Enter 键。

2 系统提示：指定第一个点，此时输入（20,30）坐标，指定直线的起点位置，然后按 Enter 键，如图 3-1 所示。

3 系统提示：指定下一个点或[放弃(U)]，此时输入(100,30)并按 Enter 键，确定直线终点，得到一条长度为 80mm 的水平直线，如图 3-2 所示。

图 3-1　输入第一点的坐标

图 3-2　输入第二个点的坐标

4 使用光标在绘图区中单击，即可确定第二条直线的终点，如图 3-3 所示。

5 在第一条直线的起点处单击，也可以输入原点坐标（20,30），确定第三条直线的终点，并闭合三角形，如图 3-4 所示。此时单击右键，然后选择【确认】命令，即可完成绘图的操作。

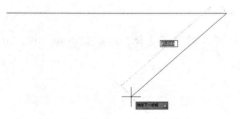

图 3-3　指定第二条直线的终点

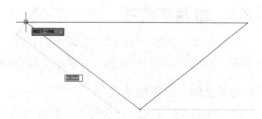

图 3-4　闭合三角形

3.1.2　绘制射线

射线是二维和三维空间中起始于指定点并且无限延伸的直线，它与在两个方向上延伸的构造线不同，射线仅在一个方向上延伸。射线通常用作创建其他对象的参照。

在创建射线时，只要指定起点与通过点即可绘制一条射线。指定射线的起点后，可以在"指定通过点："提示下指定多个通过点，绘制以起点为端点的多条射线，直到按 Esc 键或 Enter 键退出为止。

动手操作　绘制射线

1 打开【默认】选项卡的【绘图】面板隐藏的列表，然后单击【射线】按钮，或者在命令窗口中输入"ray"并按 Enter 键，如图 3-5 所示。

2 系统提示：指定起点，此时在绘图区上单击，确定射线的起点，如图 3-6 所示。

3 系统提示：指定通过点，此时再次单击（或者使用输入坐标值的方式来确定），指定射线通过的点，如图 3-7 所示。系统再次提示：指定通过点，此时指定第二条射线通过的点，最后按 Enter 键完成射线的绘制，如图 3-8 所示。

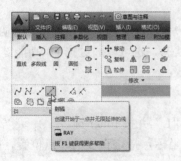

图 3-5 单击【射线】按钮

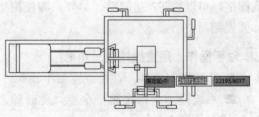

图 3-6 指定射线的起点

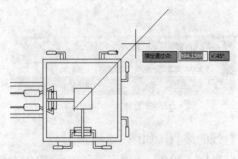

图 3-7 指定第一条射线通过的点

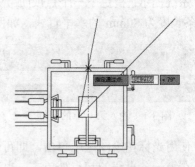

图 3-8 指定第二条射线通过的点

3.1.3 绘制构造线

构造线是一种两端可以无限延伸的直线，该直线可以贯穿于文件，没有起点和终点，可以放置在三维空间的任何地方，主要用于绘制辅助线。

动手操作 绘制构造线

1 使用以下方法之一执行绘制构造线命令：

（1）菜单：选择【绘图】|【构造线】菜单命令。

（2）功能区：在【默认】选项卡的【绘图】面板中单击【构造线】按钮。

（3）命令：在命令窗口中输入"xline"。

2 当输入命令后，系统提示：指定点或[水平(H)/垂直(V)/角度(A)/二等分(B)/偏移(O)]，此时在绘图区上单击，即指定构造线的位置。"xline"命令变量选项的说明如下：

● 水平或垂直：创建一条经过指定点并且与当前 UCS 的 X 轴或 Y 轴平行的构造线。

● 角度：用旋转角度或者指定参照物两种方法中的一种创建构造线。或者选择一条参考线，指定该直线与构造线的角度，又或者通过指定角度和构造线必经的点来创建与水平轴成指定角度的构造线。

● 二等分：创建二等分指定角的构造线。主要用于指定创建角度的顶点和直线。

● 偏移：创建平行于指定基线的构造线。只要先指定偏移距离，然后选择基线，并指明构造线位于基线的哪一侧即可。

动手操作 绘制水平和垂直构造线

1 打开光盘中的"..\Example\Ch03\3.1.3.dwg"练习文件，在状态栏中单击【对象捕捉追踪】

按钮 （或直接按 F11 功能键），激活圆心捕捉，如图 3-9 所示。

2 在【默认】选项卡的【绘图】面板中单击【构造线】
按钮 ，如图 3-10 所示。

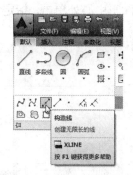

图 3-9 激活对象捕捉追踪　　　　　　图 3-10 执行绘制构造线功能

3 系统提示：指定点或[水平(H)/垂直(V)/角度(A)/二等分(B)/偏移(O)]，此时移动光标至图形中央的圆形中心处单击，即指定水平构造线的位置，如图 3-11 所示。

4 系统再提示：指定通过点，并在光标之下出现一条水平贯穿图形的构造线，此时在构造线同一水平线上单击确定通过点，单击右键结束执行该命令，如图 3-12 所示。

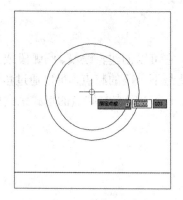

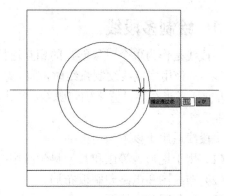

图 3-11 指定点　　　　　　　　　　图 3-12 指定通过点

5 单击右键，在打开的快捷菜单中选择【重复 XLINE】命令。在提示下输入"V"并按 Enter 键，如图 3-13 所示。

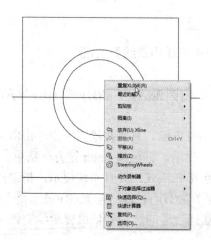

图 3-13 重复 XLINE 命令并设置绘制垂直构造线

❻ 系统再次提示：指定通过点，并在光标之下出现一条垂直贯穿图形的构造线。移动光标至圆形中心处单击，指定垂直构造线的位置，如图 3-14 所示。最后按 Enter 键结束构造线的绘制。

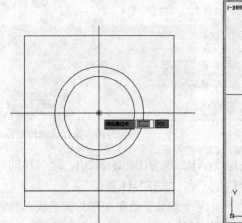 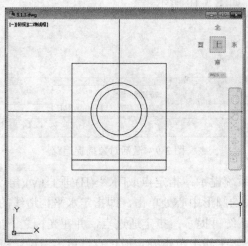

图 3-14　绘制出垂直构造线

3.1.4　绘制多段线

多段线是作为单个对象创建的相互连接的线段序列，它可以创建直线段、圆弧段或两者的组合线段。使用多段线绘制弧线时，前一段弧线的终点就是下一段的起点，可以通过角度、圆心、方向或者半径等设置来确定弧线，又或者以分别指定一个中间点与端点的形式来完成弧线的绘制。

多段线适用于以下应用方面：

（1）用于地形、等压和其他科学应用的轮廓素线。

（2）布线图和电路印刷板布局。

（3）流程图和布管图。

（4）三维实体建模的拉伸轮廓和拉伸路径。

动手操作　绘制多线段

1 选择以下方法之一执行绘制多段线命令：

（1）菜单：选择【绘图】|【多段线】菜单命令。

（2）功能区：在【默认】选项卡的【绘图】面板中单击【构造线】按钮 ⤵。

（3）命令：在命令窗口中输入 "pline"。

2 系统会提示指定起点，然后提示：指定下一个点或[圆弧(A)/半宽(H)/长度(L)/放弃(U)/宽度(W)]。该提示中各个选项的含义如下。

● 指定下一个点：此项为默认选项，确定起点后即可出现。只要在绘图区中单击即可完成折线的绘制，其中程序会不断地重复着相同的提示，直至按 Enter 键方可结束。

● 指定圆弧：选择此项后，即可从直线模式切换至圆弧模式，并且系统提示：指定圆弧的端点或[角度(A)/圆心(CE)/闭合(CL)/方向(D)/半宽(H)/直线(L)/半径(R)/第二个点(S)/放弃(U)/宽度(W)]。用户可以根据实际情况，选择合适的选项并依照提示绘制弧状的多段线。其中各选项的含义如下。

> ➢ 指定圆弧端点：此项为默认选项，用于指定圆弧的下一个点。
> ➢ 角度：用于提示用户指定夹角，顺时针时为负。
> ➢ 圆心：用于提示圆弧中心。
> ➢ 闭合：用于闭合圆弧，并退出多段线命令。
> ➢ 方向：用于提示用户指定重定切线的方向。
> ➢ 半宽/宽度：指定多段线的半宽与全宽属性。
> ➢ 直线：返回直线模式。
> ➢ 半径：用提示输入圆弧半径。
> ➢ 第二个点：在三点弧制圆弧时，指定第二个点。
> ➢ 放弃：取消上一步选项的操作。
> ➢ 宽度：指定圆弧的线宽。

● 指定半宽：选择此项后，即可指定多段线一半的宽度，并且系统依次提示如下：指定起点半宽，指定端点半宽。若指定起点半宽为 1，端点半宽为 3，即可绘制出如图 3-15 所示的多段线。

图 3-15 指定半宽绘制的多段线

● 指定长度：选择此项可以指定多段线的长度。

● 放弃：选择此项可以取消最近绘制的一条直线或者弧线。

● 宽度：选择此项可以设置多段线的线宽，默认值为 0，将多段线中的不同线段设置不同的线宽，其中不同宽度时的多段线分别如图 3-16 与图 3-17 所示。

图 3-16 宽度为 1 时的多段线   图 3-17 宽度为 3 时的多段线

3 当需要闭合多段线时，可以在提示：指定下一点或[圆弧(A)/闭合(C)/半宽(H)/长度(L)/放弃(U)/宽度(W)]的命令窗口中输入"C"并按 Enter 键。

3.1.4 控制多段线填充

"fill"命令主要用于控制多段线及填充直线等对象的填充状态，该命令处于关闭状态时，程序只会显示多段线等对象的轮廓线状态，但要检查关闭"fill"命令后的结果时，必须先执行"regen"（重生成）命令。

动手操作　通过 fill 命令关闭多段线填充状态

1 输入"fill"命令并按 Enter 键。

2 系统提示：输入模式[开(ON)/关(OFF)] <开>：，此时输入"off"并按 Enter 键。

3 在命令窗口输入"regen"命令并按 Enter 键，执行重生成处理。完成上述操作后，设置填充状态的多段线图形即会关闭填充效果，如图 3-18 所示。

图 3-18 取消多段线的填充效果

3.2 绘制矩形和多边形

下面将介绍绘制矩形、圆角矩形和多边形等图形对象的方法。

3.2.1 绘制矩形

通过四条封闭的多段线，即可组成一个矩形。在 AutoCAD 中绘制矩形时，只要指定两个对角点，即可创建一个平行于用户坐标系的矩形。

动手操作 绘制矩形

1 选择以下方法之一执行绘制矩形的命令。

（1）菜单：选择【绘图】|【矩形】菜单命令。

（2）功能区：在【默认】选项卡的【绘图】面板中单击【矩形】按钮□。

（3）命令：在命令窗口中输入"RECTANG"并按 Enter 键。

2 系统提示：指定第一个角点或 [倒角(C)/标高(E)/圆角(F)/厚度(T)/宽度(W)]，此时在绘图区的合适位置上按左键不放，即可指定矩形的第一个角点，如图 3-19 所示。

3 系统提示：指定另一个角点或[面积(A)/尺寸(D)/旋转(R)]，此时将光标往对角方向拖动，得到合适尺寸后释放左键，即可绘制一个矩形对象，如图 3-20 所示。

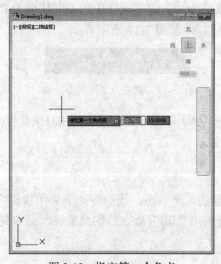

图 3-19 指定第一个角点

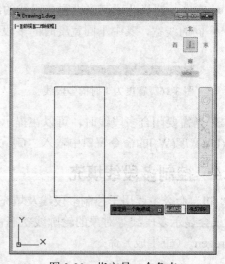

图 3-20 指定另一个角点

3.2.2 绘制圆角矩形

在 AutoCAD 中，绘制圆角矩形的原理是以指定半径的圆弧替代原来的直角。其中在确定圆角时，可以单击指定两个点，其之间的距离即为圆角的半径，也可以直接在命令窗口提示下输入准确数值。

动手操作 绘制圆角矩形

1 在命令窗口中输入"RECTANG"并按 Enter 键。系统提示：指定第一个角点或[倒角(C)/标高(E)/圆角(F)/厚度(T)/宽度(W)]，此时输入"F"并按 Enter 键，以选择【圆角】选项，如图 3-21 所示。

2 系统提示：指定矩形的圆角半径<0.0000>，此时输入"20"并按 Enter 键，如图 3-22 所示。

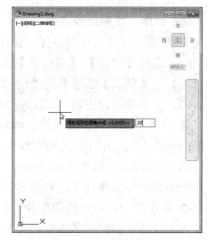

图 3-21　选择【圆角】选项

图 3-22　设置圆角半径

3 系统提示：指定第一个角点或[倒角(C)/标高(E)/圆角(F)/厚度(T)/宽度(W)]，此时通过指定两个对角点的方法，即可得到如图 3-23 所示的圆角矩形。

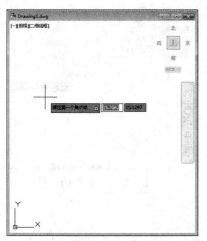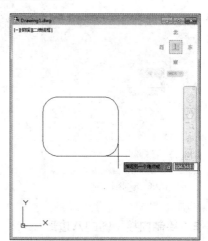

图 3-23　通过指定两个角点绘制圆角矩形

3.2.3　绘制正多边形

使用"polygon"命令可以快速创建出等边三角形、正方形、五边形和六边形等规则的多边图形，其中多边形的边数范围为 3～1024。在默认状态下，只要指定多边形的中心点，然后往外指定另一个点，即可确定中心至多边形各顶点之间的距离，从而绘制出正多边形。

在 AutoCAD 中分为【内接正多边形】与【外切正多边形】两种绘图形式，它们都是针对一个虚拟的圆而言的。

- 内接正多边形：是指中心点至各个顶点的距离相同，并且所有顶点都处于圆形的弧上，而中点与顶点之间的距离也就是等于圆的半径。所以内接正多边形将处于圆形之内。只要指定多边形的边数、中心点、半径或者与顶点的距离即可绘制一个内接正多边形。
- 外切正多边形：是指从图形中心至各边中点的距离相等。另外，其各边的中点均与圆相切，因为整个外切正多边形外切一个指定半径的圆形。只要指定多边形的边数、中心点、半径或者中心点与边中心的距离，就可得到一个外切正多边形。

动手操作 绘制正多边形

1 新建文件并执行以后任一操作：

（1）选择【绘图】|【多边形】菜单命令。

（2）在【默认】选项卡的【绘图】面板中单击【多边形】按钮 。

（3）在命令窗口中输入"polygon"并按 Enter 键。

2 系统提示：输入边的数目<4>，此时输入边数并按下 Enter 键。系统再提示：指定正多边形的中心点或[边(E)]，此时在绘图区的合适位置单击确定正多边形的中心点。

3 系统提示：输入选项[内接于圆(I)/外切于圆(C)]，此时可以输入"I"/"C"命令，或者在弹出的列表中选择选项，如图 3-24 所示。

4 系统提示：指定圆的半径，此时移动光标单击确定中心点至边线中点的位置，或者通过输入半径值来确定正多边形的大小，如图 3-25 所示。

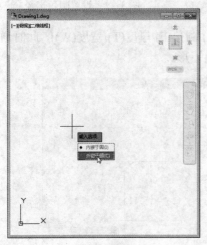

图 3-24 选择选项

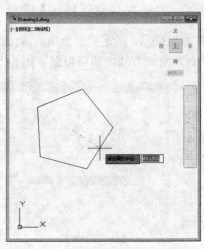

图 3-25 指定圆的半径完成绘图

动手操作 绘制内接于圆的八边形

1 新建图形文件，在【默认】选项卡的【绘图】面板中单击【多边形】按钮 ，如图 3-26 所示。

2 系统提示：输入侧面数，此时可以输入 3～1024 范围中的任一整数来指定正多边形的边数。本例输入"8"并按 Enter 键，如图 3-27 所示。

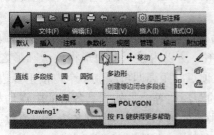

图 3-26 单击【多边形】按钮

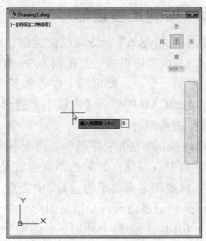

图 3-27 输入侧面数

3 系统提示：指定正多边形的中心点或[边(E)]，此时在绘图区的合适位置单击确定正多边形的中心点，如图 3-28 所示。

4 系统提示：输入选项[内接于圆(I)/外切于圆(C)] <C>，此时选择【内接于圆】选项，如图 3-29 所示。

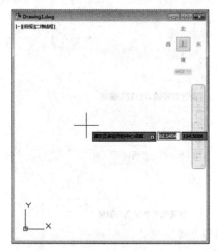

图 3-28　指定多边形的中心点　　　　　图 3-29　选择【内接于圆】选项

5 系统提示：指定圆的半径，此时拖动光标单击确定中心点至顶点的位置，或者通过输入半径值来确定正多边形的大小，最后得到如图 3-30 所示的内接正多边形。

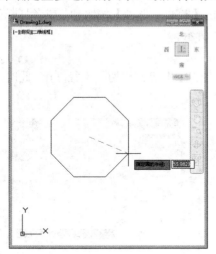
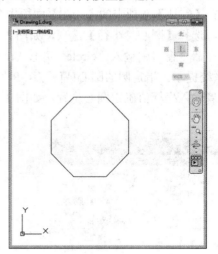

图 3-30　指定圆半径完成绘图

3.3　绘制圆、圆弧和曲线

下面介绍在 AutoCAD 中绘制各种圆和曲线，以及由圆和曲线构成的圆环、圆弧、椭圆形和样条曲线等图形的方法。

3.3.1　绘制圆形

圆形是 AutoCAD 中一种使用率较高的图形对象。

在默认状态下，可以通过鼠标在绘图区中单击分别指定圆心与半径的长度，或者通过指定直径两端的两个点，创建出一个圆；另外，也可以通过指定圆周上的 3 个点来确定一个圆。上述都是较为常用的绘制圆形的方式，另外还可以创建与其他对象相切的圆。各种绘制圆形的方法如图 3-31 所示。

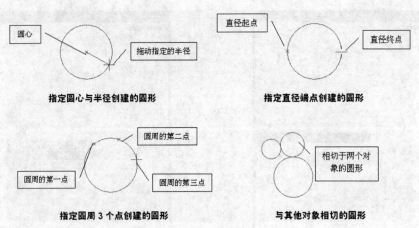

图 3-31　绘制圆形的各种方式

动手操作　通过指定圆心方式绘制圆形

1 新建图形文件并执行以下任一操作：

（1）选择【绘图】|【圆】|【圆心、半径】菜单命令。

（2）在【默认】选项卡的【绘图】面板中单击【圆心、半径】按钮⊙，或者打开创建圆形的列表，再选择【圆心、半径】选项，如图 3-32 所示。

（3）在命令窗口中输入 "circle" 并按 Enter 键。

2 系统提示：指定圆的圆心或[三点(3P)/两点(2P)/相切、相切、半径(T)]，此时在绘图区中单击或者输入坐标值确定圆心位置，如图 3-33 示。

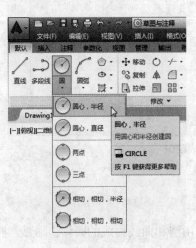

图 3-32　执行【圆心、半径】功能

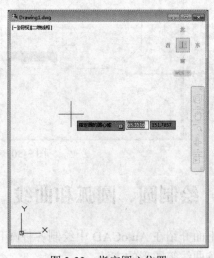

图 3-33　指定圆心位置

3 系统提示：指定圆的半径或[直径(D)]，此时在绘图区中移动光标至合适位置后单击或者输入半径值，都可指定圆形的半径，如图 3-34 所示。

4 如果输入"D"并按 Enter 键，系统将提示：指定圆的直径，此时可以使用移动光标或者输入数值的方式来指定圆形的直径，如图 3-35 所示。

5 完成上述操作后即可得到一个圆形。

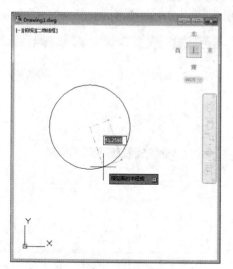

图 3-34　通过指定圆的半径绘制圆

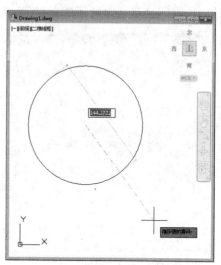

图 3-35　通过指定圆的直径绘制圆

3.3.2　绘制圆环

圆环是指填充环或实体填充圆，即带有宽度的闭合多段线。在创建圆环时，必须先指定其内、外直径与圆心。完成单个圆环的绘制后，还可以通过指定不同的中心点，继续复制具有相同直径的多个副本。当内直径为 0 时，则为填充的圆；当内直径等于外直径时，则为普通的圆。

动手操作　绘制双环徽标图形

1 新建一个图形文件，在【默认】选项卡的【绘图】面板中单击【圆环】按钮，如图 3-36 所示。

2 系统提示：指定圆环的内径<50.0000>，此时输入圆环的内直径为"5"并按 Enter 键，如图 3-37 所示。

图 3-36　单击【圆环】按钮

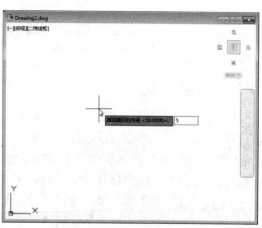

图 3-37　指定圆环的内径

3 系统提示：指定圆环的外径<10.0000>，此时输入"8"指定圆环的外直径并按 Enter 键后，在绘图区将出现一个指定大小的圆环形状，如图 3-38 所示。

4 系统提示：指定圆环的中心点或<退出>，接着在绘图区的适合位置上单击，确定中心点。此时程序即会自动为圆环填充黑色，如图 3-39 所示。

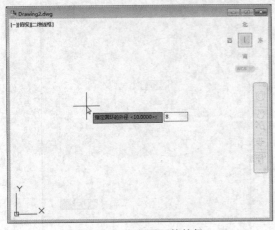

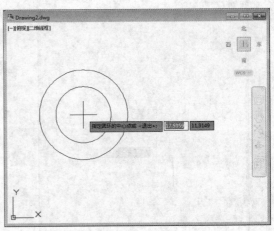

图 3-38　指定圆环的外径　　　　　　　　图 3-39　指定圆环的中心绘出圆环形

5 系统依然提示指定中心点，此时移动光标并单击，即可创建出另一个相同大小的圆环，如图 3-40 所示。复制一个圆环后单击右键，结束圆环绘制，最终结果如图 3-41 所示。

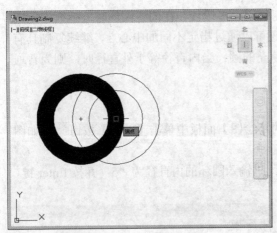

图 3-40　指定另一个圆环的中心点　　　　　图 3-41　创建出另一个圆环

3.3.3　绘制圆弧

绘制圆弧时可以通过圆心、起点、端点、弧半径、角度、弦长与方向值等主要参数进行绘制。在默认状态下，程序会以起点、第二点、终点的方式利用三点确定一段圆弧。

另外，AutoCAD 2015 提供了 11 种绘制圆弧的方式，要选择这些方式时，只需在【默认】选项卡的【绘图】面板中打开如图 3-42 所示的【圆弧】功能按钮列表即可。

除了使用【绘图】面板外，选择【绘图】|【圆弧】命令也可以打开【圆弧】子菜单，在其中选择对应的命令都可以执行绘制圆弧命令，如图 3-43 所示。

图 3-42　绘制圆弧的方式

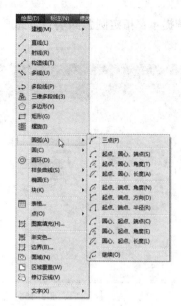

图 3-43　使用菜单命令绘制圆弧

1. 指定三点绘制圆弧

在以指定圆弧通过的三个点来绘制圆弧时，先指定起点为第一个点，然后指定通过的第二个点，最后指定终点为第三个点。在绘制过程中可以沿逆时针方向创建，也允许沿顺时针方向创建。

动手操作　指定三点绘制圆弧

1 在【默认】选项卡的【绘图】面板中单击【三点】按钮 。

2 系统提示：指定圆弧的起点或[圆心(C)]，此时在绘图区中单击确定起点，也就是圆弧的第一个点，如图 3-44 所示。

3 系统提示：指定圆弧的第二个点或[圆心(C)/端点(E)]，此时在绘图区单击指定第二个点，如图 3-45 所示。

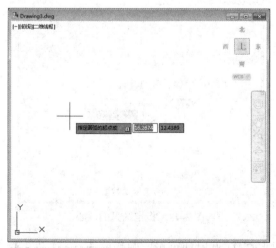

图 3-44　指定圆弧的起点

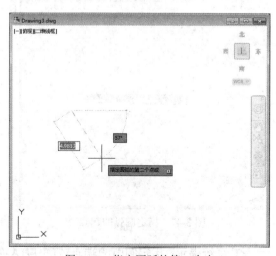

图 3-45　指定圆弧的第二个点

4 系统提示：指定圆弧的端点，此时单击确定第三个点，即可得到如图 3-46 所示的圆弧对象。

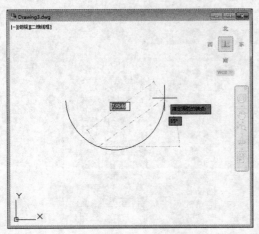
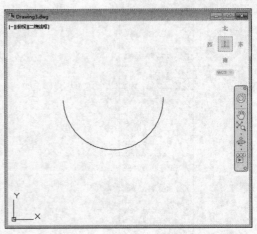

图 3-46　指定圆弧的端点完成绘图

2. 使用起点、圆心与端点绘制圆弧

圆心是指该圆弧所在圆的圆心。这种方式可以先指定圆弧的起点与圆心位置，最后指定终点来确定圆弧的长度。当指定的终点为正数时，将绘制一个逆时针方向的圆弧；反之则绘制一个顺时针方向的圆弧。

动手操作　使用起点、圆心与端点绘制圆弧

1 在【默认】选项卡的【绘图】面板中单击【起点、圆心、端点】按钮 。

2 系统提示：指定圆弧的起点或[圆心(C)]，此时在绘图区中单击指定起点，如图 3-47 所示。

3 系统提示：指定圆弧的圆心，此时在绘图区中移动十字光标指定圆心位置，如图 3-48 所示。

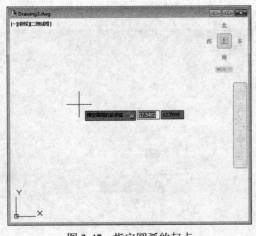
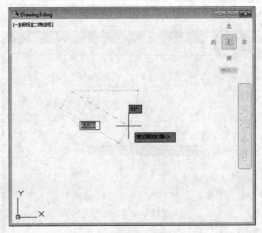

图 3-47　指定圆弧的起点　　　　　　　　图 3-48　指定圆弧的圆心

4 系统提示：指定圆弧的端点或[角度(A)/弦长(L)]，此时即可指定圆弧的端点，如图 3-49 所示。

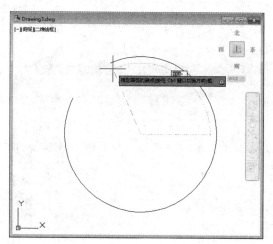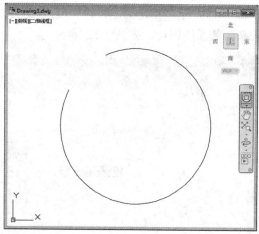

图 3-49　指定圆弧的端点完成绘图

3.3.4　绘制椭圆形

绘制椭圆形常用有两种方法，一种是使用中心点绘制；另一种是使用轴与端点绘制。

1．使用中心点绘制椭圆形

使用中心点绘制椭圆形时，可以先指定椭圆形的中心点，然后分别指定轴的长度与宽度即可。其中较长的轴称为长轴，较短的轴称为短轴，当长轴等于短轴时，即为一个标准的圆形。

动手操作　使用中心点绘制椭圆形

1 执行以下任意一操作：

（1）选择【绘图】|【椭圆】|【中心点】菜单命令。

（2）在【默认】选项卡的【绘图】面板中单击【中心点】按钮 ⊙ 。

（3）在命令窗口中输入"ellpse"并按 Enter 键。

2 系统提示：指定椭圆的中心点，此时在绘图区上单击，确定椭圆的中心点，如图 3-50 所示。系统再提示：指定轴的端点，此时在绘图区上单击，确定椭圆的端点，如图 3-51 所示。

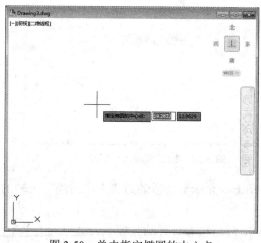

图 3-50　单击指定椭圆的中心点

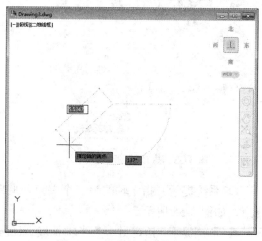

图 3-51　指定第一条轴的端点

3 系统提示：指定另一条轴长度或[旋转(R)]，此时可以输入数值或在绘图区上单击指定另一条轴的长度即可，如图 3-52 所示。

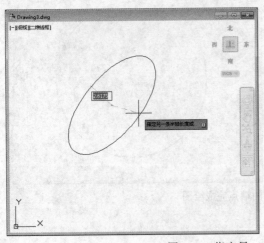
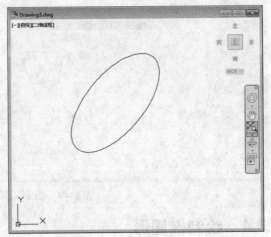

图 3-52　指定另一条轴的长度完成绘图

2. 使用轴与端点绘制椭圆形

先指定两个端点来确定长轴的长度，然后在与长轴垂直的上方或者下方指定半轴的任意一个端点即可绘制椭圆形。

动手操作　使用轴与端点绘制椭圆形

1 在【默认】选项卡的【绘图】面板中单击【轴、端点】按钮，如图 3-53 所示。

2 系统提示：指定椭圆形的轴端点或[圆弧(A)/中心点(C)]，此时在绘图区的合适位置上单击确定长轴的起点，如图 3-54 所示。

图 3-53　执行绘图功能

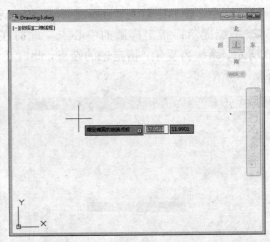

图 3-54　指定椭圆形的轴端点

3 系统提示：指定轴的另一个端点，此时移动十字光标至合适的距离上单击确定长轴的终点，如图 3-55 所示。

4 系统提示：指定另一条半轴长度或[旋转(R)]，最后往右方移动光标至合适位置上单击，确定半轴的端点，即可绘制一个椭圆形，如图 3-56 所示。

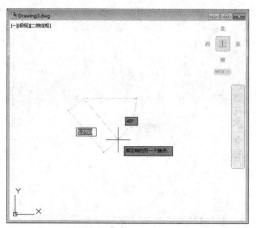

图 3-55　指定轴的另一个端点

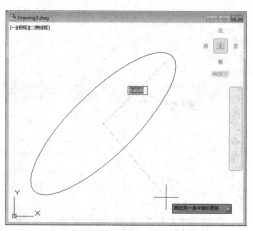

图 3-56　指定另一条轴的长度

3.3.5　绘制样条曲线

样条曲线是指经过或接近一系列给定点的光滑曲线，它可以控制曲线与点的拟合程度，与其他绘图软件中的贝塞尔曲线相似。它主要用于创建弧状不规则的图形，如船体、地图、风扇机的叶片等。

可以通过指定点来创建样条曲线，也可以封闭样条曲线，使起点和端点重合。其中在绘制过程中的"公差"表示样条曲线拟合所指定的拟合点集时的拟合精度。公差越小，样条曲线与拟合点越接近。当公差为 0 时，样条曲线将通过该点。在绘制样条曲线时，可以改变样条曲线拟合公差以查看效果。

动手操作　绘制样条曲线

1 执行以下任一操作：

（1）选择【绘图】|【样条曲线】|【拟合点】命令或者选择【绘图】|【样式曲线】|【控制点】命令。

（2）在【默认】选项卡的【绘图】面板中单击【样条曲线拟合】按钮 或者单击【样条曲线控制点】按钮 。

（3）命令：在命令窗口中输入"spline"并按 Enter 键。

2 系统提示：指定第一个点或[方式(M)/节点(K)/对象(O)]，此时输入点坐标或者使用十字光标在绘图区单击，确定样条曲线的起点，如图 3-57 所示。

3 系统提示：输入下一个点或[起点切向(T)/公差(L)]，此时在绘图区上单击确定第二个点，如图 3-58 所示。

4 使用相同的方法，连续在绘图区上单击指定其他点，当需要结束绘图时按 Enter 键即可，如图 3-59 所示。

当完成点的指定后，可以在命令窗口中输入"C"并按 Enter 键，然后分别指定起点与端点切向即可闭合曲线，结果如图 3-60 所示。

另外，指定点后，可以对"公差"值进行设置。公差较大并且起点切线和端点切线不同时的样条曲线如图 3-61 所示。

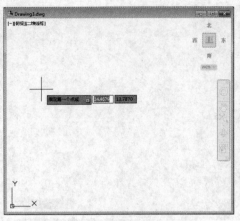

图 3-57　指定样条曲线第一个点

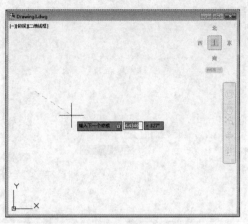

图 3-58　指定样条曲线第二个点

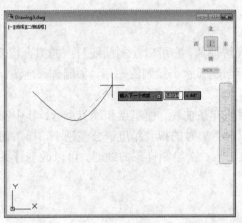

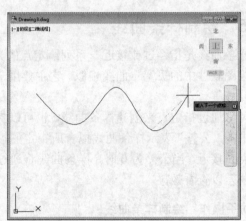

图 3-59　指定样条曲线其他点并完成绘图

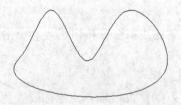

图 3-60　闭合后的样条曲线

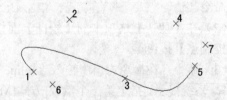

图 3-61　公差较大时的样条曲线

3.4　绘制点和等分点

在 AutoCAD 中，可以通过创建的节点或参照几何图形的点，方便对象捕捉和相对偏移的操作。创建点的操作包括创建单点、多点、定数等分、定距等分等。

3.4.1　创建单点或多点

1. 创建单点

执行以下的操作之一，然后在文件窗口上单击即可创建单点。

（1）菜单：选择【绘图】|【点】|【单点】菜单命令。

（2）命令：在命令窗口中输入"point"。

2. 创建多点

若想连续创建多个点对象时，可以在【绘图】面板中单击【多点】按钮 ⸬，然后在绘图区连续单击即可创建多个点对象，直到按 Esc 键结束该命令，如图 3-62 所示。

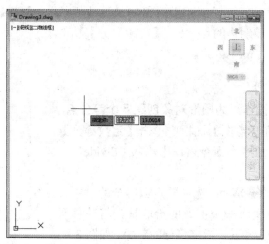

图 3-62　绘制多点

3. 设置点样式

默认状态下创建的点的效果用在某些图形上时将不太明显，因此可以设置点样式。

在【默认】选项卡的【实用工具】面板中单击【点样式】按钮 📝 点样式...，即可打开如图 3-63 所示的【点样式】对话框，可以根据需求变更点对象的样式形状、大小与放大方式等。

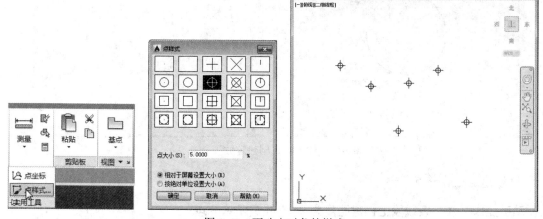

图 3-63　更改点对象的样式

【点样式】对话框选项设置说明如下：

● 【点大小】：可以设置点的显示大小。

● 【相对于屏幕设置大小】：选择该单选按钮时，将按屏幕尺寸的百分比来设置点的显示大小。当进行缩放操作后，点的大小不变。

● 【按绝对单位设置大小】：选择该单选按钮时，将按【点大小】文本框中的数值设置点
的显示大小。在缩放过程中，点对象将会随显示比例变更。

3.4.2 定数与定距等分点

定数等分可以创建沿对象的长度或周长等间隔排列的点对象。【定数等分】功能的命令为
"divide"。

定距等分可以创建沿对象的长度或周长
按测定间隔创建的点对象。【定距等分】功能
的命令为"measure"。

1. 创建定数等分点

✍ 动手操作　为圆形对象创建 8 个等分点

1 在【绘图】面板中单击【定数等分】
按钮 🔏，或者在命令窗口中输入"divide"并
按 Enter 键。

2 系统提示：选择要定数等分的对象，
此时光标变成一个正方的拾取框，将其移至
圆形对象上单击，指定等分的对象，如图 3-64
所示。

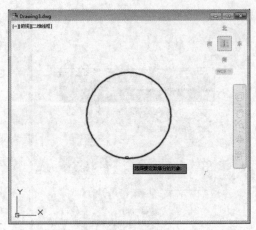

图 3-64　选择要定数等分的对象

3 系统提示：输入线段数目或[块(B)]，此时输入"8"并按 Enter 键，程序将会在等分对
象上添加 8 个等分点，如图 3-65 所示。

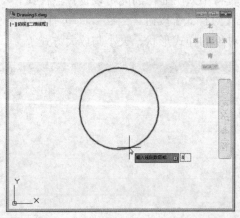
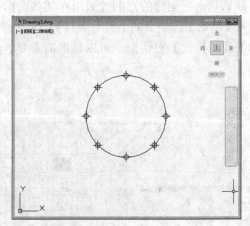

图 3-65　输入数目创建定数等分点

2. 创建定距等分点

✍ 动手操作　在一条线段上创建距离为 2mm 的定距等分点

1 在【绘图】面板中单击【定距等分】按钮 🔏，或者在命令窗口中输入"measure"并按
Enter 键。

2 系统提示：选择要定距等分的对象，此时选择直线作为等分的对象。

3 系统提示：指定线段长度或[块(B)]，接着输入"10"并按 Enter 键，如图 3-66 所示。

4 此时直线每隔 2mm 即会添加一个点对象，如图 3-67 所示。

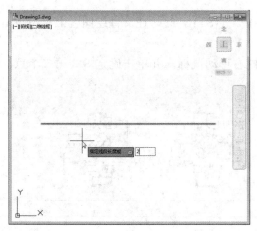

图 3-66 指定线段长度

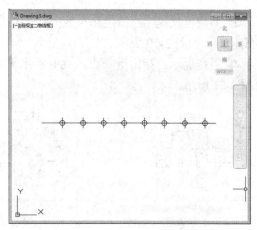

图 3-67 定距等分直线的结果

3.5 技能训练

下面通过多个上机练习实例，巩固所学技能。

3.5.1 上机练习 1：绘制小区道路示意图

本例将利用【多线】功能，为小区绘制一个简单的示意图。在本例操作中，首先绘制出道路多线图，再通过【多线编辑工具】修改十字路的图形。

问：什么是多线？

答：多线是指多重互相平行的线条，其组合范围为 1～16 条平行线。这些平行线称之为"多线元素"。它主要用于建筑图纸中的墙线或平面图中道路等方面的绘制，即多用于在建筑平面图中的表现方式。其绘制方法与直线相似，通过一个起点与终点即可确定一条多线，唯一不同的就是结构组合。

操作步骤

1 打开光盘中的 "..\Example\Ch03\3.5.1.dwg" 练习文件，选择【绘图】|【多线】命令，或者在命令窗口输入 "mline" 命令并按 Enter 键，如图 3-68 所示。

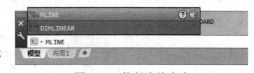

图 3-68 执行多线命令

2 系统提示：指定起点或 [对正(J)/比例(S)/样式(ST)]，此时在命令窗口中单击【比例(S)】命令选项，然后输入多线比例为 "8000" 并按 Enter 键，如图 3-69 所示。

图 3-69 选择【比例】选项并设置多线比例

3 系统再次提示：指定起点或[对正(J)/比例(S)/样式(ST)]，此时在文件绘图区上单击指定多线起点，如图 3-70 所示。

4 系统提示：指定下一点，此时沿水平方向向右移动鼠标，并单击确定多线第二个点，如图 3-71 所示。

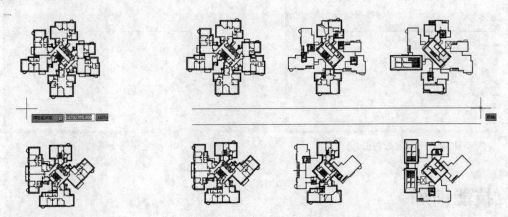

图 3-70 指定多线起点   图 3-71 指定多线第二个点

5 系统提示：指定下一点或[放弃(U)]，再次移动鼠标，并单击确定多线第三个点，然后按 Enter 键结束命令，如图 3-72 所示。

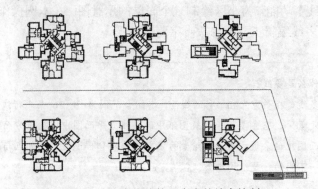

图 3-72 指定多线第三个点并结束绘制

6 执行多线命令，并使用上述操作的方法，在小区建筑之间绘制两个多线对象，效果如图 3-73 所示。

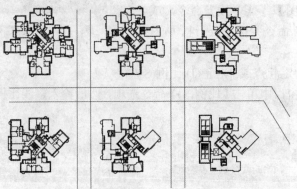

图 3-73 绘制两个垂直的多线对象

7 选择【修改】｜【对象】｜【多线】命令，打开【多线编辑工具】对话框后，在【十字合并】图标上单击使用【十字合并】工具，如图 3-74 所示。

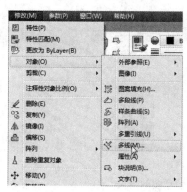

图 3-74　使用多线编辑工具

8 系统提示：选择第一条多线，此时选择水平的多线对象为第一条线，如图 3-75 所示。

9 系统提示：选择第二条多线，此时选择左侧的垂直多线对象为第二条线，使之与第一条线进行十字合并处理，如图 3-76 所示。

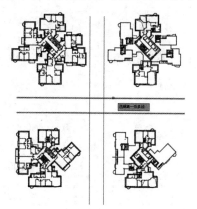
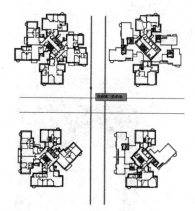

图 3-75　选择第一条线　　　　　　　　　　图 3-76　选择第二条线

10 系统继续提示选择第一条多线，此时再次选择水平的多线对象作为第一条线再选择右侧垂直多线对象作为第二条线，以进行十字合并处理，如图 3-77 所示。

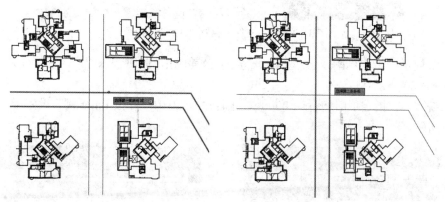

图 3-77　对第二组多线对象进行十字合并处理

11 完成上述步骤处理后，按 Enter 键结束多线编辑，效果如图 3-78 所示。

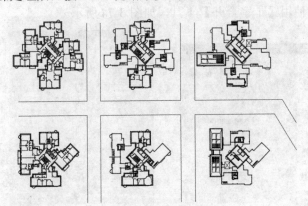

图 3-78　制作小区道路示意图的效果

3.5.2　上机练习 2：徒手绘制心心相印图形

本例将使用"sketch"命令徒手绘制心心相印的图形，该命令对创建不规则边界非常有用。通过这种方法，只需在绘图区中移动光标，即可创建出连续的直线或者多段线，从而可以绘制出不同类型的图形。

操作步骤

1 新建一个图形文件，在命令窗口中输入"sketch"，然后按 Enter 键，如图 3-79 所示。

图 3-79　新建文件并执行"sketch"命令

2 系统提示：指定草图或[类型(T) 增量(I) 公差(L)]，此时输入"I"，选择使用增量方式绘图，如图 3-80 所示。

3 系统提示：指定草图增量<2.0000>，此时输入"0.01"并按 Enter 键，设置增量为 0.01，如图 3-81 所示。

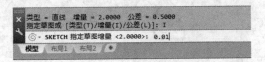

图 3-80　选择【增量】选项　　　　　　　　　　图 3-81　使用默认增量

- 增量：定义每条手画直线段的长度。定点设备所移动的距离必须大于增量值，才能生成一条直线。
- 公差：对应样条曲线，指定样条曲线的曲线布满手画线草图的紧密程度。

4 系统提示：指定草图或[类型(T)/增量(I)/公差(L)]，此时可以在绘图区上拖动鼠标，进行徒手绘图，完成绘图后按 Enter 键即可，如图 3-82 所示。

5 绘图完成后，直接按 Enter 键，保存已生成的线段并退出该项命令，此时系统提示已记录的样条曲线数量，如图 3-83 所示。

图 3-82　使用鼠标进行徒手绘图

图 3-83　完成绘图的结果

3.5.3　上机练习 3：利用弧线绘制花瓶图形

本例将利用【椭圆弧】和【圆弧】功能，绘制出一个简易的花瓶图形。首先绘制出一个缺口向上的椭圆弧对象，然后在缺口上绘制一个圆弧，以构成花瓶图形。

问：椭圆弧是如何绘制的？

答：绘制椭圆弧的方式是利用第一条轴的角度确定椭圆弧的角度（第一条轴可以根据其大小定义长轴或短轴），另外，椭圆弧上的前两个点确定第一条轴的位置和长度，第三个点则确定椭圆弧的中心点与第二条轴的端点之间的距离，最后通过第四个点和第五个点确定起点和端点角度。

操作步骤

1 打开光盘中的 "..\Example\Ch03\3.5.3.dwg" 练习文件，在【默认】选项卡的【绘图】面板中选择【椭圆弧】选项 ，如图 3-84 所示。

2 系统提示：指定椭圆弧的轴端点或[中心点(C)]，此时在如图 3-85 所示的位置上单击确定椭圆弧轴端点。

3 系统提示：指定轴的另一个端点，此时在如图 3-86 所示的位置上单击确定椭圆弧轴的另一个端点。

4 系统提示：指定另一条半轴长度或[旋转(R)]，此时在如图 3-87 所示的位置上单击，指定另一条轴长度。

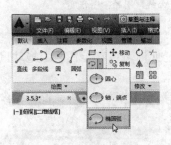

图 3-84　执行【椭圆弧】功能

图 3-85　指定椭圆弧的轴端点

图 3-86　指定轴的另一个端点

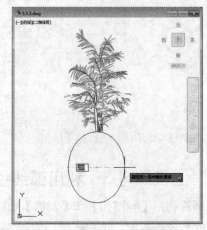

图 3-87　指定另一条轴的长度

5 系统提示：指定起点角度或[参数(P)]，此时鼠标拉出一条线并出现一个文本框在鼠标旁显示角度参数，可以在椭圆形上合适的角度方向上单击，或者输入角度参数为 210，即可确定起点角度。系统再次提示：指定端点角度或[参数(P) 包含角度(I)]，输入端点角度为 150，即可完成椭圆弧的绘制，如图 3-88 所示。

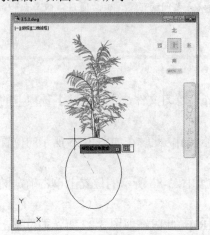

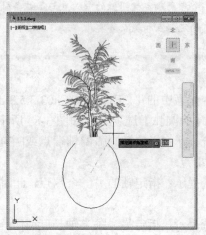

图 3-88　指定起点角度和端点角度完成绘图

6 在【默认】选项卡的【绘图】面板中单击【三点】按钮 。系统提示：指定圆弧的起点或[圆心(C)]，此时在椭圆弧左侧端点上单击确定起点，也就是圆弧的第一个点，如图 3-89 所示。

7 系统提示：指定圆弧的第二个点或[圆心(C)/端点(E)]，此时在如图 3-90 所示位置上单击指定第二个点。

8 系统提示：指定圆弧的端点，此时在椭圆弧右侧端点上单击确定第三个点，绘制出圆弧对象，如图 3-91 所示。

9 在花瓶图形左上方单击鼠标，然后在花瓶图形右下方再次单击鼠标，创建选择框以选择花瓶对象，接着按住花瓶图形并移到花草图形的下方，以调整花瓶位置，如图 3-92 所示。

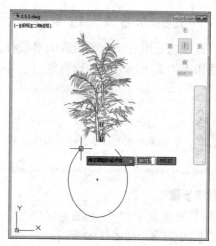

图 3-89　指定【圆弧】功能并指定起点

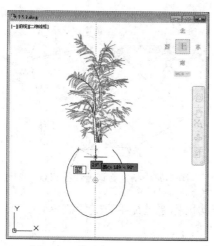

图 3-90　指定圆弧的第二个点

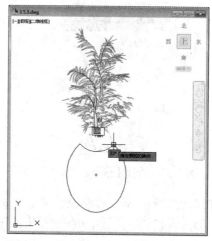

图 3-91　指定圆弧端点绘制出圆弧对象

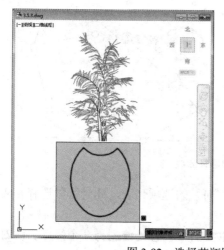

图 3-92　选择花瓶图形对象并调整位置

3.5.4 上机练习 4：绘制修订云线以突显图形

修订云线是由连续圆弧组成的多段线，用来构成云线形状的对象，用于在查看阶段提醒用户注意图形的某个部分。本例将通过创建修订云线，以指示机械图特定部分的内容。

 在 AutoCAD 中，可以从头开始创建修订云线，也可以将对象（如圆、椭圆、多段线或样条曲线）转换为修订云线。另外，可以选择样式来使云线看起来像是用画笔绘制的。

操作步骤

1 打开光盘中的 "..\Example\Ch03\3.5.4.dwg" 练习文件，在【默认】选项卡中单击【修订云线】按钮，如图 3-93 所示。

2 系统提示：指定起点或[弧长(A)/对象(O)/样式(S)] <对象>，此时在需要绘制修订云线对象的位置上单击指定起点，如图 3-94 所示。

图 3-93 执行【修订云线】命令

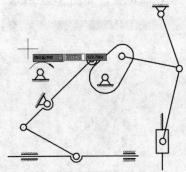

图 3-94 指定修订云线的起点

3 系统提示：沿云线路径引导十字光标，此时拖动鼠标通过徒手方式绘制修订云线，当拖动鼠标回到起点后，按 Enter 键结束绘图，如图 3-95 所示。

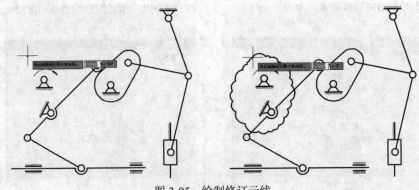

图 3-95 绘制修订云线

4 当步骤 3 按 Enter 键后，会显示【反转方向】的选项列表，此时可以选择是否要反转方向，本例选择【否】选项，如图 3-96 所示。

5 使用上述步骤的方法，在机械图另一个重要图形位置处绘制另一个修订云线对象，如图 3-97 所示。

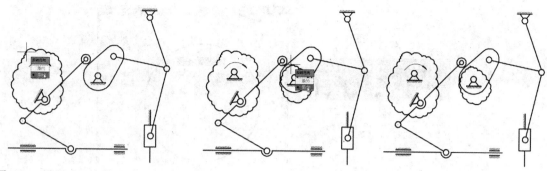

图 3-96　设置不反转修订云线的方向　　　　　图 3-97　绘制另外一个修订云线对象

3.5.5　上机练习 5：利用圆和等分点绘制花朵

本例先使用【圆】功能绘制出一个圆形，然后在圆形上创建 6 个定数等分点作为辅助，接着使用【三点】弧线功能绘制出多个弧线，最后将圆形和定分点删除，剩余弧线即组成花朵图形。

操作步骤

1 打开光盘中的 "..\Example\Ch03\3.5.5.dwg" 练习文件，在【默认】选项卡的【绘图】面板中单击【圆心、半径】按钮 ⊙，然后通过指定圆心和半径的方式在文件上绘出一个圆形，如图 3-98 所示。

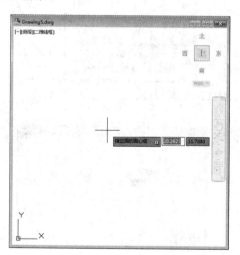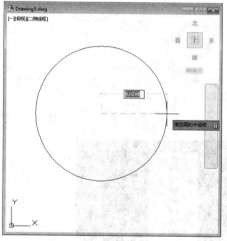

图 3-98　绘制出圆形对象

2 在【默认】选项卡的【绘图】面板中单击【定数等分】按钮 ，然后将鼠标移至圆形对象上单击，指定等分的对象，如图 3-99 所示。

3 输入等分点的数目为 6 并按 Enter 键，然后在【默认】选项卡的【实用工具】面板中单击【点样式】按钮 ，打开【点样式】对话框后选择一种点样式并单击【确定】按钮，如图 3-100 所示。

4 在状态栏中的【对象捕捉】按钮 上单击倒三角形按钮，在打开的快捷菜单中选择【节点】选项，开启节点捕捉功能，如图 3-101 所示。

5 在【默认】选项卡的【绘图】面板中单击【三点】按钮 ，然后在圆形其中一个点上单击指定为弧线起点，如图 3-102 所示。

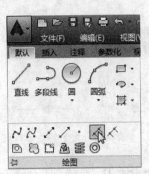
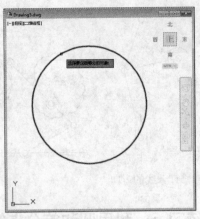

图 3-99　执行【定数等分】功能并选择对象

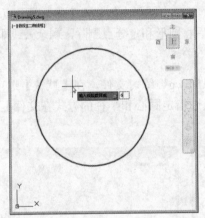
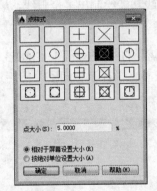

图 3-100　输入等分点数目并选择点样式

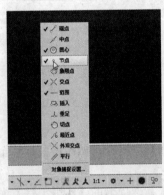

图 3-101　开启节点捕捉功能

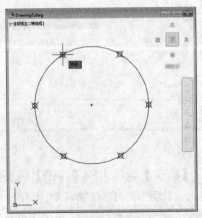

图 3-102　指定弧线的起点

6 指定圆形的圆心为弧线第二个点，再指定另一个点为弧线第三个点，绘制出第一个弧线，如图 3-103 所示。

7 使用步骤 5 和步骤 6 的方法，利用点和圆心创建其他弧线对象，效果如图 3-104 所示。

8 选择圆形对象和圆形上的 6 个点，然后按 Delete 键删除这些对象，剩下的弧线即组成花朵图形，如图 3-105 所示。

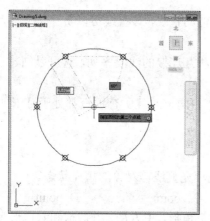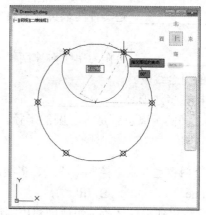

图 3-103　指定弧线第二和第三个点

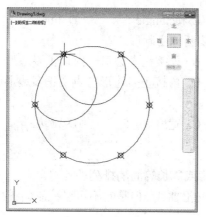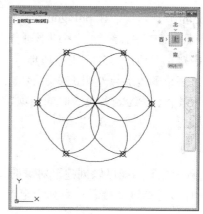

图 3-104　绘制出其他弧线对象

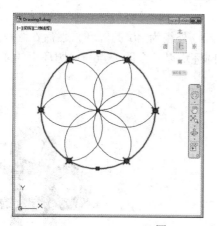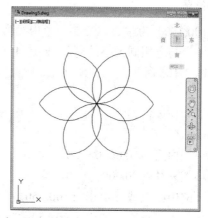

图 3-105　删除圆形和点

3.6　评测习题

一、填空题

（1）_____是二维和三维空间中起始于指定点并且无限延伸的直线，它仅在一个方向上延伸。

（2）_____是一种两端可以无限延伸的直线，该直线可以贯穿于文件，没有起点和终点。

（3）_____是作为单个对象创建的相互连接的线段序列，它可以创建直线段、圆弧段或两者的组合线段。

（4）内接正多边形是_____的距离相同，并且所有顶点都处于圆形的弧上，而中点与顶点之间的距离也就是等于圆的半径。

二、选择题

（1）哪个命令主要用于控制多段线、多线及填充直线等对象的填充状态？　　　（　　）

　　A. line　　　　　　B. fill　　　　　　C. zoom　　　　　　D. point

（2）用户可以使用什么命令快速创建出等边三角形、正方形、五边形和六边形等规则的多边图形？　　　（　　）

　　A. point　　　　　　B. polygon　　　　　C. rectangle　　　　D. line

（3）在 AutoCAD 中，绘制正多边形可分为哪两种绘制形式？　　　（　　）

　　A. 中接正多边形与外切正多边形　　　B. 外接正多边形与内切正多边形

　　C. 内接正多边形与外切正多边形　　　D. 内接正多边形与点切正多边形

（4）以下哪个不是绘制多段线时的选项？　　　（　　）

　　A. 圆弧　　　　　　B. 半宽　　　　　　C. 宽度　　　　　　D. 圆心

三、判断题

（1）【定数等分】功能可以创建沿对象的长度或周长等间隔排列的点对象。　　　（　　）

（2）样条曲线是经过或接近一系列给定点的光滑曲线，但是它不可以控制曲线与点的拟合程度。　　　（　　）

四、操作题

以点（100,150）为中心，绘制一个内径为 20、外径为 40 的圆环，然后在圆环的 4 个 4 分点上绘制 4 个与之相同大小的圆环，外边 4 个圆环均以一个四分点与内圆环上的 4 分点相重叠，效果如图 3-106 所示。

提示

操作题的操作过程如下：

命令:donut↙

指定圆环的内径 <10.0000>: 20↙

指定圆环的外径 <20.0000>: 40↙

指定圆环的中心点或 <退出>: 100,150↙

指定圆环的中心点或 <退出>: 70,150↙

指定圆环的中心点或 <退出>: 130,150↙

指定圆环的中心点或 <退出>: 100,180↙

指定圆环的中心点或 <退出>: 100,120↙

指定圆环的中心点或 <退出>:↙

图 3-106　绘制多个圆环的效果

第 4 章　使用辅助功能绘图

学习目标

本章将介绍使用 AutoCAD 2015 的各种辅助功能进行精确、方便绘图的方法，包括使用坐标系来定点、捕捉对象、利用栅格定位、使用自动追踪功能和动态输入功能等。

学习重点

☑ 使用坐标系定点
☑ 命名用户坐标系
☑ 使用对象捕捉功能
☑ 使用栅格和栅格捕捉
☑ 使用自动追踪功能
☑ 使用动态输入功能

4.1　使用坐标系定点

在绘图的过程中，主要使用坐标系来确定对象的位置，以便精确拾取点的位置。AutoCAD 有两个坐标系：一个是被称为世界坐标系（WCS）的固定坐标系，另一个是被称为用户坐标系（UCS）的可移动坐标系。默认情况下，这两个坐标系在新图形中是重合的。了解这两个坐标系，对用户的绘图定点就非常方便了。

4.1.1　关于坐标系

1. 世界坐标系（WCS）

在 AutoCAD 中，新建图形文件的默认坐标系就是世界坐标系（WCS），如图 4-1 所示。世界坐标系（WCS）包括 X 轴和 Y 轴，如果在三维空间工作，还有一个 Z 轴。

其中，沿 X 轴正方向向右为水平距离增加的方向，沿 Y 轴正方向向上为竖直距离增加的方向。垂直于 XY 平面，沿 Z 轴正方向从所视方向向外为距离增加的方向。

在 AutoCAD 中以（X,Y）的形式来表示一个点的位置（中间以逗号分隔），文件上的任意一点都能够以 X 与 Y 的位移量来确定，其中原点的坐标为（0,0），即是 X、Y 轴左下角之间的交点。WCS 总是存在于每一个图形之中，且不可以更改。

2. 用户坐标系（UCS）

相对于世界坐标系，使用可移动的用户坐标系（UCS）创建和编辑对象通常更方便。UCS 的原点、X 轴、Y 轴、Z 轴的方向都可以随意移动与旋转，它能够在保持三个轴互相垂直的情况下，灵活变换方向与位置。如图 4-2 所示即是用户坐标系的图标。

所有坐标输入以及其他许多工具和操作，均参照当前的用户坐标系。基于用户坐标系位置和方向的二维工具和操作包括：

（1）绝对坐标输入和相对坐标输入。

（2）绝对参照角。

（3）正交模式、极轴追踪、对象捕捉追踪、栅格显示和栅格捕捉的水平和垂直定义。

（4）水平标注和垂直标注的方向。

（5）文字对象的方向。

（6）使用 PLAN 命令查看旋转。

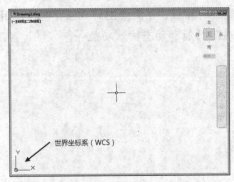

图 4-1　图形文件默认使用的世界坐标系

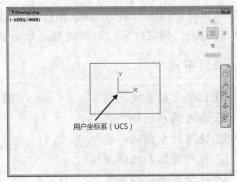

图 4-2　图形文件使用的用户坐标系

4.1.2　坐标的表示方法

在 AutoCAD 中，指定任意一点的坐标时，可以使用绝对直角坐标、绝对极坐标、相对直角坐标和相对极坐标 4 种方法表示。

1. 绝对直角坐标

绝对直角坐标是指相对于 X、Y 轴之间的交点（0,0），也就是原点，来确定对象的位置。要使用绝对直角坐标时，可以通过命令行直接输入点的坐标，其单位可以使用分数、小数或科学记数等形式表示。

以原点为起点绘制一条直线，要使其端点偏移 X 轴 8 个单位、偏移 Y 轴 15 个单位时，其操作过程如下。

命令: _line ✓

指定第一点: 0,0✓

指定下一点或 [放弃(U)]: 8,15✓

指定下一点或 [放弃(U)]:✓

在二维空间绘图时，只需输入 X、Y 轴的位移量即可，Z 轴的数值将默认为 0，或者保持当前的默认高度。但在三维空间中就必须指定 X、Y、Z 的值，其输入形式为（X，Y，Z）。

使用 line 命令绘制一个边长为 6 个单位的正方形时，如图 4-3 所示。其操作过程如下。

命令: _line ✓

指定第一点: 0,0✓

指定下一点或 [放弃(U)]: 0,6✓

指定下一点或 [放弃(U)]: 6,6✓
指定下一点或 [闭合(C)/放弃(U)]: 6,0✓
指定下一点或 [闭合(C)/放弃(U)]: C✓

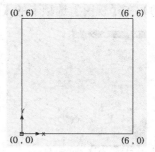

图 4-3　使用绝对直角坐标绘制的正方形

2. 相对直角坐标

相对直角坐标比绝对直角坐标容易，是通过某一点相对于前一点坐标的位置来指定 X 轴和 Y 轴的位移。它的表示方法是在绝对直角坐标表达方式前加上"@"符号，此符号后面的数值即表示与前一点所隔的距离，例如，（@-24，12）即是指沿 X 轴往左位移 24 个单位，并沿 Y 轴往上位移 12 个单位。

使用相对直角坐标系的好处是它不要求弄清图形各点的精确坐标。假设要使用 line 绘制一个边长为 8 个单位的正方形，只知道第一点为（8,9），此时即可绘制正方形。其操作过程如下。

命令: _line ✓
指定第一点: 8,9✓
指定下一点或 [放弃(U)]: @8,0✓
指定下一点或 [放弃(U)]: @0,-8✓
指定下一点或 [闭合(C)/放弃(U)]: @-8,0✓
指定下一点或 [闭合(C)/放弃(U)]: C✓

3. 使用极坐标

在绘图过程中，要绘制一个具有一定倾斜角度的图形比较复杂。使用极坐标可以简化这一操作，它能够指定原点（绝对坐标）或者相对某点（相对坐标）至固定点之间的距离与角度。极坐标的输入形式为（距离<角度），中间以小于号分隔。例如，（@4<30），就是指相对上一点指定一个距离为 4 个单位，且沿 30°方向逆时针旋转的另一点。又例如，（4.27<60），是指从原点开始指定距离为 4.27 个单位，且沿 60°方向逆时针旋转的另一个点。

要绘制一个边长为 6.5，倾斜 45°的正方形时，其操作过程如下。

命令: _line ✓
指定第一点: 8,9✓
指定下一点或 [放弃(U)]: @6.5<45✓
指定下一点或 [放弃(U)]: @6.5<315✓
指定下一点或 [闭合(C)/放弃(U)]: @6.5<225✓
指定下一点或 [闭合(C)/放弃(U)]: C✓
其中正方形各点的位置如图 4-4 所示。

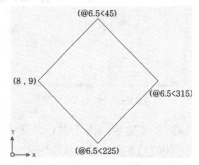

图 4-4　使用极坐标绘制的正方形

4.1.3　创建用户坐标系

1. 创建用户坐标系

动手操作　创建出用户坐标系

1 执行以下之一的操作：

（1）在命令中输入 UCS 并按 Enter 键。

（2）选择【工具】|【新建 UCS】菜单命令，打开如图 4-5 所示的子菜单。

（3）在【视图】选项卡的【坐标】面板中选择创建坐标的功能按钮，如图 4-6 所示。

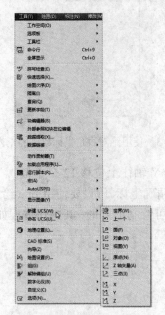

图 4-5　【新建 UCS】菜单命令

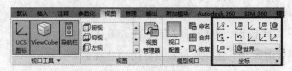

图 4-6　【坐标】面板

2 系统提示：指定 UCS 的原点，此时在窗口单击指定 UCS 原点，如图 4-7 所示。

3 系统提示：指定 X 轴上的点或 <接受>，在文件窗口上单击指定 X 轴上的点，从而指定 X 轴的方向，如图 4-8 所示。

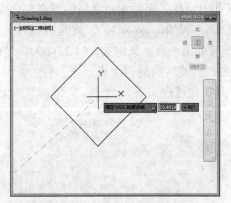

图 4-7　指定 UCS 的原点

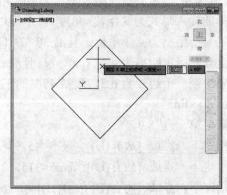

图 4-8　指定 X 轴上的点

4 系统提示：指定 XY 平面上的点或 <接受>，在文件窗口上单击指定 XY 平面上的点，即可创建出 UCS，如图 4-9 所示。

2.【新建 UCS】功能命令简述

- 世界：将当前 UCS 切换为默认的 WCS。
- 上一个：打开上一次保存的 UCS。
- 面：根据三维实体的某个面进行 UCS 的新建或者调整。
- 对象：根据所选的对象创建 UCS，将选取的对象调整至 XY 平面内。其中 XY 的方向取决于选择的对象类型。

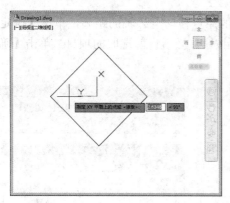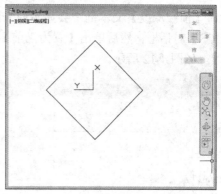

图 4-9　指定 XY 平面上的点

- 视图：保持原点不变的情况下，设置当前 UCS 平行于当前视图，常用于注释当前视图，并且需要以平面显示文本时。
- 原点：在平行于原 UCS 原点的前提下，在不同高度上设置原点位置，但 X、Y、Z 轴的方向不变。
- Z 轴矢量：通过指定新坐标系原点与 Z 轴正方向上的一点来创建新的坐标系。用户必须指定两个点，第一个点为新的坐标系原点，第二个点决定 Z 轴的正向，并且 XY 平面垂直于新的 Z 轴。
- 三点：通过指定三个点的位置来新建 UCS，第一个点为新坐标系上的原点；第二个点为 X 轴正方向上的一点，第三个点为 Y 轴正方向上的一点。
- X/Y/Z：可以根据 X、Y、Z 轴的旋转改变现有的 UCS，从而得到新的坐标系。

4.1.4　使用正交用户坐标系

AutoCAD 提供了俯视、仰视、主视、后视、左视、右视 6 个正交坐标系。只要选择任意一个，都可以将当前用户坐标系设置与所选正交坐标系对齐。此外，还可以指定坐标系是基于世界坐标系，或者重新命名。

动手操作　使用正交用户坐标系

1 打开光盘中的 "..\Example\Ch04\4.1.4.dwg" 练习文件，在【视图】选项卡的【坐标】面板中单击【命名 UCS】按钮，打开【UCS】对话框后切换至【正交 UCS】选项卡，接着在【当前 UCS：世界】列表框中选择【Front（前视）】选项，如图 4-10 所示。

图 4-10　选择用户坐标系

2 双击右侧的【深度】参数，打开【正交 UCS 深度】对话框，单击【选择新原点】按钮，然后在图形窗口中单击指定新原点的位置，如图 4-11 所示。

3 此时【前端深度】文本框中会显示原来的原点移动至 Z 轴的距离，单击【确定】按钮返回到【UCS】对话框，然后单击【置为当前】按钮，激活目前选取的项目，单击【确定】按钮完成设置，如图 4-12 所示。

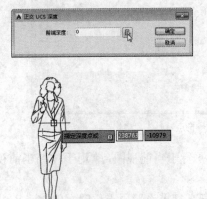

图 4-11　指定新原点位置

图 4-12　将 USC 置于当前

4 返回文件窗口，即可看到当前的坐标系变成如图 4-13 所示的结果。

图 4-13　使用 USC 坐标的结果

4.1.5　命名用户坐标系

完成一个用户坐标系的定义后，可以将其命名保存起来，当下次使用时将其恢复即可，其原理和保存与恢复视口相似。在任何时候创建用户坐标系时，都会显示于【UCS】对话框中的【命名 UCS】列表框下。

1. 命名用户坐标系

动手操作　命名用户坐标系

1 在【视图】选项卡的【坐标】面板中单击【命名 UCS】按钮。

2 在【当前 UCS】列表框中双击【未命名】选项，或者在面右击，在弹出的快捷菜单中选择【重命名】命令。

3 输入所需名称后并按 Enter 键，最后单击【确定】按钮，结束命令操作，如图 4-14 所示。

图 4-14　命名用户坐标系

2. 恢复命名后的 UCS

完成 UCS 的命名后需要再次使用时，可以再次打开【UCS】对话框中的【命名 UCS】选项卡，将"上一个"使用过的 UCS 或者命名后的 UCS 置为当前（恢复）或者进行删除处理。

动手操作　恢复命名后的 UCS

1 选择 UCS 对话框中的【命名 UCS】选项卡，选择命名 UCS，然后单击【置为当前】按钮，或者直接在选项上双击，恢复后的 UCS 左侧会出现小三角图标，表示已经被置为当前 UCS，如图 4-15 所示。

2 在 UCS 上右键单击，在弹出的快捷菜单中选择【删除】命令，即可将其删除掉。单击【详细信息】按钮，即可打开【UCS 详细信息】对话框，如图 4-16 所示。在此可以查看原点与 X、Y、Z 轴的参数。

3 单击【确定】按钮，完成恢复操作。

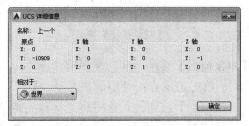

图 4-15　将命名后的 UCS 置为当前使用　　　　图 4-16　【UCS 详细信息】对话框

4.2　使用对象捕捉功能

在 AutoCAD 中，可以指定相对于现有对象的点（如直线的端点或圆的圆心），而不是输入坐标，这称为捕捉对象上的位置，即对象捕捉。

4.2.1　对象捕捉

使用对象捕捉可以指定现有对象上的精确位置，也称为特征点。例如，能够以圆心为起点，以及构造线的交点为终点绘制出一条直线。不管何时提示输入点，都可以指定对象捕捉。

应用对象捕捉主要有以下三种方法：

方法 1　当要指定图形上的某个特征点时，单击【对象捕捉】工具栏中相应的特征点按钮，再把光标移到要捕捉对象上的特征点附近，即可捕捉到相应的对象特征点。选择【工具】|【工

具栏】｜【AutoCAD】｜【对象捕捉】命令可以打开如图 4-17 所示的【对象捕捉】工具栏。

图 4-17　【对象捕捉】工具栏

　　方法 2　可以在命令行提示输入点时，按 Shift 键或按 Ctrl 键，然后右键单击在打开的快捷菜单中【对象捕捉】命令下的子命令，如图 4-18 所示。接着把光标移到要捕捉对象的特征点附近，也同样可以捕捉到相应的对象特征点。

　　方法 3　单击状态栏的【对象捕捉】按钮 右侧的倒三角按钮，然后在打开的菜单中选择需要启用的对象捕捉功能，再把光标移到要捕捉对象上的特征点附近，即可捕捉到相应的对象特征点，如图 4-19 所示。

图 4-18　【对象捕捉】快捷菜单

图 4-19　状态栏的对象捕捉功能

【对象捕捉】菜单中各功能说明如下：

- 临时追踪点：使用前提是至少打开一种对象捕捉模式，输入绘制命令后单击【临时追踪点】按钮，这时将光标移到特征点上单击，即可引出一条追踪线，提示目前光标相对于指定特征点之间的距离与角度。如图 4-20 所示，即是先指定象限点，然后引出追踪线与相对提示。

- 自：用于捕捉到与图形中某个特征点位置相关的一点。使用前必须先打开一项捕捉模式。

- 端点：用于捕捉直线、圆弧、椭圆弧、多线、多段线、样条曲线、面域等线条的端点，及线宽与长方体、圆锥体等三维实体的角点或者顶点，如图 4-21 所示。

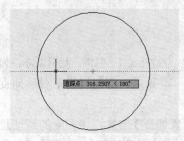

图 4-20　追踪线

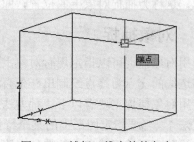

图 4-21　捕捉三维实体的角点

- ✐中点：用于捕捉直线、圆弧、椭圆、椭圆弧、多线、多段线、样条曲线、面域等线条的中点，以及面域、三维实体边上的中点。

- ☒交点：用于捕捉圆、圆弧、椭圆、椭圆弧、直线、构造线、射线、多线、多段线、样条曲线、面域等对象的交点。此外，它还能捕捉到图块中直线的交点及两个对象的延伸交点。

- ☒外观交点：指在某三维空间中实际不相交的点，但在当前视口中看起来为相交时，即可使用外观交点来捕捉，包括圆、圆弧、椭圆、椭圆弧、直线、多线等对象。另外，还可以捕捉两个对象之间的假想点，例如，身处两个异面的两条直线，经过自然延伸后产生的虚交点。

- ⚊延长线：用于捕捉直线或圆弧等延伸方向上的点，通常与【交点】☒或【外观交点】☒结合使用。当光标经过对象上的某个端点时，将会显示延长线，以便用户通过延长线绘制对象。

- ◎圆心：用于捕捉圆、圆弧、椭圆、椭圆弧等对象的圆心，如图 4-22 所示。还可以捕捉实体与面域上圆形的圆心。

- ⊙象限点：用于捕捉圆、圆弧、椭圆、椭圆弧等对象最近的象限点，如 0°、90°、180°、270°，如图 4-23 所示。

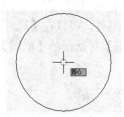

图 4-22　捕捉圆心

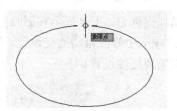

图 4-23　捕捉象限点

- ⊙切点：用于捕捉圆、圆弧、椭圆、椭圆弧或者样条曲线上的切点，例如，可以绘制一条分别相切于多段弧线或者两个圆之间的直线。其使用方法与绘制相切圆相同。

- ⊥垂足：用于捕捉垂直与对象的点，如圆、圆弧、椭圆、椭圆弧、直线、构造线、射线、多线、多段线、样条曲线、面域等对象的垂足（正交点），如图 4-24 所示。

- ⁄平行线：用于捕捉直线、多边形对象的平行线上的点，可以为现有直线绘制一条指定距离的平行线，如图 4-25 所示。

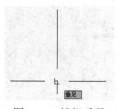

图 4-24　捕捉垂足

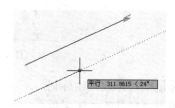

图 4-25　使用平行捕捉绘制平行线

- ⊠插入点：用于捕捉块、图形、文字、属性或者属性定义的插入点。

- ⊙节点：用于捕捉图形中的点对象或者已经等分的点。

- ⊠最近点：用于捕捉圆、圆弧、椭圆、椭圆弧、直线、构造线、射线、多线、多段线、样条曲线、面域等对象与指定点距离最近的点。

● ▒无：关闭当前指定的所有捕捉模式。

4.2.2 自动捕捉

在 AutoCAD 2015 中，对象捕捉包括一个形象化辅助工具，称为 AutoSnap，即自动捕捉。它可以帮助用户更有效地查看和使用对象捕捉。当光标移到对象的对象捕捉位置时，自动捕捉将显示标记和工具提示。

1. 自动捕捉的工具

【自动捕捉】包含以下捕捉工具：

● 标记：当光标移到对象上或接近对象时，将显示对象捕捉位置。标记的形状取决于它所标记的捕捉。
● 工具提示：在光标位置用一个小标志指示正在捕捉对象的哪一部分。
● 磁吸：吸引并将光标锁定到检测到的最接近的捕捉点。提供一个形象化设置，与捕捉栅格类似。
● 靶框：围绕十字光标并定义从中计算哪个对象捕捉的区域。可以选择显示或不显示靶框，也可以改变靶框的大小。

2. 修改自动捕捉设置

自动捕捉标记、工具提示和磁吸在默认情况下是打开的。另外，可以在【选项】对话框的【草图】选项卡中修改自动捕捉设置，如图 4-26 所示。在【选项】对话框的【草图】选项卡上，可以根据需要更改设置。

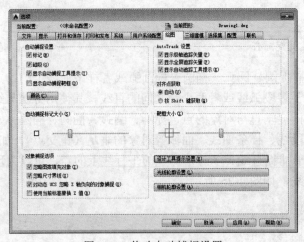

图 4-26　修改自动捕捉设置

● 标记：打开或关闭标记。
● 磁吸：打开或关闭磁吸。
● 显示自动捕捉工具提示：打开或关闭工具提示。
● 显示自动捕捉靶框：指定对象捕捉时，打开或关闭目标框。未使用自动捕捉时，此设置不影响对象捕捉。
● 颜色：改变标记的颜色。
● 自动捕捉标记大小：调整标记的大小。

4.3 利用栅格与栅格捕捉

栅格是点或线的矩阵，遍布指定为栅格界限的整个区域。使用栅格类似于在图形下放置一张坐标纸，方便对齐对象并直观显示对象之间的距离。

栅格捕捉模式用于限制十字光标，使其按照用户定义的间距移动。当"捕捉"模式打开时，光标似乎附着或捕捉到不可见的栅格。捕捉模式有助于使用箭头键或定点设备来精确定位点。

4.3.1 打开/关闭栅格和捕捉

通过显示栅格，可以直观地显示对象之间的距离，如图 4-27 所示。

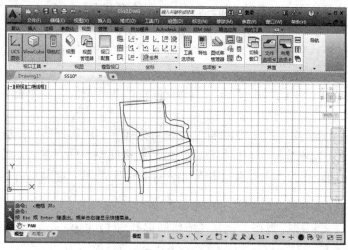

图 4-27 显示图形栅格

要打开或关闭栅格和捕捉功能时，可以使用以下任意一种方法。

（1）在用户界面的状态栏中，单击【显示图形栅格】按钮▦或【捕捉模式】按钮▦。

（2）按 F7 功能键可以打开或关闭栅格；按 F9 键可以打开或关闭捕捉。

（3）在【捕捉模式】按钮▦上单击右键，再选择【捕捉设置】命令，可以打开【草图设置】对话框，并自动切换至【捕捉和栅格】选项卡。在此选项卡中可以通过选择【启用捕捉】和【启用栅格】复选框打开或关闭栅格和捕捉功能，如图 4-28 所示。

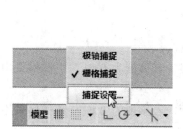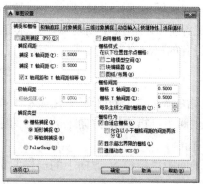

图 4-28 通过【草图设置】对话框设置打开或关闭栅格和捕捉功能

> 问：图形栅格会被打印出来吗？
>
> 答：图形栅格在输出时不会被打印出来，只用于编辑图形时显示栅格辅助。

4.3.2 设置栅格和捕捉参数

使用【草图设置】对话框下的【捕捉和栅格】选项卡，可以设置捕捉的间距、捕捉类型、栅格间距等参数。

1. 捕捉间距

主要用于控制光标在 X、Y 轴之间的捕捉位置，以限制光标仅在指定的 X 轴和 Y 轴间隔内移动。

- 捕捉 X 轴间距：用于指定 X 方向的捕捉间距，其间距值必须为正实数，系统变量为 SNAPUNIT。
- 捕捉 Y 轴间距：用于指定 Y 方向的捕捉间距，其间距值必须为正实数，系统变量为 SNAPUNIT。
- X 轴间距和 Y 轴间距相等：选择此复选框可为捕捉间距和栅格间距强制使用相同的 X 和 Y 间距值。取消选择时，捕捉间距可以与栅格间距不同。在实际绘图中，可以设置较宽的栅格间距作为参照，但使用较小的捕捉间距能保证定位点时的精确性。

2. 捕捉类型

用于设置捕捉样式和捕捉类型，包括【栅格捕捉】与【PolarSnap】（极轴捕捉）两种，其中【PolarSnap】是一种相对捕捉，在一般状态下光标能自动移动，一旦执行某项命令，就只能在特定的极轴角度上，并且定位在距离为间距的倍数点上。

- 栅格捕捉：可以设置栅格捕捉类型。如果指定点，光标将沿垂直或水平栅格点进行捕捉，其系统变量为 SNAPTYPE。它包括【矩形捕捉】与【等轴测捕捉】两种形式。
  - ➤【矩形捕捉】：是将捕捉样式设置为标准【矩形】捕捉模式。当捕捉类型设置为【栅格】并且打开【捕捉】模式时，光标将捕捉矩形捕捉栅格。
  - ➤【等轴测捕捉】：是将捕捉样式设置为【等轴测捕捉】模式。当捕捉类型设置为【栅格】并且打开【捕捉】模式时，光标将捕捉等轴测捕捉栅格。
- PolarSnap（极轴捕捉）：将捕捉类型设置为【PolarSnap】，如果打开了"捕捉"模式并在极轴追踪打开的情况下指定点，光标将沿着在【极轴追踪】选项卡上相对于极轴追踪起点设置的极轴对齐角度进行捕捉。

3. 栅格间距

用来控制栅格的显示，有助于形象化显示距离。

- 栅格 X 轴间距：指定 X 方向上的栅格间距，若该值为 0 时，则栅格采用【捕捉 X 轴间距】的值。
- 栅格 Y 轴间距：指定 Y 方向上的栅格间距，若该值为 0 时，则栅格采用【捕捉 Y 轴间距】的值。
- 每条主线之间的栅格数：指定主栅格线相对于次栅格线的频率。

X、Y 轴的栅格间距是相互的，一旦更改某一项的参数，另一项即会相应改变。例如，当栅格间距为 0.5 时的结果如图 4-29 所示；当栅格间距为 1 时的结果如图 4-30 所示。

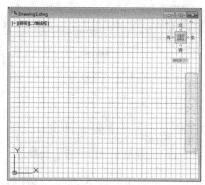

图 4-29　栅格间距为 0.5 时的结果

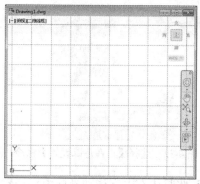

图 4-30　栅格间距为 1 时的结果

4.4　使用自动追踪功能

AutoTrack（自动追踪）可以帮助用户按照指定的角度或按照与其他对象的特定关系绘制对象。当"自动追踪"打开时，临时对齐路径有助于以精确的位置和角度创建对象。自动追踪包括两个追踪选项：极轴追踪和对象捕捉追踪。

当已经知道追踪的方向或者角度时，可以使用极轴追踪；否则便可通过对象捕捉追踪，利用已知对象的某种关系（如相交）来确定一个未知的交点。其中两者可以同时使用。

4.4.1　使用极轴追踪

极轴追踪是指按事先给定的角度增量来追踪特征点，创建或修改对象时，可以使用它来显示由指定的极轴角度所定义的临时对齐路径。

在一般情况下，极轴追踪沿 90° 向上、下、左、右移动，可以根据需要设置合适的增量角，其中可以选择 60°、45°、30°、22.5°、18°、15°、10° 和 5° 的极轴角增量进行追踪，也可以自行指定其他角度。

图 4-31　开启【圆心】与【交点】
捕捉功能

动手操作　使用极轴追踪辅助绘图

1 打开光盘中的"..\Example\Ch04\4.4.1.dwg"练习文件，单击状态栏的【对象捕捉】按钮 右侧的倒三角按钮，打开【对象捕捉】菜单后开启【圆心】与【交点】捕捉功能，如图 4-31 所示。

2 在状态栏的【极轴追踪】按钮 上单击鼠标右键，并在弹出的快捷菜单中选择【正在追踪设置】命令，如图 4-32 所示。

3 打开【草图设置】对话框后选择【极轴追踪】选项卡，然后选择【启用极轴追踪】复选框，并打开【增量角】下拉列表框，从中选择【45】选项，指定极轴追踪的偏移角度为 45°，最后单击【确定】按钮，完成角度设置，如图 4-33 所示。

4 在命令行中输入"line"命令并按 Enter 键，然后移动光标至圆心处，当出现捕捉提示后单击圆心，指定直线的起点，如图 4-34 所示。

图 4-32　选择【正在追踪设置】命令

图 4-33　启用极轴追踪并设置增量角

5 此时往右上方移动光标引出极轴追踪线，程序提示了当前点与圆心点之间的相对距离与角度，如图 4-35 所示。

 在状态栏中单击【极轴追踪】按钮 ，或者按 F10 键可以快速打开极轴追踪模式。

另外在绘图过程中，不能同时打开【极轴追踪】和【正交】模式，只能同时关闭或者只打开其中的一个模式。

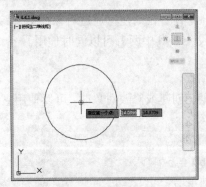

图 4-34　捕捉圆心

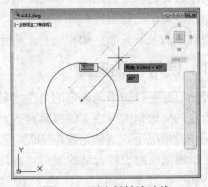

图 4-35　引出极轴追踪线

6 沿极轴追踪线的方向拖动光标至圆形上，当出现"极轴：交点"提示后，单击确定直线的第二个点，并按 Enter 键结束直线的绘制，如图 4-36 所示。

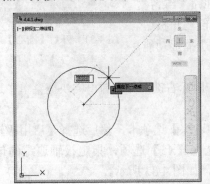

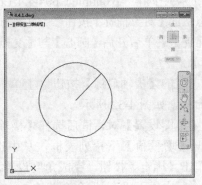

图 4-36　指定直线第二个点完成绘图

4.4.2　使用对象捕捉追踪

对象捕捉追踪是按与对象的某种特定关系来追踪，这种特定的关系确定了一个未知角度，通常用于指定两个点之间的夹点。

使用对象捕捉追踪，可以沿着基于对象捕捉点的对齐路径进行追踪，已获取的点将显示一个小加号（＋），一次最多可以获取七个追踪点。

当获取点之后，在绘图路径上移动光标时，将显示相对于获取点的水平、垂直或极轴对齐路径。例如，可以基于对象端点、中点或者对象的交点，沿着某个路径选择一点。

如图 4-37 所示，启用了"端点"对象捕捉：单击直线的起点 1 开始绘制直线，将光标移动到另一条直线的端点 2 处获取该点，然后沿水平对齐路径移动光标，定位要绘制的直线的端点 3。

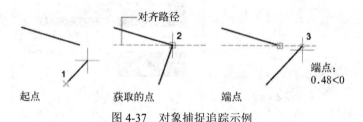

图 4-37　对象捕捉追踪示例

4.5　使用动态输入功能

【动态输入】在绘图区域中的光标附近提供命令界面，工具提示将在光标附近显示信息。

动态工具提示提供另外一种方法来输入命令。当动态输入处于启用状态时，工具提示将在光标附近动态显示更新信息。当命令正在运行时，可以在工具提示文本框中指定选项和值。

4.5.1　打开动态输入功能

在状态栏上单击【自定义】按钮 ≡，打开菜单后选择【动态输入】命令，将【动态输入】按钮显示在状态栏上，此时按下【动态输入】按钮 ＋ 或者按 F12 键，即可打开或关闭【动态输入】功能，如图 4-38 所示。在【动态输入】打开的情况下，按住 F12 键不放，即可暂时将其关闭。

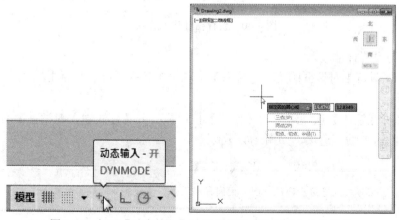

图 4-38　打开【动态输入】功能并使用【动态输入】的效果

4.5.2 设置动态输入选项

【动态输入】功能包含【指针输入】、【标注输入】和【动态提示】3个组件。

 动手操作 设置动态输入选项

（1）启用与设置指针输入

1 在状态栏的【动态输入】按钮上 单击右键，在快捷菜单中选择【动态输入设置】命令，打开【草图设置】对话框中的【动态输入】选项卡，选择【启用指针输入】复选框即可启用指针输入，如图4-39所示。

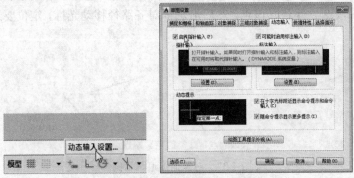

图4-39 启用指针输入

2 单击【指针输入】选项组中的【设置】按钮，打开【指针输入设置】对话框，在此可以设置指针的格式与可见性等选项，如图4-40所示。

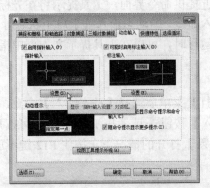 

图4-40 设置指针输入选项

（2）启用与设置标注输入

3 在【草图设置】对话框的【动态输入】选项卡中选择【可能时启用标注输入】复选框，如图4-41所示。

4 单击【标注输入】选项组中的【设置】按钮，打开【标注输入的设置】对话框，在此可以设置标注的可见性等选项，如图4-42所示。

> 标注输入可用于圆弧、圆、椭圆、椭圆弧、直线和多段线等对象上。

图 4-41 启用标注输入

图 4-42 设置标注输入选项

（3）显示动态提示并设置外观

5 在【草图设置】对话框的【动态输入】选项卡中选择【在十字光标附近显示命令提示和命令输入】复选框和【随命令提示显示更多的提示】复选框。

6 在【草图设置】对话框的【动态输入】选项卡中单击
【绘图工具提示外观】按钮，打开【工具提示外观】对话框，
然后可以设置工具的大小、透明度与颜色等属性，完成设置后
单击【确定】按钮即可，如图 4-43 所示。

图 4-43 设置工具提示外观

　　　　启用动态提示时，提示会显示在光标附近的工具
栏提示中。可以在工具栏提示（而不是在命令行）中
输入响应；按下箭头键（↓）可以查看和选择选项；
按上箭头键（↑）可以显示最近的输入。

4.6 技能训练

下面通过多个上机练习实例，巩固所学技能。

4.6.1 上机练习 1：绘制机械零件截面图

在绘图过程中，使用【正交限制】功能可以限制光标在水平或者垂直方向移动。在正交限制模式下，可以方便地绘制出与当前 X、Y 轴平行的线段（主要用于绘制完全水平或者垂直的直线）。本例将利用【正交限制】功能的特性，绘制出一个机械零件的截面图。

操作步骤

1 启动 AutoCAD 2015 应用程序，在【新选项卡】窗口中单击【开始绘制】按钮，新建一个图形文件，然后单击状态栏的【正交限制】按钮，启用【正交限制】功能，如图 4-44 所示。

2 在【默认】选项卡中单击【多段线】按钮，在文件窗口单击确定多段线的起点，接着向右侧移动鼠标，牵引出水平正交线段，全合适长度后单击确定线段的第二点，如图 4-45 所示。

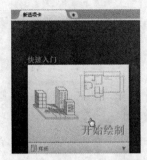
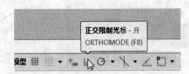

图 4-44　新建图形文件并启用【正交限制】功能

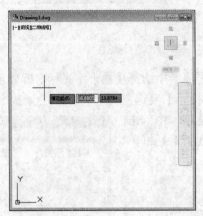
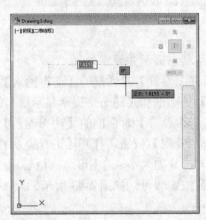

图 4-45　绘制水平正交线段

3 往下方移动鼠标，牵引出垂直向下的正交线段，至合适长度后单击确定线段的第三点，如图 4-46 所示。

4 使用相同的方法，通过正交模式绘制出如图 4-47 所示的零件界面图形。

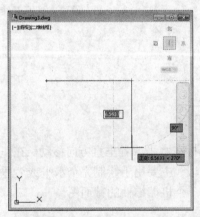
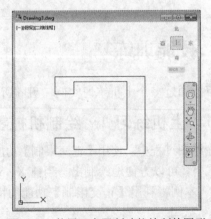

图 4-46　绘制垂直正交线段　　　　　图 4-47　使用正交限制功能绘制的图形

4.6.2　上机练习 2：绘制圆的外切正方形

本例将利用【对象捕捉追踪】功能和 "line" 命令为练习文件上的圆绘制一个外切正方形。

操作步骤

1 打开光盘中的 "..\Example\Ch04\4.6.2.dwg" 练习文件，单击状态栏的【对象捕捉】按

钮 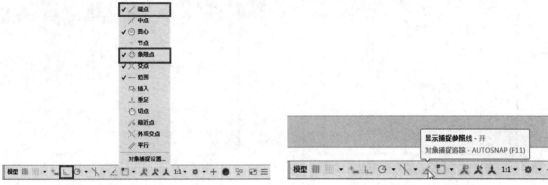 ▾右侧的倒三角按钮，打开【对象捕捉】菜单后开启【象限点】与【端点】捕捉功能，并按下【正交限制】按钮 └，如图 4-48 所示。

2 在状态栏上单击【对象捕捉追踪】按钮 ∠，启动对象捕捉模式，如图 4-49 所示。

图 4-48 设置捕捉和正交限制功能　　　　图 4-49 启动对象捕捉模式

3 在命令窗口中输入 "line" 并按 Enter 键，然后移动光标至圆形右边的象限点上单击，指定构成正方形的直线的起点，如图 4-50 所示。

4 往下垂直移动鼠标拖出正方形的边线。由于暂时不能确定其右下方的角点位置，所以可以移动光标至圆形下方的象限点上，当出现捕捉提示后，再往右方拖出水平追踪线，在上一个象限点的交界处会提示一个交叉符号，单击即可指定两个象限点的直角交点，如图 4-51 所示。

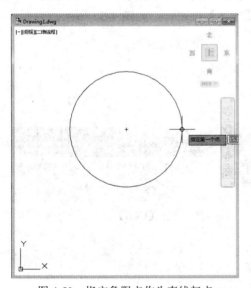

图 4-50 指定象限点作为直线起点

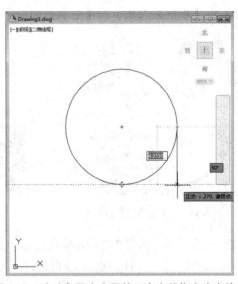

图 4-51 追踪象限点交界的正交点并指定为直线点

5 将鼠标移到圆形下端的象限点上单击，指定该点为正方向下边的经过点。

6 捕捉圆形左侧的象限点，并往下引出正交追踪线，使其与上一个点产生交点，最后单击鼠标左键，在圆形的第三象限处确定正方形左下方角点，如图 4-52 所示。

7 使用上述对象追踪捕捉方法确定正方形的左、上边线，然后捕捉直线的起点，单击完成外切正方形的绘制，最后按 Enter 键结束 "line" 命令，如图 4-53 所示。

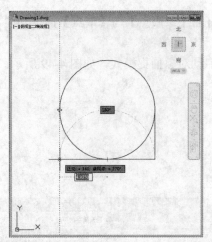

图 4-52　通过追踪正交点的方法指定直线其他点

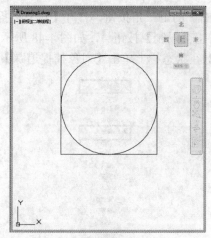

图 4-53　绘制出外切正方形

4.6.3　上机练习 3：定义转角沙发的 UCS

本例将为练习文件新建一个用户坐标系（UCS），并定义 UCS 坐标原点为沙发转角处的直角位置。

🖋️ 操作步骤

1 打开光盘中的 "..\Example\Ch04\4.6.3.dwg" 练习文件，在状态栏的【对象捕捉】按钮🔲上单击右键，并从打开的快捷菜单中选择【端点】选项，如图 4-54 所示。

2 在【视图】选项卡的【坐标】面板中单击【UCS】按钮🔽，如图 4-55 所示。

图 4-54　启用捕捉端点功能

图 4-55　执行【UCS】命令

3 系统提示：指定 UCS 的原点或 [面(F)/命名(NA)/对象(OB)/上一个(P)/视图(V)/世界(W)/X/Y/Z/Z轴(ZA)] <世界>，此时移动指标捕捉转角沙发的直角点，作为 UCS 的原点，如图 4-56 所示。

4 系统提示：指定 X 轴上的点或 <接受>，此时捕捉如图 4-57 所示的端点，作为 X 轴上的点。

5 系统提示：指定 XY 平面上的点或 <接受>，此时捕捉如图 4-58 所示的端点，作为 XY 平面的点。

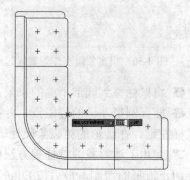

图 4-56　指定 UCS 的原点

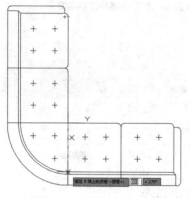

图 4-57　指定 X 轴上的点

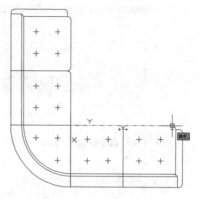

图 4-58　指定 XY 平面上的点

4.6.4　上机练习 4：利用栅格绘制轴承截面图

本例将利用栅格辅助绘制出轴承截面图。在本例操作中，先设置栅格间距与捕捉间距均为 1，然后通过捕捉栅格点的方式绘制图形。

🖱 操作步骤

1 启动 AutoCAD 2015 应用程序，然后在【新选项卡】窗口中单击【开始绘制】按钮，新建一个图形文件，接着设置显示图形栅格和打开捕捉栅格功能，如图 4-59 所示。

2 在【捕捉到图形栅格】按钮 ▦ 按钮上单击右键，并选择【捕捉设置】命令，打开【草图设置】对话框的【捕捉和栅格】选项卡后，设置捕捉间距和栅格间距均为 1，如图 4-60 所示。

图 4-59　新建文件并打开栅格和栅格捕捉

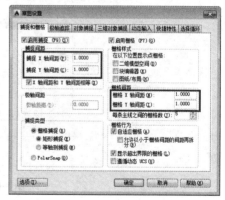

图 4-60　设置捕捉间距和栅格间距

3 在【默认】选项卡的【绘图】面板中单击【矩形】按钮 ▭，再捕捉两个栅格点，确定矩形的大小与位置，如图 4-61 所示。

4 在【默认】选项卡的【绘图】面板中单击【多段线】按钮 ⤵。系统提示：指定起点时，如图 4-62 所示捕捉多个栅格点，绘制出第一个多段线。

5 当完成第一个多段线的绘制后，再次使用【多段线】功能，然后通过捕捉栅格功能，在栅格上单击指定多段线的点，绘制出如图 4-63 所示的另一个多段线对象。

6 单击状态栏的【显示图形栅格】按钮 ▦，关闭显示图形栅格，以查看轴承截面图的效果，如图 4-64 所示。

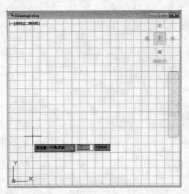 

图 4-61　利用捕捉栅格功能绘制出矩形

 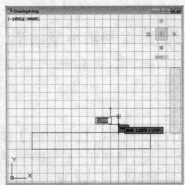 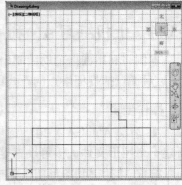

图 4-62　绘制第一个多段线

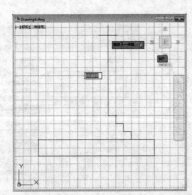 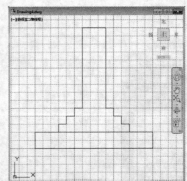

图 4-63　绘制第二个多段线

 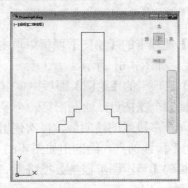

图 4-64　关闭图形栅格查看结果

4.6.5 上机练习 5：利用指针输入辅助绘制圆形

本例将利用【动态输入】功能的【指针输入】组件输入坐标和半径数值，绘制出一个圆形图形。

操作步骤

1 打开光盘中的"..\Example\Ch04\4.6.5.dwg"练习文件，在状态栏中按下【动态输入】按钮 ，启用动态输入功能，然后在该按钮上单击右键，在快捷菜单中选择【动态输入设置】命令，打开【草图设置】对话框中的【动态输入】选项卡，选择【启用指针输入】复选框并单击【确定】按钮，如图 4-65 所示。

2 启用动态输入后，执行"circle"命令，此时在文件窗口中即可看到坐标值在随光标的移动而改变，如图 4-66 所示。

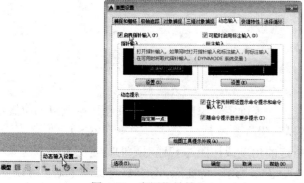

图 4-65　启用指针输入

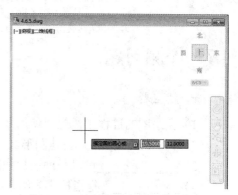

图 4-66　绘制指针旁显示输入提示

3 在 X 轴坐标上输入 20，然后按 Tab 键切换到 Y 轴坐标输入状态。此时 X 轴坐标字段将显示一个锁定图标，并且光标会受用户输入的值约束。在第二个输入字段中输入 Y 轴坐标值为 25，接着按 Enter 键，即可确定圆形的圆心坐标为（20,25），如图 4-67 所示。

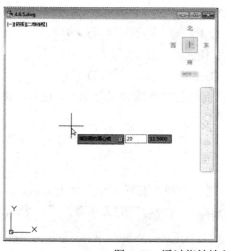

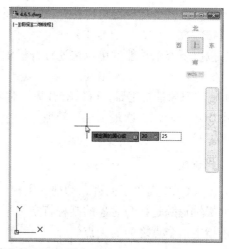

图 4-67　通过指针输入字段输入圆的原点坐标

4 系统提示：指定圆形的半径或[直径(D)]，此时输入 5 并按 Enter 键，即设置圆的半径为 5 并完成圆形的绘制，如图 4-68 所示。

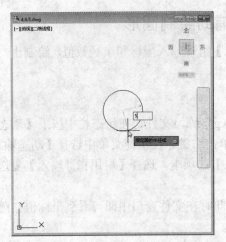

图 4-68　输入圆半径数值并完成绘图

4.7　评测习题

一、填空题

（1）在绘图的过程中，主要使用_____来确定对象的位置，以便精确拾取点的位置。

（2）在 AutoCAD 中，新建图形文件的默认坐标系就是_____（WCS）。

（3）_____可以帮助用户按照指定的角度或按照与其他对象的特定关系绘制对象。

（4）_____是指按事先给定的角度增量来追踪特征点，创建或修改对象时，可以使用它来显示由指定的极轴角度所定义的临时对齐路径。

二、选择题

（1）相对直角坐标的表示方法是在绝对直角坐标表达方式前加上什么符号？　　　　（　　）

　　A. A　　　　　　　　B. @　　　　　　　　C. #　　　　　　　　D. &

（3）按以下哪个功能键可以打开或关闭栅格？　　　　　　　　　　　　　　　　（　　）

　　A. F2　　　　　　　B. F5　　　　　　　　C. F7　　　　　　　　D. F9

（3）按以下哪个功能键可以快速打开极轴追踪模式？　　　　　　　　　　　　　（　　）

　　A. F10　　　　　　　B. F3　　　　　　　　C. F11　　　　　　　　D. F8

（4）使用对象捕捉追踪，可以沿着基于对象捕捉点的对齐路径进行追踪，已获取的点将显示一个小加号（+），一次最多可以获取多少个追踪点？　　　　　　　　　　　（　　）

　　A. 3 个　　　　　　　B. 4 个　　　　　　　C. 7 个　　　　　　　D. 9 个

三、判断题

（1）AutoCAD 提供了俯视、仰视、主视、后视、左视、右视 6 个正交坐标系。（　　）

（2）极轴追踪是按与对象的某种特定关系来追踪，这种特定的关系确定了一个未知角度，通常用于指定两个点之间的夹点。　　　　　　　　　　　　　　　　　　　　（　　）

四、操作题

使用【正交限制】功能限制光标在水平或者垂直方向移动，从而在练习文件上绘制出如图4-69 所示的图形。

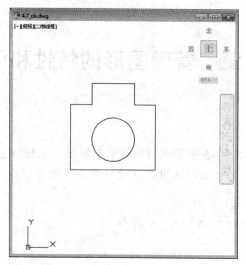

图 4-69　本章操作题绘图的结果

提示

（1）打开光盘中的 "..\Example\Ch04\4.7.dwg" 练习文件，然后单击状态栏的【正交限制】按钮 ，启用【正交限制】功能。

（2）使用【多段线】功能，通过与圆形的正交限制指定起点，如图 4-70 所示。

（3）水平向右移动鼠标，拉出水平正交线，并输入数值为 5，确定多段线第二个点，如图 4-71 所示。

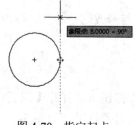

图 4-70　指定起点

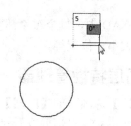

图 4-71　指定第二点

（4）垂直向下移动鼠标，拉出垂直正交线，并输入数值为 15，确定多段线第三个点，如图 4-72 所示。

（5）水平向左移动鼠标，拉出水平正交线，并输入数值为 20，确定多段线第四个点，如图 4-73 所示。

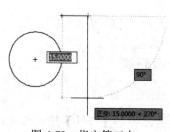

图 4-72　指定第三点

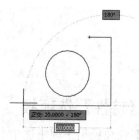

图 4-73　指定第四点

（6）使用相同的方法，确定多段线其他点，并完成绘图。

第 5 章　管理图形的特性和填充

学习目标

本章将介绍在 AutoCAD 2015 中管理图形对象的特性（包括颜色、线型、线宽等）以及为图形对象填充图案和渐变色的方法，其中包括使用图层特性管理器、【特性】选项板、孤岛检测和填充等内容。

学习重点

☑ 使用图层特性管理器
☑ 使用【特性】选项板
☑ 通过 "list" 命令查看对象特性
☑ 修改对象的颜色、线型、线宽
☑ 为图形填充图案和渐变色
☑ 应用孤岛检测和显示样式

5.1　显示和修改特性概述

在 AutoCAD 中，每个对象都有自己的特性，可以显示与修改这些特性，以改变对象的显示效果以及大小、位置等。

5.1.1　图层特性管理器

在【默认】选项卡的【图层】面板中单击【图层特性】按钮，打开【图层特性管理器】对话框后，即可从该对话框查看对象的特性，并且可以修改对象特性，如图 5-1 所示。

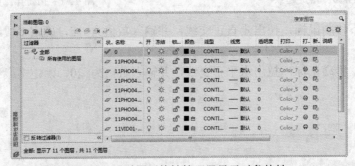

图 5-1　通过图层特性管理器显示对象特性

5.1.2　【特性】选项板

【特性】选项板用于列出选定对象或对象集的特性设置。使用【特性】选项板可以修改任何通过指定新值的对象的特性。

（1）如果当前没有选择对象，【特性】选项板只会显示当前图层和布局的基本特性、附着在图层上的打印样式表名称，以及视图特性和 UCS 的相关信息。

（2）如果当前选择一个对象，【特性】选项板只会显示当前对象的特性。

（3）如果当前选择多个对象，【特性】选项板将显示选择集中所有对象的公共特性。

在 AutoCAD 中，可以通过以下方法打开【特性】选项板。

（1）选项卡：通过【默认】选项卡的【特性】面板中查看和修改对象的特性，也可以直接打开【特性】选项板，如图 5-2 所示。

（2）快捷键：按 Ctrl+1 快捷键。

（3）定点设置：双击大多数对象。

（4）命令：在命令窗口输入并执行"properties"命令。

打开【特性】选项板后，可以通过【颜色控制】、【线型】、【线宽比例】和【打印样式】等项目修改当前对象的特性。

当系统变量处于默认设置时，可以通过双击大部分对象来打开【特性】选项板。但对于块和属性、图案填充、渐变填充、文字、多线以及外部参照，双击这些对象将显示专用于该对象的对话框，而不能打开【特性】选项板。

图 5-2　打开【特性】面板

5.1.3　执行 list 命令

在命令窗口中输入"list"命令并执行，系统将提示选择对象，当选择对象后，系统即可在命令窗口显示找到的对象，接着依次显示选定对象的信息。同时，系统将弹出 AutoCAD 文本窗口，显示对象的详细信息，如图 5-3 所示。

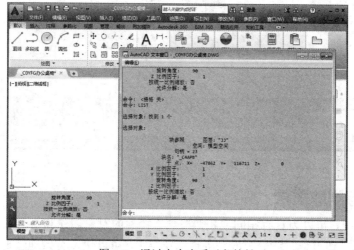

图 5-3　通过命令查看对象特性

5.2　使用图层特性管理器

图层特性管理器中显示了图形中的图层的列表及其特性。下面将详细介绍使用图层特性管理器管理对象的方法。

5.2.1 关于图层

图层相当于图纸绘图中使用的重叠图纸，它是图形中使用的主要组织工具，可以使用图层将信息按功能编组，以及执行线型、颜色及其他标准。用户只需分别在不同的图层上绘制不同的对象，然后将这些图层重叠起来，就可以达到制作复杂图形的目的。

图层的作用主要是组合与控制不同的对象，可以通过创建图层，然后将类型相似的对象指定给同一个图层使其相关联。例如，可以将构造线、文字、标注和标题栏置于不同的图层上。此后，就可以轻易控制以下的处理。

（1）图层上的对象是否在任何视口中都可见。

（2）是否打印对象以及如何打印对象。

（3）为图层上的所有对象指定颜色。

（4）为图层上的所有对象指定默认线型和线宽。

（5）图层上的对象是否可以修改。

另外，图层中有一个"0"图层，这个图层可以称为基层，如图 5-4 所示。基层在每个图形中都必须有，而且不能删除或重命名。"0"图层有以下两个用途。

（1）确保每个图形至少包括一个图层，即基层。

（2）提供与块中的控制颜色相关的特殊图层。

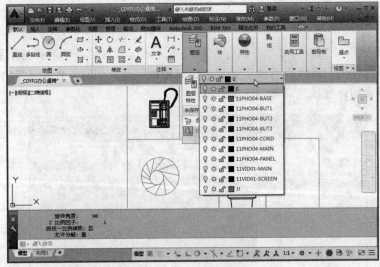

图 5-4　图形上的图层

5.2.2 创建与删除图层

在 AutoCAD 中，可以为具有相同或相似概念或特性的对象创建和命名图层，并为这些图层指定通用的特性。通过将对象分类放到各自的图层中，可以快速有效地管理和控制对象，如控制对象的显示、修改对象颜色等。

1. 创建图层

在一个图形中，创建的图层数是无限的，并且可以在每个图层中创建无限个对象。另外，图层最长可使用 255 个字符的字母数字命名，而在大多数情况下，用户选择的图层名由企业、行业或客户标准规定。

动手操作　创建图层

1 选择【默认】选项卡，在【图层】面板中单击【图层特性】按钮，然后打开【图层特性管理器】选项板后，单击【新建图层】按钮，如图 5-5 所示。

2 此时选项板右边窗格中新建了一个图层，在亮显的图层名上输入新图层名即可，如图 5-6 所示。

图 5-5　新建图层

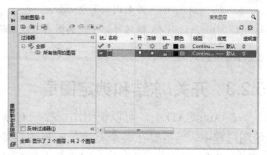

图 5-6　命名图层

　　图层名最多可以包含 255 个字符，可包括字母、数字和特殊字符，例如，美元符号($)、连字符(-)和下划线(_)。另外，图层名不能包含空格。

2. 删除图层

如果某些图层没有用了，则可以将它们删除。

动手操作　删除图层

1 选择【默认】选项卡，在【图层】面板中单击【图层特性】按钮。

2 打开【图层特性管理器】选项板后，选择需要删除的图层，然后单击【删除图层】按钮即可，如图 5-7 所示。

图 5-7　删除选定的图层

3. 清理所有不使用的图层

动手操作　清理所有不使用的图层

1 在命令窗口中输入"purge"命令并按 Enter 键。

2 打开【清理】对话框后，可以选择查看能清理的项目和不能清理的项目。如果想要清理未参照的图层，则可以直接选择【图层】项目；如果想要清理特定的图层，则可以打开【图层】项目列表，选择需要清理的图层。

3 选择清除的图层后，可以单击【清理】按钮删除当前选定的图层，也可以单击【全部清理】按钮，删除所有可清理的图层，如图 5-8 所示。

4 清理完成后，单击【关闭】按钮即可。

图 5-8　清理不使用的图层

问: 什么图层都可以删除吗?

答: 以下图层不能删除。

(1) 已指定对象的图层不能删除（除非那些对象被重新指定给其他图层或者被删除）。

(2) "0" 图层不能删除。

(3) 当前图层不能删除。

(4) 依赖外部参照的图层不能删除。

5.2.3 开关/冻结和锁定图层

在 AutoCAD 中，可以使用图层控制对象的可见性，或者锁定图层以防止对象被修改。在绘图过程中，当需要在一个无遮挡的视图中处理一些特定图层或图层组的细节时，关闭或冻结图层是非常有用的。因为对图层进行关闭或冻结，就可以隐藏该图层上的对象，方便用户进行编辑工作。

关于图层的开关、冻结和锁定的作用说明如下。

(1) 关闭图层后，该图层上的图形将不能被显示或打印。

(2) 冻结图层后，不能在被冻结的图层上显示、打印或重生成对象。

(3) 打开图层时，将重画该图层上的对象。

(4) 解冻已冻结的图层时，将重生成图形并显示该图层上的对象。

(5) 关闭而不冻结图层，可以避免每次解冻图层时重生成图形。

(6) 锁定图层后，可以防止意外选定和修改该图层上的对象。

动手操作 开/关、冻结/解冻、锁定/解除锁定图层

1 在【图层】面板中打开【图层】下拉列表框。

2 分别单击左边的 💡 ☀ 🔓 按钮即可，如图 5-9 所示。

图 5-9 通过【图层】下拉列表框控制图层

5.2.4 图层管理的其他操作

在 AutoCAD 中，因为图形中的所有内容都与图层关联，所以在规划和创建图形的过程中，可能会需要更改图层上的放置内容或查看组合图层的方式，如将对象从一个图层重新指定到其他图层、修改图层名等。

1. 将对象从一个图层重新指定到其他图层

如果要改变图层组织，或将对象绘制在错误的图层上，就可通过重新为对象指定图层来改变对象和图层之间的关系。不过需要注意：除非已明确设置了对象的颜色、线型或其他特性，否则重新指定给不同图层的对象将采用该图层的特性。

动手操作　将对象从一个图层重新指定到其他图层

1 在绘图区中选择需要重新指定图层的对象。

2 在【图层】面板打开【图层】下拉列表框。

3 选择需要重新指定的目标图层即可。

2. 修改图层名

动手操作　修改图层名

1 选择【默认】选项卡，在【图层】面板中单击【图层特性】按钮🖼。

2 打开【图层特性管理器】选项板后，选择需要改名的图层。

3 单击选定图层的名称或按 F2 功能键，然后输入新名称。

4 修改好名称后，按 Enter 键即可。

3. 重命名多个图层

动手操作　重命名多个图层

1 在命令窗口中输入"rename"并按 Enter 键。

2 打开【重命名】对话框后，选择【图层】为命名对象，然后【项数】列表中选择一个或多个图层，接着在【重命名为】文本框中使用通配符输入新名称，如图 5-10 所示。

3 单击【重命名为】按钮以应用修改，完成后单击【确定】按钮即可。

图 5-10　重命名多个图层

4. 排序图层

在 AutoCAD 中，当创建了图层，就可以使用名称或图层的其他特性对其进行排序。

动手操作　排列图层

1 打开【图层特性管理器】选项板。

2 单击列标题就会按该列中的特性排列图层，如图 5-11 所示。

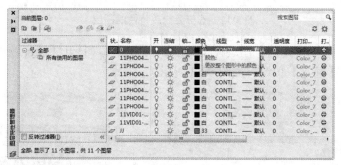

图 5-11　按照颜色排列图层

5.2.5　修改与设置图层特性

1. 可修改的特性

通过【图层特性管理器】不仅可以查看对象的特性，还可以修改对象的特性。

使用【图层特性管理器】可以修改以下特性：

- 状态：指示项目的类型，包括图层过滤器、正在使用的图层、空图层或当前图层。
- 名称：显示图层或过滤器的名称，按 F2 键输入新名称。
- 开：打开和关闭选定图层。当图层打开时，它可见并且可以打印；当图层关闭时，它不可见并且不能打印。
- 冻结：冻结所有视口中选定的图层，将不会显示、打印、消隐、渲染或重生成冻结图层上的对象。
- 锁定：锁定和解锁选定图层，但无法修改锁定图层上的对象。
- 颜色：更改与选定图层关联的颜色，单击颜色名称可以打开【选择颜色】对话框。
- 线型：更改与选定图层关联的线型，单击线型名称可以打开【选择线型】对话框。
- 线宽：更改与选定图层关联的线宽，单击线宽名称可以打开【线宽】对话框。
- 打印样式：更改与选定图层关联的打印样式。
- 打印：控制是否打印选定图层。
- 新视口冻结：在新布局视口中冻结选定图层。
- 说明：描述图层或图层过滤器。

动手操作　修改零件截面图中圆形的特性

1 打开光盘中的"..\Example\Ch05\5.2.5.dwg"练习文件，在【默认】选项卡的【图层】面板中单击【图层特性】按钮。

2 打开【图层特性管理器】选项板后，选择图层为【圆】，如图 5-12 所示。

图 5-12　选择要修改特性的图层

3 选择图层后，单击【圆】图层在【颜色】列的项目，打开【选择颜色】对话框后，选择【蓝色】并单击【确定】按钮，如图 5-13 所示。

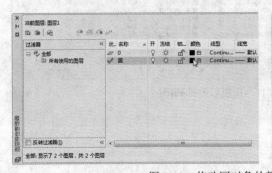
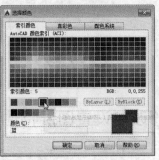

图 5-13　修改圆对象的颜色

4 选择"0"图层，然后双击该图层的【线宽】项目，打开【线宽】对话框后，选择一种线宽并单击【确定】按钮，如图 5-14 所示。

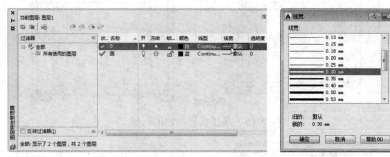

图 5-14　修改"0"图层的线宽

5 设置完成后，单击【刷新】按钮刷新图形对象的特性，再返回文件窗口查看对象的结果，如图 5-15 所示。

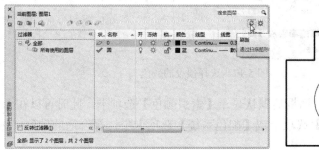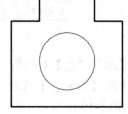

图 5-15　刷新特性并查看结果

5.3　修改图形对象颜色

在绘图中，可以给不同对象使用不同颜色，以便直观地将对象编组。可以在绘图之前设置当前颜色，将其用于绘图中所有对象的创建上，也可以通过改变对象的颜色来重新设置对象的颜色。

5.3.1　使用【特性】面板

在没有预设颜色时，所有图形对象都是使用默认的颜色（黑色）显示，所以在绘图后可以通过【特性】面板重新设置对象颜色，以定义对象的颜色特性。

🐭**动手操作　修改图形的颜色**

1 打开光盘中的"..\Example\Ch05\5.3.1.dwg"练习文件，使用鼠标在图形左上方单击指定选择框起点，然后在图形右下方单击指定对角点，以选择文件上沙发的所有图形对象，如图 5-16 所示。

2 打开【默认】选项卡，在【特性】面板中打开【对象颜色】下拉列表框，并选择一种预设颜色，此时即可为选中的对象填充选择的颜色，如图 5-17 所示。

3 如果预设颜色不能满足需求时，可以打升【对象颜色】下拉列表框，再选择【更多颜色】选项，如图 5-18 所示。

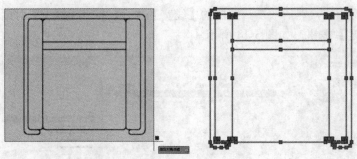

图 5-16　选择设置颜色的对象

图 5-17　选择预设的颜色

4 打开【选择颜色】对话框后默认显示【索引颜色】选项卡，此时可以在【AutoCAD 颜色索引】选项卡、【真彩色】选项卡或【配色系统】选项卡中选择合适的颜色，然后单击【确定】按钮，如图 5-19 所示。

图 5-18　选择更多颜色

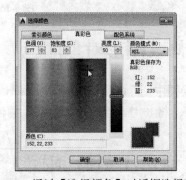

图 5-19　通过【选择颜色】对话框选择颜色

5.3.2　使用【特性】选项板

在 AutoCAD 中，除了使用【默认】选项卡中的【特性】面板修改对象颜色，还可以使用【特性】选项板。

动手操作　使用【特性】选项板修改对象颜色

1 打开【默认】选项卡，单击【特性】面板中的【特性】按钮，或者直接按下 Ctrl+1 快捷键打开【特性】选项板，如图 5-20 所示。

2 选择要修改颜色的对象，此时【特性】选项板显示对象的图形，打开【颜色】列表框，然后选择颜色即可，如图 5-21 所示。

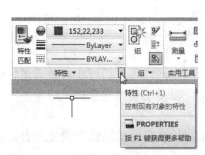

图 5-20 打开【特性】选项板　　　　　　　　图 5-21 设置选定对象的颜色

5.4 显示与修改对象线宽

线宽是指定给图形对象以及某些类型的文字的宽度值。使用线宽，可以用粗线和细线清楚地表现出截面的剖切方式、标高的深度、尺寸线和刻度线，以及细节上的不同。例如，通过为不同的图层指定不同的线宽，可以轻松区分新建构造、现有构造和被破坏的构造。

5.4.1 设置显示线宽

在 AutoCAD 中，必须启用【显示线宽】特性才可以显示对象线宽。另外，除了 TrueType 字体、光栅图像、点和实体填充（二维实体）以外的所有对象，都可以显示线宽，并且在图纸空间布局中，线宽以实际打印宽度显示。

动手操作　设置显示线宽

1 选择【默认】选项卡，在【特性】面板中打开【线宽】下拉列表框，选择【线宽设置】选项，如图 5-22 所示。

2 打开【线宽设置】对话框，选择【显示线宽】复选框，最后单击【确定】按钮，如图 5-23 所示。

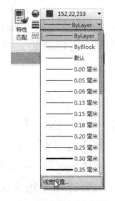

图 5-22 打开【线宽设置】对话框　　　　　　　图 5-23 显示线宽

3 在命令窗口中输入"LWDISPLAY"并按 Enter 键，接着输入变量为 1 打开线宽显示，输入变量为 0 即关闭线宽显示，如图 5-24 所示。

图 5-24　使用命名显示线宽

5.4.2　修改对象的线宽

修改对象线宽与修改对象颜色和线型的操作基本相同，同样可以通过 3 种方式进行修改：将对象重新指定给另一图层、修改对象所在图层的线宽，以及明确为对象指定线宽。

这 3 种方式详细说明如下。

（1）将对象重新指定给具有不同线宽的另一个图层。如果将对象的线宽设置为 ByLayer，并将该对象重新指定给了其他图层，则该对象将从新图层获得线宽。

（2）修改指定给该对象所在图层的线宽。如果对象的线宽设置为 ByLayer，则该对象将采用其所在图层的线宽。如果更改了指定给图层的线宽，则该图层上被指定为 ByLayer 线宽的所有对象都将自动更新。

（3）为对象指定一个线宽以替代图层的线宽，即明确指定每一个对象的线宽。如图 5-25 所示，通过【默认】选项卡【特性】面板的【线宽】列表框设置对象线宽。

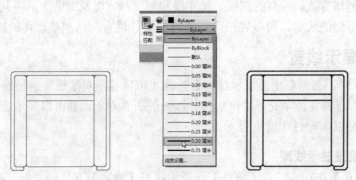

图 5-25　为对象指定线宽

5.5　加载与修改对象线型

线型是由沿图形显示的线、点和间隔（空格）组成的图样，而复杂线型则是由符号与点、横线、空格组合的图案。在绘制对象时，将对象设置为不同的线型，可以方便对象间的相互区分，而且使图形也易于观看。

5.5.1　加载更多线型

在进行绘图前，可以加载不同的线型，以便需要时使用。不过在加载线型到图形前，必须确定线型可以显示在图形中加载，或者存储在 LIN（线型定义）文件的线型列表中。其线型定义文件包括 acad.lin 和 acadiso.lin 两种。其中 acad.lin 线型定义文件用于英制测量系统的绘图；而 acadiso.lin 线型定义文件则用于公制测量系统的绘图。无论使用哪种线型定义文件，都包含若干个复杂线型。

⚙ 动手操作　加载线型

1 选择【默认】选项卡，在【特性】面板中打开【线型】下拉列表框，选择【其他】选项，如图 5-26 所示。

2 打开【线型管理器】对话框后，单击【加载】按钮，如图 5-27 所示。

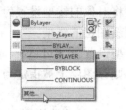

图 5-26 选择【其他】选项

图 5-27 加载线型

3 打开【加载或重载线型】对话框后，可以单击【文件】按钮，并通过【选择线型文件】对话框选择 acad.lin 或 acadiso.lin 线型定义文件，然后单击【打开】按钮，如图 5-28 所示。

图 5-28 选择线型文件

4 返回到【加载或重载线型】对话框中，选择需要加载的线型，然后单击【确定】按钮，如图 5-29 所示。

5 加载的线型将显示在【线型管理器】对话框上，单击【确定】按钮，如图 5-30 所示。

6 选择对象并打开【线型】下拉列表框，即可选择加载的线型作为当前线型，如图 5-31 所示。

图 5-29 选择要加载的线型

图 5-30 查看加载的线型

图 5-31 使用加载的线型

5.5.2 修改对象线型

修改对象线型与修改对象线宽操作基本相似，也可以使用 3 种方式来实现：将对象重新指定给不同线型的其他图层、修改指定给该对象所在图层的线型，以及给对象指定一个线型以替代当前的线型。

这 3 种方式详细说明如下。

- 将对象重新指定给具有不同线型的其他图层。如果将对象的线型设置为 ByLayer，并将该对象重新指定给了其他图层，则该对象将采用新图层的线型。
- 修改指定给该对象所在图层的线型。如果对象的线型设置为 ByLayer，则该对象将采用其图层的线型。如果更改了指定给图层的线型，则该图层上被指定为 ByLayer 线型的所有对象都将自动更新。
- 给对象指定一个线型以替代当前的线型，即明确指定每个对象的线型。如图 5-32 所示，将选定的对象指定加载的线型。

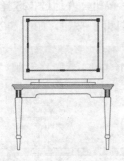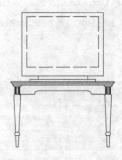

图 5-32 为选定对象修改线型

5.5.3 控制线型比例

在使用线型时，除了使用不同类型的线型外，还可以通过全局修改或单独修改每个对象的线型比例，不同的比例使用同一个线型。

默认情况下，AutoCAD 使用全局的和单独的线型比例为 1.0。比例越小，每个绘图单位中生成的重复图案就越多。例如，设置线型比例为 0.5 时，每一个图形单位在线型定义中显示重复两次的同一图案。

1. 修改选定对象的线型比例

动手操作 修改选定对象的线型比例

1 选择需要修改线型比例的对象。

2 按 Ctrl+1 快捷键，打开【特性】选项板。

3 在【常规】选项组的【线型比例】文本框中输入数值即可，如图 5-33 所示。

2. 全局修改线型比例

在设置线型比例时，可以更改选定对象的线型比例，也可以为新对象设置线型比例，更可以全局修改线型比例。通过全局修改线型比例，可以实现全局修改新建和现有对象的线型比例。

动手操作 全局修改线型比例

1 在【默认】选项卡的【特性】面板中打开【线型】下拉列表框，然后选择【其他】选项。打开【线型管理器】对话框后，选择要修改比例的线型，然后单击【显示细节】按钮。

2 当打开细节对话框后，在【全局比例因子】文本框中输入数值，最后单击【确定】按钮即可，如图 5-34 所示。

图 5-33 修改选定对象的线型比例

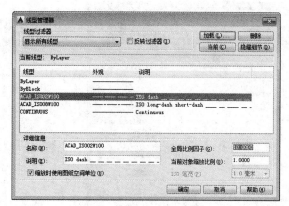

图 5-34 全局修改线型比例

5.6 为图形对象应用填充

在 AutoCAD 中，可以为图形对象填充图案和渐变色。除了可以选择程序预设的类型填充至图形外，还可以自定义填充图案和渐变色。

5.6.1 设置填充选项

1. 概述

AutoCAD 2015 提供了预定义、用户定义、自定义 3 种填充类型。另外，还提供了实体填充及 50 多种行业标准填充图案，并且提供了符合 ISO（国际标准化组织）标准的 14 种填充图案，以及可用于区分对象的部件或表示对象的材质。

（1）选择 ISO 图案时，可以指定笔宽，以决定图案中的线宽。

（2）选择填充类型与图案，可以定义要应用填充图案的外观。

2. 填充类型

- 用户定义：用户定义的图案基于图形中的当前线型。
- 自定义：自定义的图案是在任何自定义 PAT 文件中定义的图案，这些文件已添加到搜索路径中，可以控制任何图案的角度和比例。
- 预定义：预定义的图案则存储在产品附带的 acad.pat 或 acadiso.pat 文件中。

动手操作 设置填充选项

1 选择【默认】选项卡，在【绘图】面板中单击【图案填充】按钮，打开【图案填充创建】选项卡。

2 系统提示：拾取内部点或[选择对象(S)/放弃(U)/设置(T)]，此时在命令窗口中输入"T"并按 Enter 键，打开【图案填充和渐变色】对话框。

3 选择【图案填充】选项卡，然后打开【类型】下拉列表框，从【预定义】、【用户定义】和【自定义】3 种类型中选择 种填充类型，如图 5-35 所示。

4 选择填充类型后，可以在【图案】下拉列表框中选择可用的预定义图案，当选择图案后，可以在【样例】选项左侧预览填充的图案效果，如图 5-36 所示。

图 5-35　选择类型

图 5-36　选择预定义图案

5 单击【图案】选项右侧的 ⬚ 按钮，打开如图 5-37 所示的【填充图案选项板】对话框，在此可通过【ANSI】、【ISO】、【其他预定义】、【自定义】4 个选项卡选择填充图案。

 　　　　【ANSI】和【ISO】选项卡包含了所有 ANSI 和 ISO 标准的填充图案。【其他预定义】选项卡包含所有由其他应用程序提供的填充图案。【自定义】选项卡显示所有添加的自定义填充图案文件定义的图案样式。

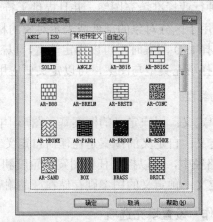

图 5-37　【填充图案选项板】对话框

6 当要使用用户定义的填充图案时，可以从【类型】下拉列表框中选择【用户定义】选项，如图 5-38 所示。

7 在【角度和比例】选项组中，通过【角度】与【间距】选项，自定义调整图案的角度与图案中直线间的距离。当选择【双向】复选框时，将同时使用与第一组直线垂直的另外一组平行线，如图 5-39 所示。

8 当完成设置后，单击【确定】按钮，关闭对话框即可。

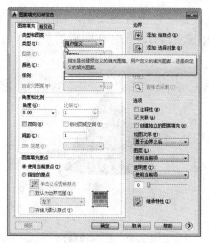
图 5-38 选择【用户定义】类型

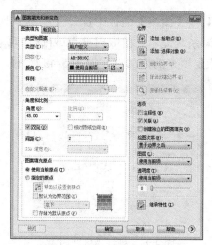
图 5-39 用户定义图案

5.6.2 通过拾取点填充图案

如果一个边界是由多个重叠的对象组合而成的，就必须用在边界内部取一点的方式来定义边界，从而实现为图形区域填充图案。使用【拾取点】功能填充的区域必须是构成完全封闭的区域。

动手操作 为茶几填充图案

1 打开光盘中的"..\Example\Ch05\5.6.2.dwg"练习文件，选择【默认】选项卡，在【绘图】面板中单击【图案填充】按钮，打开【图案填充创建】选项卡。

2 在【边界】选项组中单击【拾取点】按钮，如图 5-40 所示。

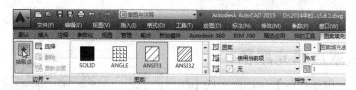
图 5-40 使用【拾取点】功能

3 在选项卡中的【特性】面板中选择图案填充类型为【图案】、图案填充颜色为【蓝色】，如图 5-41 所示。

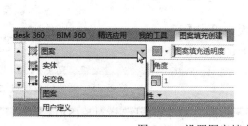

图 5-41 设置图案填充类型和颜色

4 在【图案】面板中打开【图案】列表框，然后选择一种预设的图案，如图 5-42 所示。

5 系统提示：拾取内部点或[选择对象(S)/放弃(U)/设置(T)]，此时在图形的茶几区域中单击，指定填充的内部点，如图 5-43 所示。

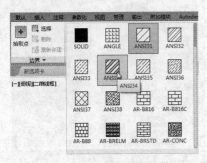

图 5-42　选择预设的图案

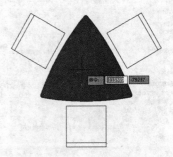

图 5-43　拾取内部点

6 按 Enter 键后，看到拾取的内部点一片蓝色，并没有出现图案。这是因为图案填充过密导致的，继续打开【图案填充创建】选项卡，先选择填充的图案，然后设置较大的【填充图案比例】，如图 5-44 所示。

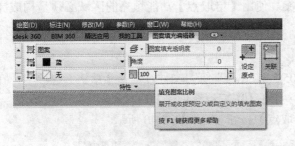

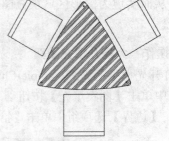

图 5-44　设置填充图案比例

5.6.3　通过拾取点填充颜色

使用【图案填充和渐变色】对话框中的【渐变色】选项卡，可以为图形对象填充单色或者双色，当选择【单色】单选按钮时，能够以目前设置的颜色配合白色，通过预设的渐变样式显示于【渐变色】选项卡内。在选择【双色】单选按钮时，则允许用户设置两种颜色来更改预设样式的颜色属性。此外，还可以将渐变颜色的方向设置为居中或自定义其他角度，如图 5-45 所示。

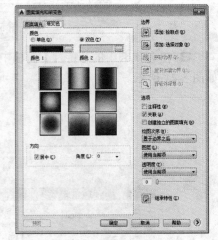

图 5-45　渐变色设置对话框

动手操作　通过拾取点填充颜色

1 选择【默认】选项卡，在【绘图】面板中单击【渐变色】按钮，打开【图案填充创建】选项卡，在选项卡中设置渐变的颜色，然后选择一种渐变图案，如图 5-46 所示。

2 单击【拾取点】按钮，此时系统提示：拾取内部点或[选择对象(S)/放弃(U)/设置(T)]，在需要填充的区域中单击，指定填充的内部点并按 Enter 键，如图 5-47 所示。

图 5-46　设置渐变色的属性

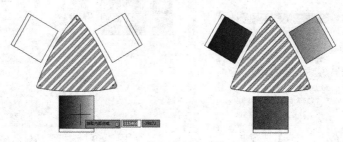

图 5-47　拾取内部点以填充色

5.6.4　应用孤岛的显示样式

所谓孤岛，就是指那些处于填充边界内的封闭对象或者文本对象。通过【图案填充和渐变色】对话框中的【孤岛】选项组可以控制孤岛的填充方式。

AutoCAD 中包含"普通"、"外部"和"忽略" 3 种填充孤岛的显示样式，如图 5-48 所示。"普通"、"外部"和"忽略" 3 种填充孤岛显示样式的说明如下。

- 普通：默认将从外部边界向内填充。如果填充过程中遇到内部边界，填充将关闭，直到遇到另一个边界为止。如果使用"普通"填充样式进行填充，将不填充孤岛，但是孤岛中的孤岛将被填充。
- 外部：从外部边界向内填充并在下一个边界处停止。
- 忽略：从最外层边界向内填充，忽略所有内部的孤岛，外层边界内的所有对象都被填充。

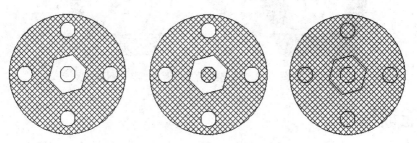

图 5-48　外部、普通和忽略孤岛显示样式的结果对比

动手操作　使用普通孤岛样式填充图形

1 打开光盘中的 "..\Example\Ch05\5.6.4.dwg" 文件，在【绘图】面板中单击【图案填充】按钮，打开【图案填充创建】选项卡，单击【选项】面板标题右侧的【图案填充设置】按钮，如图 5-49 所示。

2 打开【图案填充和渐变色】对话框后，单击【边界】选项组右下角的【更多选项】按钮，打开【孤岛】选项组。此时在【孤岛】选项组下选择【普通】单选按钮，再单击【确定】按钮，如图 5-50 所示。

3 在【图案填充创建】选项卡中设置图案填充类型、颜色、填充图案比例和图案，然后单击【拾取点】按钮，如图 5-51 所示。

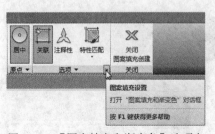

图 5-49 【图案填充和渐变色】选项卡

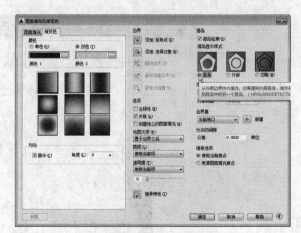

图 5-50 选择孤岛显示样式

图 5-51 设置填充的属性

4 系统提示：拾取内部点或[选择对象(S)/放弃(U)/设置(T)]，此时在需要填充的区域中单击，指定填充的内部点并按 Enter 键，接着设置填充图案比例为 3，如图 5-52 所示。

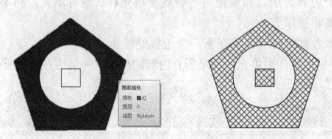

图 5-52 填充图案并设置比例

5.7 技能训练

下面通过多个上机练习实例，巩固所学技能。

5.7.1 上机练习 1：设置沙发图形的特性

本例通过【默认】选项卡的【特性】面板，对沙发外边缘多段线进行加宽处理，然后分别修改沙发内座缝线对象的颜色和线型。

🖉 操作步骤

1 打开光盘中的 "..\Example\Ch05\5.7.1.dwg" 练习文件，选择【默认】选项卡，在【特性】面板中打开【线宽】下拉列表框，选择【线宽设置】选项，如图 5-53 所示。

2 打开【线宽设置】对话框，选择【显示线宽】复选框，单击【确定】按钮，如图 5-54 所示。

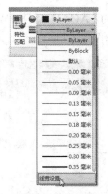

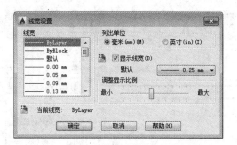

图 5-53　选择【线宽设置】选项　　　　　　　　图 5-54　设置显示线宽

3 使用鼠标连续单击选择沙发边缘的多段线对象，然后在【默认】选项卡的【特性】面板中打开【线宽】下拉列表框并选择一种线宽，如图 5-55 所示。

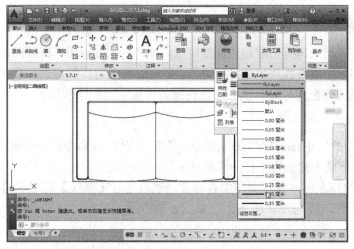

图 5-55　设置选定线条的线宽

4 选择沙发图形内座上的两条缝线，然后更改线条的颜色为红色，如图 5-56 所示。

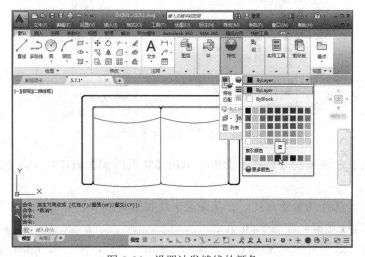

图 5-56　设置沙发缝线的颜色

5 继续选择沙发图形内座上的两条缝线，更改线条的线型为【ACAD_ISO02W100】虚线，然后通过【线型管理器】对话框更改线型全局比例因子为 5，如图 5-57 所示。

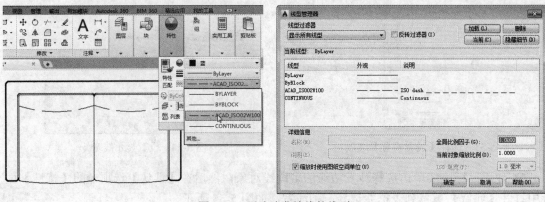

图 5-57　更改沙发缝线的线型

5.7.2　上机练习 2：通过匹配快速设置特性

在默认状态下，对象所有可应用的特性可以匹配（复制并应用）到目标对象上。在复制特性过程中，如果不想某些特性应用到目标对象，则可以在应用特性前进行设置，以禁止匹配某些特性。本例将通过匹配对象特性的方法，快速为图形应用相同的特性。

操作步骤

1 打开光盘中的"..\Example\Ch05\5.7.2.dwg"练习文件，在命令窗口中输入"LWDISPLAY"并按 Enter 键，接着输入变量为 1 打开线宽显示。

2 选择文件窗口左侧沙发正面图组合对象，然后通过【默认】选项卡的【特性】面板设置对象的颜色为洋红、线宽为 0.20 毫米，如图 5-58 所示。

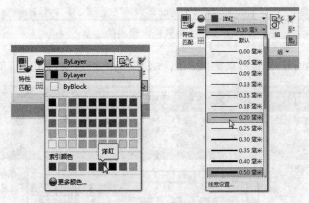

图 5-58　设置对象的颜色和线宽

3 在【默认】选项卡的【特性】面板中单击【特性匹配】按钮　（命令：matchprop），如图 5-59 所示。

4 系统提示：选择源对象，此时在绘图区上选择要复制其特性的对象，即可选择左侧沙发正面图的任意直线对象，如图 5-60 所示。

5 系统提示：选择目标对象或[设置(S)]，此时输入"S"，然后按 Enter 键打开【特性设置】对话框，接着取消选择【颜色】复选框，设置不复制源对象的颜色，如图 5-61 所示。

图 5-59　单击【特性匹配】按钮

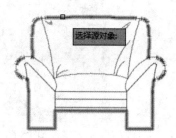

图 5-60　选择源对象

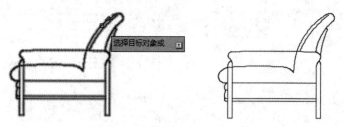

图 5-61　设置特性匹配选项

6 设置完成后，单击【确定】按钮，然后在文件窗口上选择沙发侧面图组合对象作为匹配特性的对象，按 Enter 键即可，如图 5-62 所示。

图 5-62　将特性匹配到目标对象

5.7.3　上机练习 3：利用图层修改办公台特性

使用图层特性管理器不仅可以查看对象的特性，还可以修改对象特性。本例将通过【图层特性管理】选项板，显示办公台图形对象，然后分别修改办公台图形的颜色和线宽。

操作步骤

1 打开光盘中的 "..\Example\Ch05\5.7.3.dwg" 练习文件，在【默认】选项卡的【图层】面板中单击【图层特性】按钮。

2 打开【图层特性管理器】选项板后，选择图层为【办公台】，然后单击按钮，打开图层显示，如图 5-63 所示。

3 选择图层后，双击【办公台】图层在【颜色】列的项目，打开【选择颜色】对话框后，选择蓝色，单击【确定】按钮，如图 5-64 所示。

图 5-63　打开【办公台】图层显示

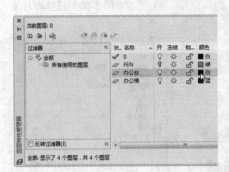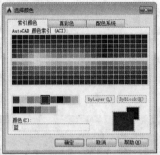

图 5-64　设置【办公台】图层的颜色

4 双击【办公台】图层的【线宽】项目，打开【线宽】对话框后，选择一种线宽并单击【确定】按钮，如图 5-65 所示。

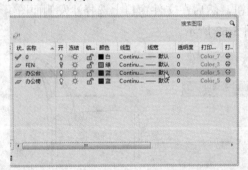

图 5-65　设置【办公台】图层的线宽

5 在【特性】面板中打开【线宽】下拉列表框，选择【线宽设置】选项，然后在【线宽设置】对话框中选择【显示线宽】复选框，接着单击【确定】按钮，返回文件窗口查看结果，如图 5-66 所示。

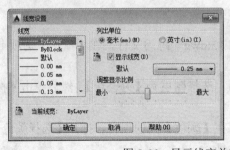

图 5-66　显示线宽并查看结果

5.7.4 上机练习 4：通过填充图案美化办公台

本例先设置孤岛显示样式，然后通过【图案填充创建】选项卡选择图案和图案颜色，接着通过拾取点的方式填充办公台图形，最后适当设置图案填充比例。

操作步骤

1 打开光盘中的"..\Example\Ch05\5.7.4.dwg"练习文件，在【绘图】面板中单击【图案填充】按钮，打开【图案填充创建】选项卡。

2 单击【选项】面板标题右侧的【图案填充设置】按钮，打开【图案填充和渐变色】对话框后，单击【边界】选项组右下角的【更多选项】按钮，然后选择【外部】单选按钮，接着单击【确定】按钮，如图 5-67 所示。

3 在【图案填充创建】选项卡的【图案】面板中打开【图案】列表框，然后选择一种预设的图案，如图 5-68 所示。

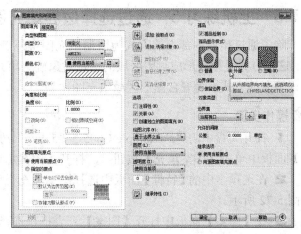

图 5-67　设置孤岛显示样式

4 在【图案填充创建】选项卡的【特性】面板中选择图案填充类型为【图案】，然后选择一种图案填充颜色，如图 5-69 所示

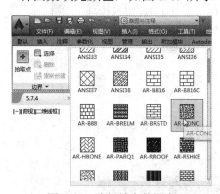
图 5-68　选择填充的图案

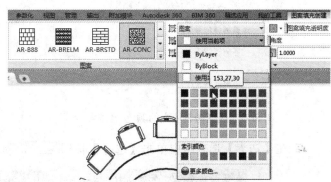
图 5-69　设置图案填充颜色

5 在【边界】选项组中单击【拾取点】按钮，系统提示：拾取内部点或[选择对象(S)/放弃(U)/设置(T)]，此时在办公台区域中单击，执行填充图案，最后按 Enter 键结束，如图 5-70 所示。

6 选择填充的图案，在【图案填充编辑器】选项卡中设置图案填充比例为 0.02，如图 5-71 所示。

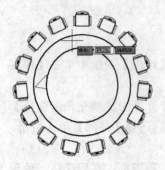

图 5-70　为办公台填充图案　　　　　　　　图 5-71　设置图案填充比例并查看结果

5.7.5　上机练习 5：通过选择边界填充图案

除了通过拾取内部点的方式为图形填充图案外，还可以通过选择边界对象的方式填充图案。这种方式是根据形成封闭区域的选定对象确定填充图案的边界。本例将通过选择边界对象执行填充的方式，为餐台图形区域填充图案。

操作步骤

1 打开光盘中的 "..\Example\Ch05\5.7.5.dwg" 练习文件，选择【默认】选项卡，在【绘图】面板中单击【图案填充】按钮，打开【图案填充创建】选项卡。

2 在选项卡中的【特性】面板中选择图案填充类型为【图案】，然后选择图案填充的颜色，如图 5-72 所示。

3 在【图案】面板中打开【图案】列表框，选择一种预设的图案，如图 5-73 所示。

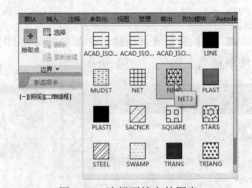

图 5-72　选择图案填充的颜色　　　　　　　　图 5-73　选择要填充的图案

4 在【边界】选项组中单击【选择】按钮，如图 5-74 所示。

图 5-74　单击【选择】按钮

5 系统提示：选择对象或[拾取内部点(K)/放弃(U)/设置(T)]，选择形成餐台图形的边界对象执行填充并按 Enter 键，如图 5-75 所示。

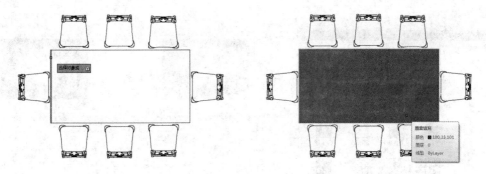

图 5-75　选择边界对象并执行填充

6 此时选择图案对象，然后设置【填充图案比例】为 50，如图 5-76 所示。

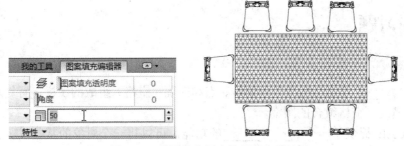

图 5-76　设置填充图案比例并查看结果

5.7.6　上机练习 6：为电脑屏幕填充渐变颜色

本例将通过拾取图形内部点的方式，为电脑显示器屏幕填充渐变颜色。

操作步骤

1 打开光盘中的 "..\Example\Ch05\5.7.6.dwg" 练习文件，选择【默认】选项卡，在【绘图】面板中选择【渐变色】选项，打开【图案填充创建】选项卡，如图 5-77 所示。

2 在【图案填充创建】选项卡的【特性】面板中设置【渐变 1】和【渐变 2】的颜色，如图 5-78 所示。

图 5-77　打开【图案填充创建】选项卡

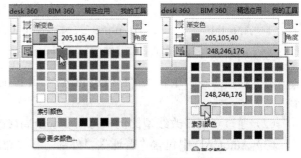

图 5-78　设置两种渐变颜色

3 在【图案填充创建】选项卡的【图案】面板中选择一种渐变图案，如图 5-79 所示。

4 单击【拾取点】按钮 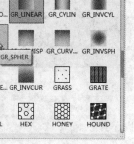，此时系统提示：拾取内部点或[选择对象(S)/放弃(U)/设置(T)]，此时在显示屏幕区域中单击，指定填充的内部点并按 Enter 键，完成渐变色的填充，如图 5-80 所示。

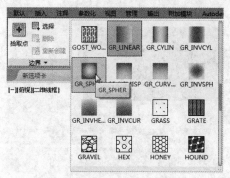

图 5-79　选择一种渐变图案　　　　　　　　　图 5-80　填充渐变色并查看结果

5.8　评测习题

一、填空题

（1）_____是由沿图线显示的线、点和间隔（空格）组成的图样，而复杂线型则是由符号与点、横线、空格组合的图案。

（2）AutoCAD 提供了一个_____的功能，可以将一个对象的某些或所有特性复制到其他对象上。

（3）_____用于按功能在图形中组织信息以及执行线宽、颜色及其他标准。

二、选择题

（1）在每个图形中都必须有一个什么图层，而且不能删除或重命名？　　　　　　（　　）
　　A. 固定　　　　　　　B. 1　　　　　　　　C. 0　　　　　　　　D. 动态

（2）在命令行中输入哪个命令，可以查看选择对象的信息？　　　　　　　　　　（　　）
　　A. lister　　　　　　B. list　　　　　　　C. info　　　　　　　D. pro

（3）按以下哪个快捷键，可以打开【特性】选项板？　　　　　　　　　　　　　（　　）
　　A. Ctrl+1　　　　　　B. Ctrl+F　　　　　　C. Ctrl+Shift+1　　　D. Ctrl+Alt+1

（4）执行以下哪个命令可以执行【特性匹配】功能？　　　　　　　　　　　　　（　　）
　　A. ortho　　　　　　B. pline　　　　　　　C. polarSnap　　　　D. matchprop

三、判断题

（1）在命令窗口中输入"LWDISPLAY"并按 Enter 键，接着输入变量为 0 即打开线宽显示。　　　　　　　　　　　　　　　　　　　　　　　　　　　　　　　　　　　（　　）

（2）通过全局修改线型比例，可以实现全局修改新建和现有对象的线型比例。　　（　　）

（3）AutoCAD 中包含"普通"、"外部"和"忽略"3 种填充孤岛的显示样式。　　（　　）

四、操作题

将练习文件中洗衣机图形的线条更改为洋红色，然后为图形填充红色的 图案，结果如

图 5-81 所示。

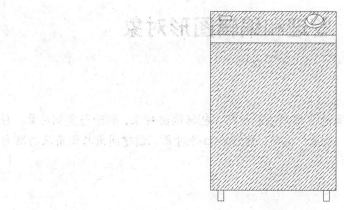

图 5-81　操作题的结果

提示

（1）打开光盘中的 "..\Example\Ch05\5.8.dwg" 练习文件，拖动鼠标选择到洗衣机图形的所有线条。

（2）更改线条的颜色为洋红色。

（3）选择【默认】选项卡，在【绘图】面板中单击【图案填充】按钮，打开【图案填充创建】选项卡。

（4）在选项卡的【特性】面板中选择图案填充类型为【图案】、填充颜色为红色。

（5）在【图案】面板中打开【图案】列表框，选择 图案。

（6）在【边界】选项组中单击【拾取点】按钮，系统提示：拾取内部点或[选择对象(S)/放弃(U)/设置(T)]，此时在需要填充的区域中单击，指定填充的内部点并按 Enter 键。

（7）选择填充图案，并设置图案比例为 100。

第 6 章　管理和编辑图形对象

学习目标

本章将介绍管理对象和编辑对象的多种方法和技巧，包括编组对象、删除与复制对象，移动与旋转对象，使用夹点编辑对象，镜像、偏移、修剪和拉伸对象，创建圆角与倒角及打断与合并对象等操作。

学习重点

☑ 编组、删除与复制对象

☑ 移动、缩放与旋转对象

☑ 使用夹点模式编辑对象

☑ 镜像、偏移、修剪与拉伸对象

☑ 创建对象的圆角与倒角效果

☑ 打断、合并对象

6.1　编组、复制与删除对象

在 AutoCAD 的对象管理中，编组对象、复制与删除对象是常见的操作，下面将分别介绍这些管理对象的具体操作方法。

6.1.1　创建编组

编组对象是指保存的对象集，可以根据需要同时选择和编辑这些对象，也可以分别进行。编组提供了以组为单位操作图形元素的简单方法。

创建编组时，可以为编组指定名称并添加说明。如果选择某个可选编组中的一个成员并将其包含到一个新编组中，那么该编组中的所有成员都将包含在新编组中。

🐾 动手操作　创建沙发图形编组

1 打开光盘中的 "..\Example\Ch06\6.1.1.dwg" 练习文件，在【默认】选项卡的【组】面板上单击【编组管理器】按钮 器 编组管理器，打开【编组管理器】对话框，如图 6-1 所示。

2 在【编组名】文本框中输入编组名，如 "G1"，然后在【说明】文本框中输入添加说明，如 "横排沙发"，如图 6-2 所示。

3 在【创建编组】选项组中单击【新建】按钮，此时对话框将会暂时关闭，在文件窗口中选择需要编组的对象，如图 6-3 所示。

4 在图形中单击右键，即可结束选择操作并返回到【对象编组】对话框，此时在【编组名】列表框中可以显示刚才创建的编组，如图 6-4 所示。

图 6-1　打开【编组管理器】

图 6-2 新建编组

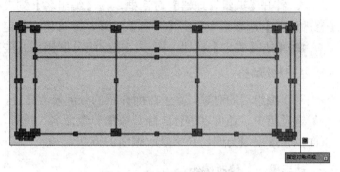

图 6-3 选择要编组的对象

5 单击【确定】按钮，完成创建编组操作并关闭【对象编组】对话框。

> 如果已经有编组，则会在【编组名】列表框中列出，如果选中【包含未命名的】复选框，可以隐藏未命名的编组。另外，如果复制编组，副本将被指定默认名"Ax"，并认为是未命名。

图 6-4 创建编组后的对话框

6.1.2 管理编组

1. 选择编组的单个对象

当图形被编组后，选择任一单独的图形都会将整个编组选择。如果需要在编组后的对象中进行编组前的单个对象选择，可以按 **Ctrl+Shift+A** 键，命令窗口将提示"命令: <编组 关>"。此时单击选择任一个对象，即可以亮显方式显示被选中的对象，如图 6-5 所示。

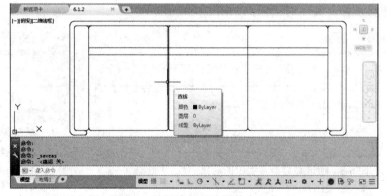

图 6-5 关闭编组并选择单个对象

2. 分解编组

如果想解除编组成员的组合，可以通过【对象编组】对话框进行分解处理。

动手操作　分解编组

1 打开【编组管理器】对话框，在【编组名】列表框中选择要删除的编组选项，然后在【修改编组】选项组中单击【分解】按钮，即可将编组定义删除，如图 6-6 所示。

2 单击【确定】按钮，即可完成编组分解操作并关闭对话框。

3. 修改编组

对于编组后的对象，除了前面介绍的分解修改之外，在【对象编组】对话框中的【修改编组】选项组中，还可以进行删除、添加、重命名、重排、说明、分解和可选择的等修改操作。下面以重排编组为例，介绍修改编组的方法。

动手操作　修改编组

1 在命令窗口中输入"classicgroup"命令并按 Enter 键，打开【对象编组】对话框。在【修改编组】选项组中单击【重排】按钮，打开【编组排序】对话框，如图 6-7 所示。

 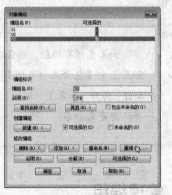

图 6-6　分解选定的编组　　　　　　　　　　图 6-7　重排编组

2 在【编组名】列表框中选择要重排的编组，查看该组的当前次序，然后单击【亮显】按钮，打开如图 6-8 所示的【对象编组】对话框并显示当前正在编辑的图形。此时可通过单击【上一组】与【下一组】按钮查看对象的信息，完毕后单击【确定】按钮，即可关闭对话框。

3 在【对象数目】文本框中输入对象数目或者重排的编号范围，然后单击【重排序】按钮，即可完成重排操作并关闭对话框，如图 6-9 所示。

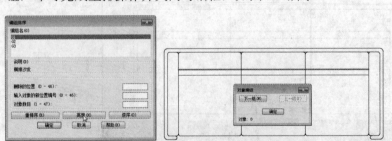 

图 6-8　通过亮显查看编组的对象　　　　　　图 6-9　重排序编组

6.1.3　复制对象

使用【复制】命令可以创建出与原有对象相同的图形。通过"复制"功能可以同时创建出多个副本，执行命令并选择对象后，只要指定位移的基点与位移的矢量（即相对于基点的方向与大小），就可创建出多个对象副本。在指定基点与位移点时，通常可以使用"对象捕捉"与"对象捕捉追踪"模式加以配合，以便精确、快捷地定位。

动手操作　通过复制创建图形副本

1 打开光盘中的"..\Example\Ch06\6.1.3.dwg"练习文件，在【默认】选项卡的【修改】面板中单击【复制】按钮。

2 系统提示：选择对象，选择如图 6-10 所示的枕头对象，并单击右键确定选择。

3 系统提示：指定基点或[位移(D)/模式(O)] <位移>，指定图形左上角直线的正交点为基点，如图 6-11 所示。

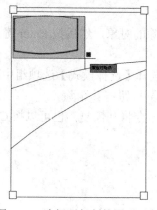

图 6-10　选择要复制的图形对象

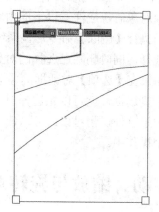

图 6-11　指定复制对象的基点

4 拖动鼠标选择目标位置并单击鼠标，执行复制对象的操作，如图 6-12 所示。

5 系统提示：指定第二个点或[退出(E)/放弃(U)]<退出>，直接按 Enter 键确定，即可复制出选定的图形了，如图 6-13 所示。

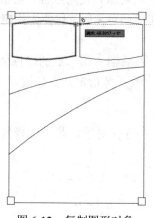

图 6-12　复制图形对象

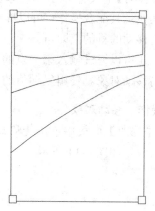

图 6-13　复制图形对象的结果

6.1.4　删除对象

在 AutoCAD 2015 中，删除对象的方法有很多种，通过菜单栏、工具栏、按快捷键或者输入命令都可执行删除操作。

执行删除命令的方法如下。

（1）菜单：选择【编辑】|【删除】菜单命令。

（2）键盘：选择对象后，按下 Delete 键。

（3）功能区：在【默认】选项卡的【修改】面板中单击【删除】按钮 。

（4）命令：在命令窗口中输入 "erase"。

执行删除后，可以通过选择不同方法来删除对象。

（1）输入 "L" 并按 Enter 键，可以删除绘制的上一个对象。

（2）输入 "P" 并按 Enter 键，可以删除上一个选择集。

（3）输入 "all"，可以从图形中删除所有对象。

（4）输入 "？"，可以查看所有选择方法列表。

在删除对象时，应注意以下的内容：

（1）当执行【删除】命令后，系统都会提示选择要删除的对象，然后按 Enter 键或空格键结束对象选择，同时删除已选择的对象。

（2）如果在【选项】对话框的【选择集】选项卡下，选择【选择模式】选项组中的【先选择后执行】复选框，就可以先选择对象，然后单击【删除】按钮将其删除。

（3）如果意外误删对象，可以使用 undo 命令或 oops 命令将其恢复，也可以按 Ctrl+Z 键，回到上一个操作中。

6.2 移动、缩放与旋转对象

在绘图过程中，通常需要改变图形的位置与大小。通过【移动】、【旋转】和【缩放】功能即可精确、便捷地进行位置与大小调整等变换对象操作。

6.2.1 移动对象

使用【移动】命令可以从原对象以指定的角度和方向移动对象，使用坐标、栅格捕捉、对象捕捉和其他工具配合操作，可以提高移动对象的精度。在移动对象时，只要先指定移动的基点，再指定移动的目的点即可。

另外，还可以通过输入第一点的坐标值并按 Enter 键，然后输入第二点的坐标值的方式，以相对距离移动对象。使用坐标值的方法只能用相对位移，而不是指定基点位置。

动手操作　移动对象

1 在【修改】面板中单击【移动】按钮 ，系统提示：选择对象，此时选择要移动的对象并单击右键，如图 6-14 所示。

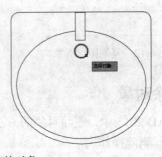

图 6-14　选择要移动的对象

2 系统提示：指定基点或[位移(D)] <位移>，此时在选定对象的中心上单击指定为基点，如图 6-15 所示。

3 系统提示：指定第二个点或<使用第一个点作为位移>，此时将对象往下方拖动，然后在合适的位置上单击，以移动选定的对象，如图 6-16 所示。

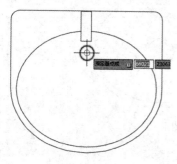
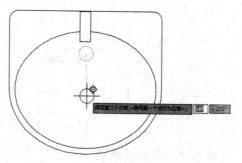

图 6-15　指定基点　　　　　　　　　　　图 6-16　移动对象

在移动对象中输入相对坐标时，无需像通常情况下那样包含"@"标记，因为相对坐标是假设的。另外，在要按指定距离复制对象时，可以在"正交"与"极轴追踪"模式打开的同时使用直接距离输入。

6.2.2　缩放对象

使用【缩放】命令，可以在保持对象比例的前提下，使对象变得更大或者更小。在缩放过程中，除了可以输入准确数值外，还可以使用参照距离来进行缩放操作。

1. 使用比例因子缩放对象

通过【缩放】（scale）命令，可以将对象按统一比例放大或缩小。缩放对象时，只要指定基点和比例因子即可。当比例因子大于 1 时将放大对象；比例因子介于 0 和 1 之间时将缩小对象。另外，根据当前图形单位，还可以指定要用作比例因子的长度。

动手操作　使用比例因子缩放对象

1 在【修改】面板中单击【缩放】按钮 ，然后选择要缩放的对象，系统提示：指定基点，此时可以在选定图形对象的中心处单击，作为缩放基点，如图 6-17 所示。

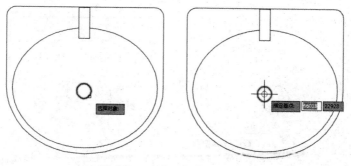

图 6-17　选定对象并指定基点

2 系统提示：指定比例因子或[复制(C)/参照(R)]，此时输入比例因子为2，按 Enter 键后即可将图形放大2倍，如图 6-18 所示。

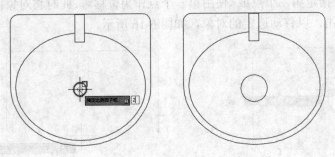

图 6-18　输入比例因子并放大图形

2. 使用参照距离缩放对象

在指定缩放基点后，可以选择【参照】选项进行缩放。指定基点后，可以通过指定两个点作为参照点，然后通过拖动光标或输入数值的方法来等比例缩放对象。

动手操作　使用参照距离缩放对象

1 执行【缩放】命令后指定缩放对象的基点。系统提示：指定比例因子或[复制(C)/参照(R)]，此时在命令窗口中选择【参照】选项，如图 6-19 所示。

2 系统提示：指定参照长度，此时可以在文件窗口中捕捉节点设置参照长度，也可以直接输入参照长度的数值，输入参照长度为2，如图 6-20 所示。

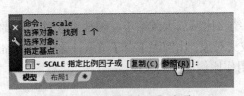

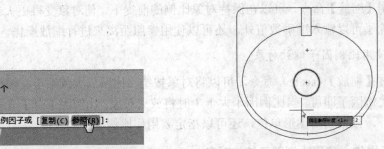

图 6-19　选择【参照】选项　　　　　　　　　　　图 6-20　设置参照长度

3 系统提示：指定新的长度或[点(P)]，此时可以拖动光标参照先前指定的参照点，进行任意的缩放操作，也可以输入数值表示要缩放的距离，如图 6-21 所示。

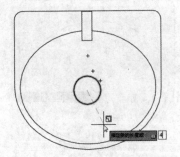
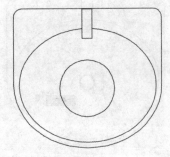

图 6-21　指定新的长度以完成缩放操作

6.2.3 旋转对象

使用【旋转】功能可以绕指定基点旋转图形中的对象。在旋转操作中，可以通过输入角度或者使用光标进行拖动，也可以指定参照角度的方式去旋转对象。

1. 按指定角度旋转对象

这种方式可以通过输入 0°～360° 的旋转角度值来确定对象的旋转效果，还可以按弧度、百分度或勘测方向输入值。

在旋转时必须弄清角度的正负性质。执行"units"命令，打开如图 6-22 所示的【图形单位】对话框，若选择【角度】选项组下的【顺时针】复选框，即可以顺时针旋转为正角度；若取消选择时，则可以逆时针旋转为正值。

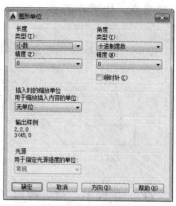

图 6-22 【图形单位】对话框

动手操作　按指定角度旋转对象

1 在【修改】面板中单击【旋转】按钮○，然后选择旋转对象并单击右键确定对象。系统提示：指定基点，此时在图形上单击指定旋转基点，如图 6-23 所示。

2 系统提示：指定旋转角度或[复制(C)/参照(R)]，此时输入旋转角度，或者拖动鼠标旋转对象并单击执行旋转，如图 6-24 所示。

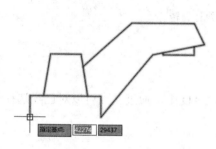

图 6-23 指定旋转基点

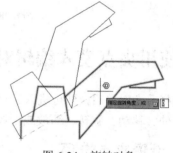

图 6-24 旋转对象

2. 使用【参照】选项旋转对象

使用【参照】选项也可以旋转对象，使其与绝对角度对齐。在绘图过程中，此方法比直接输入角度旋转对象更容易达到预期效果。

动手操作　使用【参照】选项旋转对象

1 执行【旋转】命令后选择要旋转的对象，然后指定旋转基点，如图 6-25 所示。

2 系统提示：指定旋转角度或[复制(C)/参照(R)]，此时在命令窗口中单击【参照】选项，如图 6-26 所示。

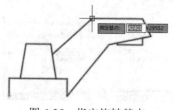

图 6-25 指定旋转基点

图 6-26 单击【参照】选项

❸ 系统提示：指定参照角，此时启用【端点】捕捉模式，捕捉图形上两个端点，以其作为参照点，如图 6-27 所示。

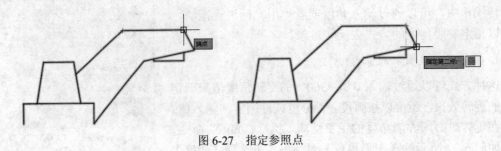

图 6-27　指定参照点

❹ 系统提示：指定新角度或[点(P)]，此时输入预期的旋转角度，输入"90"并按 Enter键，即可得到如图 6-28 所示的旋转结果。

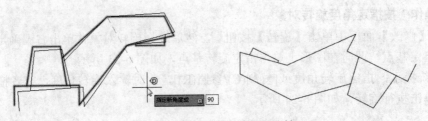

图 6-28　输入新角度并执行旋转

6.3　使用夹点模式编辑对象

当选择一个对象后，即可进入夹点模式，在 AutoCAD 中，通过夹点可以对已经选择的对象进行拉伸、移动、旋转、缩放或镜像操作。

6.3.1　设置夹点选项

单击【菜单浏览器】按钮▲，再单击【选项】按钮打开【选项】对话框，在【选项】对话框的【选择集】选项卡下，可以通过【夹点】选项组设置夹点颜色与启用选项，单击【夹点颜色】按钮，可以打开【夹点颜色】对话框设置夹点在各个状态下的颜色，如图 6-29 所示。

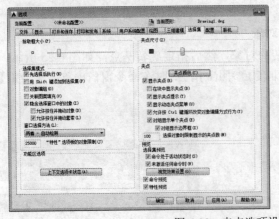
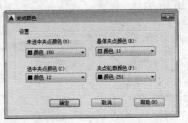

图 6-29　夹点选项设置

6.3.2　使用夹点模式编辑

1. 关于夹点编辑模式

在选择对象的状态下使用夹点进行编辑操作，称为夹点模式。夹点是一些实心的小方框，在夹点模式下指定对象时，对象关键点（如圆心、中点和端点等特征点）上将出现夹点。拖动这些夹点即可快速进行拉伸、移动、旋转、缩放或镜像对象等编辑操作。

夹点打开后，可以在输入命令之前选择要操作的对象，然后使用定点设备操作这些对象。如图 6-30 所示即是不同对象显示的夹点。

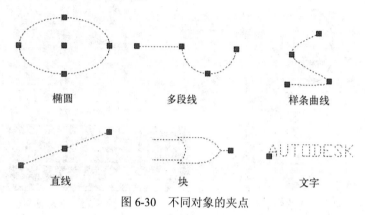

椭圆　　　　　　　多段线　　　　　　　样条曲线

直线　　　　　　　　块　　　　　　　　文字

图 6-30　不同对象的夹点

2. 使用夹点模式

要使用夹点模式，首先需要选择作为操作基点的夹点，即基准夹点（选定的夹点也称为热夹点），接着选择一种夹点模式，通过按 Enter 键或空格键可以循环选择这些模式，还可以使用快捷键或单击右键查看所有模式和选项。

可以使用多个夹点作为操作的基夹点，当选择多个夹点（也称为多个热夹点选择）时，选定夹点间对象的形状将保持原样。要选择多个夹点，需按住 Shift 键，然后选择适当的夹点。

3. 常用的夹点模式

（1）使用夹点拉伸：可以通过将选定夹点移动到新位置来拉伸对象，但对于文字、块参照、直线中点、圆心和点对象上的夹点，对其进行操作时是移动对象而不是拉伸它。夹点拉伸是移动块参照和调整标注的好方法。

（2）使用夹点移动：可以通过选定的夹点移动对象。选定的对象会产生亮显，并按指定的下一点位置，通过一定的方向和距离进行移动。

（3）使用夹点旋转：可以通过拖动和指定点位置来绕基点旋转选定对象，还可以输入角度值进行准确旋转，此方法通常用于旋转块参照。

（4）使用夹点缩放：可以相对于基点缩放选定对象，通过从基夹点向外拖动并指定点位置来增大对象尺寸，或通过向内拖动减小尺寸，也可以为相对缩放输入一个值，进行准确的缩放操作。

（5）使用夹点创建镜像：可以沿临时镜像线为选定对象创建镜像，在操作过程中打开正交模式有助于指定垂直或水平的镜像线。

在夹点模式下使用【旋转】命令可以旋转选定对象，并将其副本放置在定点设备指定的某一位置。

动手操作 使用【旋转】命令创建副本

1 打开光盘中的 "..\Example\Ch06\6.3.2.dwg" 练习文件，选择文件中的椭圆形，然后单击下方夹点，将其指定为基点，接着单击右键，在打开的快捷菜单中选择【旋转】命令，如图 6-31 所示。

2 系统提示：指定旋转角度或[基点(B)/复制(C)/放弃(U)/参照(R)/退出(X)]，此时输入 "C" 并按 Enter 键，或者单击命令窗口的【复制】选项，以设置旋转并多重复制指定的对象，如图 6-32 所示。

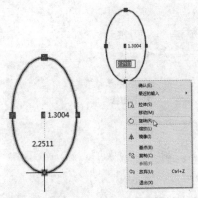

图 6-31　执行夹点模式的【旋转】命令

图 6-32　指定复制选项

3 系统提示：[旋转(多重)]指定旋转角度或[基点(B)/复制(C)/放弃(U)/参照(R)/退出(X)]，接着输入角度为 "90"，并按 Enter 键，将指定的椭圆根据基点复制并旋转 90°，如图 6-33 所示。

4 由于前面选择了多重复制选项，所以继续在命令提示下输入 "180"、"270" 并分别按 Enter 键，表示根据输入的旋转角度，再复制两个椭圆，最后按 Enter 键结束旋转操作，结果如图 6-34 所示。

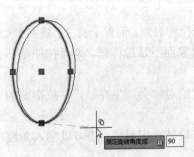

图 6-33　输入旋转角度

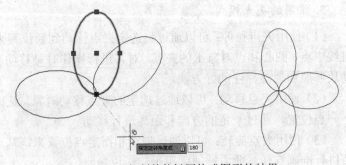

图 6-34　复制其他椭圆构成图形的结果

6.4　镜像与偏移对象

在绘图时，通常需要创建多个相同的副本。其中包括翻转复制、按一定距离复制或者按一定的行距、列距、角度等参数复制。为此，AutoCAD 提供了【镜像】、【偏移】命令，以便快速准确地创建出对象副本，从而提高绘图效率。

6.4.1　镜像对象

【镜像】命令可以绕指定轴翻转对象创建对称的镜像图像。由于可以快速地绘制半个对象，并将其镜像复制，而不需绘制整个对象，所以大大提高了绘图效率与准确性。

绕轴（镜像线）翻转对象创建镜像图像时，必须先指定临时镜像线，然后输入两点，接着可以选择是删除源对象还是保留源对象。另外，在指定镜像时，使用"正交"与"对象捕捉"配合操作，可以快速方便地指定镜像线。

动手操作　镜像对象

1 在【修改】面板中单击【镜像】按钮，然后选择要镜像的对象，如图 6-35 所示。系统提示：指定镜像线的第一点，此时分别捕捉镜像线的上端点与下端点，通过两点指定镜像线，如图 6-36 所示。

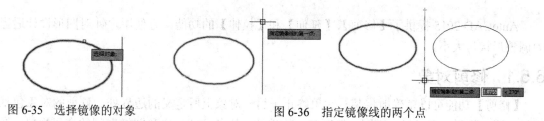

图 6-35　选择镜像的对象　　　　　　图 6-36　指定镜像线的两个点

2 系统提示：要删除源对象吗？[是(Y)/否(N)] <N>，如果直接按 Enter 键，则镜像复制对象，并保留原来的对象；如果输入"Y"，则在镜像复制对象的同时删除源对象。如图 6-37 所示为按 Enter 键的镜像结果。

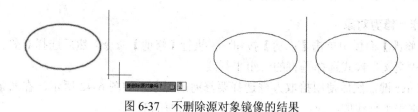

图 6-37　不删除源对象镜像的结果

6.4.2　偏移对象

【偏移】命令用于创建造型与选定对象造型平行的新对象。该功能可作用于直线、圆弧、椭圆、椭圆弧、多段线、构造线与样条曲线，其中偏移圆或圆弧等曲线对象，可以创建更大或更小的圆或圆弧，其结果取决于向哪一侧偏移。

动手操作　偏移对象

1 在【修改】面板中单击【偏移】按钮。系统提示：指定偏移距离或[通过(T)/删除(E)/图层(L)]，此时输入偏移的距离，输入"10"并按 Enter 键（也可以使用鼠标通过两点来确定一个距离）。

2 系统提示：选择要偏移的对象或[退出(E)/放弃(U)] <退出>，此时单击图形中的矩形，指定其为偏移的对象，如图 6-38 所示。

3 系统提示：指定要偏移的那一侧上的点或[退出(E)/多个(M)/放弃(U)] <退出>，此时在选择的对象内单击，确定偏移的方向，如图 6-39 所示。最后按 Enter 键复制偏移的对象，并退出偏移命令，得到如图 6-40 所示的结果。

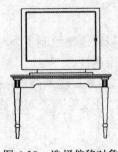

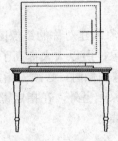

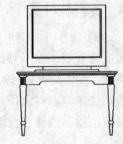

图 6-38　选择偏移对象　　　　图 6-39　指定偏移方向　　　　图 6-40　偏移 10 个单位的结果

6.5　修剪、延伸与拉伸对象

AutoCAD 2015 提供了【修剪】、【延伸】和【拉伸】的功能，方便用户针对图形设计适当的调整形状与大小。

6.5.1　修剪对象

【修剪】功能可以精确地将某一对象终止于另一对象上所定义的边界处。修剪的对象包括直线、圆、圆弧、多段线、椭圆、椭圆弧、构造线、样条曲线、块和图纸空间的布局视口。在编辑图形的过程中，通常会以直线作为辅助线，然后使用【修剪】命令对其进行修改，得到符合需求的新图形。在绘制墙壁线条时，可以通过【修剪】命令将一些交接处打通，对于一些地图上的交通路口，也可以使用此方法进行修改。

動手操作　修剪对象

1 在【修改】面板中单击【修剪】按钮，执行【修剪】命令，然后选择对象。如图 6-41 所示，使用"交叉"模式选择垂直的一组平行线。

2 按 Enter 键，然后使用拾取方框选择要修剪的对象。如图 6-42 所示，在两条垂直平行线之内单击水平平行线的线段，以选定该直线为要修剪的对象。

3 修剪后按 Enter 键退出【修剪】命令，结果如图 6-43 所示。

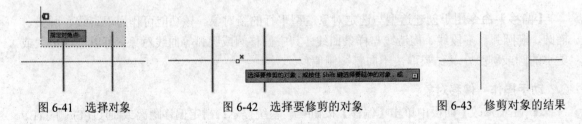

图 6-41　选择对象　　　　图 6-42　选择要修剪的对象　　　　图 6-43　修剪对象的结果

6.5.2　延伸对象

延伸与修剪的操作方法相同。它可以将对象精确地延伸到另一对象所定义的边界，也可延伸到隐含边界，即两个对象延长后相交的某个边界上。

動手操作　延伸对象

1 在【修改】面板中单击【延伸】按钮，然后指定作为延伸目的地的对象并按 Enter

键，如图 6-44 所示。

2 此时选择所有要延伸的对象，再按 Enter 键即可，如图 6-45 所示。

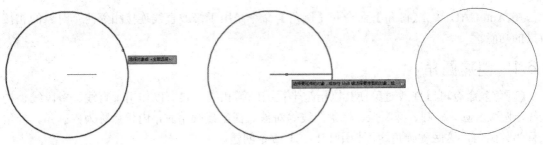

图 6-44　选择作为延伸目的地的对象　　　　图 6-45　延伸选定的对象

6.5.3　拉伸对象

【拉伸】命令可以将图形中的某个对象拉长，它可以作用于直线、圆弧、椭圆弧、二维多段线、二维样条曲线、圆、椭圆、三维面、二维实体、宽线、面域、平面、曲面、实体上的平面等多个对象，但不可作用于具有相交或自交线段的多段线与包含在块内的对象。

要拉伸对象时，只要先指定拉伸基点，然后指定位移点即可。拉伸操作通常是对图形中的某些组成对象而言的，所以在选择拉伸对象时，建议使用"交叉"的选择方式。

动手操作　拉伸对象

1 在【修改】面板中单击【拉伸】按钮，然后交叉选择要拉伸对象并按 Enter 键，如图 6-46 所示。

2 系统提示：指定基点或[位移(D)] <位移>，此时捕捉端点作为拉伸的基点，并按 Enter 键，如图 6-47 所示。

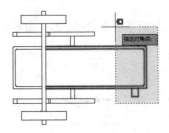
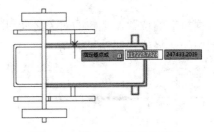

图 6-46　选择要拉伸的对象　　　　图 6-47　指定作为拉伸的基点

3 系统提示：指定第二个点或<使用第一个点作为位移>，接着捕捉另一个端点作为拉伸的位移点，如图 6-48 所示。最后按 Enter 键，即可得到如图 6-49 所示的结果。

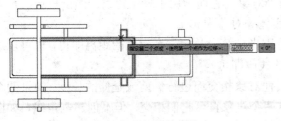
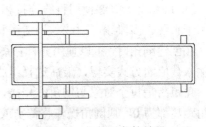

图 6-48　指定拉伸的位移点　　　　图 6-49　拉伸对象的结果

6.6 创建圆角与倒角

在 AutoCAD 中，【圆角】命令和【倒角】命令是用于修改直线连接相邻两个对象的相接效果的功能。

6.6.1 创建圆角

【圆角】命令可以修改对象使其以指定半径的圆弧相接。它可以作用于直线、多段线、构造线、圆弧、圆、椭圆、椭圆弧、样条曲线等对象。在创建圆角时，内角点称为内圆角，外角点称为外圆角，这两种圆角均可使用 FILLET 命令创建。

创建圆角时，只要先指定圆角半径，然后先后选择要构成圆角的两个对象即可。至于"圆角半径"，是指连接被圆角对象的圆弧半径。

动手操作 创建圆角

1 在【修改】面板中单击【圆角】按钮◯。系统提示：选择第一个对象或[放弃(U)/多段线(P)/半径(R)/修剪(T)/多个(M)]，此时输入"R"并按 Enter 键，以选择【半径】选项。

2 系统提示：指定圆角半径<0.0000>，此时输入圆角半径值并按 Enter 键。

3 系统提示：选择第一个对象或[放弃(U)/多段线(P)/半径(R)/修剪(T)/多个(M)]，此时使用拾取框先后选择相邻的两条直线边，如图 6-50 所示。操作完成后，即可创建出如图 6-51 所示的圆角效果。

图 6-50 指定构成圆角的对象

图 6-51 创建圆角后的结果

根据指定的位置，选定的对象之间可以存在多个可能的圆角。如图 6-52 与图 6-53 所示，两个图中的选择位置和结果圆角。

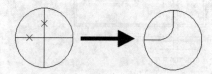

图 6-52 指定第二象限的两个点

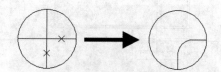

图 6-53 指定第四象限的两个点

6.6.2 创建倒角

【倒角】命令能够使用直线连接相邻的两个对象，它通常用于表示角点上的倒角边，可以作用于直线、多段线、射线、构造线和三维实体等对象中。

在创建倒角时，可以使用光标在图形中分别指定第一与第二个倒角的距离即可，也可以通过输入数值的方式实现，最后选择组成倒角的线段即可。

角距离是每个对象与倒角线相接，或与其他对象相交而进行修剪或延伸的长度。如果两个倒角距离都为 0，则倒角操作将修剪或延伸这两个对象直至它们相交，但不创建倒角线，如图 6-54 所示。

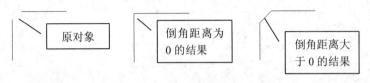

图 6-54 不同倒角距离下的倒角效果

动手操作 创建倒角

1 在【修改】面板中单击【倒角】按钮。系统提示：选择第一条直线或[放弃(U)/多段线(P)/距离(D)/角度(A)/修剪(T)/方式(E)/多个(M)]，此时输入"D"并按 Enter 键，以选择【距离】选项。

2 系统提示：指定第一个倒角距离<0.0000>，指定第二个倒角距离<3.0000>，接着输入第一个倒角距离为 3、第二个倒角距离为 5，然后按 Enter 键。

3 系统提示：选择第一条直线或[放弃(U)/多段线(P)/距离(D)/角度(A)/修剪(T)/方式(E)/多个(M)]，此时分别选择倒角线段，如图 6-55 所示。最后创建出如图 6-56 所示的倒角。

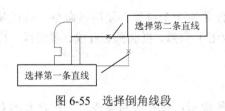

图 6-55 选择倒角线段   图 6-56 创建的倒角

6.7 打断、合并与分解对象

在 AutoCAD 2015 中，可以将一个对象打断为两个对象，对象之间可以具有间隙，也可以没有间隙，还可以将多个对象合并为一个对象。

6.7.1 打断对象

使用【打断】（BREAK）命令可以在对象上创建一个间隙，即产生两个对象，对象之间具有间隙。此命令通常用于为块或文字创建空间，它可以在大多数几何对象上创建打断，但不包括块、标注、多线与面域等对象。

动手操作 打断对象

1 在【修改】面板中单击【打断】按钮。系统提示：选择对象，此时指定选择要打断的对象，同时指定打断的第一点，如图 6-57 所示。默认情况下，在其上选择对象的点为第一个打断点。要选择其他断点时，输入"F"（第一个），然后指定第一个打断点。

2 捕捉另一头的端点，作为第二个打断点，如图 6-58 所示。最后得到如图 6-59 所示的打断结果。

如果要打断对象而不创建间隙，可以在相同的位置指定两个打断点。完成此操作的最快方法是在提示输入第二个打断点时输入@0,0，以指定上一点。

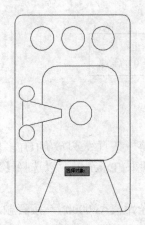

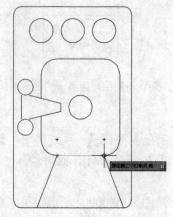

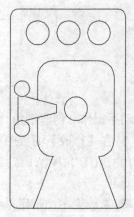

图 6-57　指定第一个打断点　　　图 6-58　指定第二个打断点　　　图 6-59　打断对象的结果

6.7.2　合并对象

使用【合并】（JOIN）命令可以将相似的对象合并为一个对象。使用该命令，可以使用圆弧和椭圆弧创建完整的圆和椭圆。合并对象可以应用于圆弧、椭圆弧、直线、多段线、样条曲线等对象。

 动手操作　合并对象

1 在【修改】面板中单击【合并】按钮⊬。系统提示：选择源对象或要一次合并的多个对象，此时选择如图 6-60 所示的圆弧对象并按 Enter 键。

2 系统提示：选择圆弧，以合并到源或进行[闭合(L)]，此时输入"L"并按 Enter 键，程序即可根据源对象的半径属性，创建出一个完整闭合的圆形，如图 6-61 所示。

> 要将相似的对象与之合并的对象成为源对象，需要合并的对象必须位于相同的平面上。另外，合并两条或多条圆弧（或椭圆弧）时，将从源对象开始沿逆时针方向合并圆弧（或椭圆弧）。

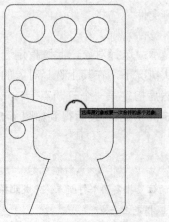

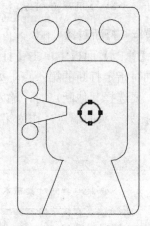

图 6-60　选择圆弧作为源对象　　　　　图 6-61　通过闭合方式合并圆弧

6.7.3 分解对象

如果想单独编辑矩形、块等由多个对象组合而成的图形时，可以使用【分解】命令将它们分解成多个单一元素对象，然后再进行针对性的编辑。

🖱 动手操作 分解对象

1 分解前的块对象在选择状态下的效果如图 6-62 所示。要分解对象时，可以在【修改】面板中单击【分解】按钮 🔲。

2 选择要分解的对象并按 Enter 键。分解后的对象可以单独选择任意一个组成对象，如图 6-63 所示。

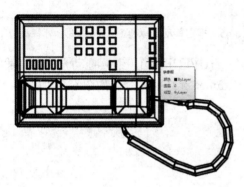

图 6-62 分解前的选择状态

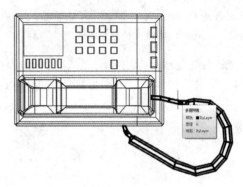

图 6-63 分解后的选择状态

6.8 技能训练

下面通过多个上机练习实例，巩固所学技能。

6.8.1 上机练习 1：在夹点模式下移动对象

在夹点模式下，可以通过偏移捕捉，按指定间距放置多个副本对象。本例将在夹点模式下编辑对象，通过偏移捕捉的方式，创建一个花盘图形的副本。

🖱 操作步骤

1 打开光盘中的 "..\Example\Ch06\6.8.1.dwg" 练习文件，选择文件中的花盘图形对象。

2 当出现夹点后，单击夹点将其指定为基点，接着单击右键，在打开的快捷菜单中选择【移动】命令，如图 6-64 所示。

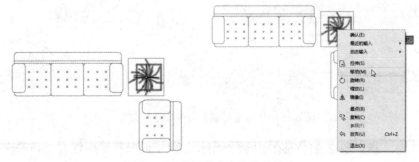

图 6-64 将对象夹点指定为基点

3 系统提示：指定移动点或[基点(B)/复制(C)/放弃(U)/退出(X)]，此时输入"C"并按 Enter 键，或者单击命令窗口中的【复制】选项，以偏移并多重复制对象，如图 6-65 所示。

4 系统提示：指定移动点或[基点(B)/复制(C)/放弃(U)/退出(X)]，此时启用极轴模式，然后往右水平拖动光标至合适距离后单击，确定第一个图形副本的偏移点，如图 6-66 所示。

图 6-65　选择【复制】选项

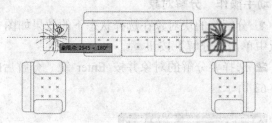

图 6-66　指定移动点以复制第一个图形副本

5 系统提示：指定移动点或[基点(B)/复制(C)/放弃(U)/退出(X)]，继续拖动光标在合适的位置上单击，指定第二个图形副本的偏移点，最后按 Enter 键结束命令，如图 6-67 所示。

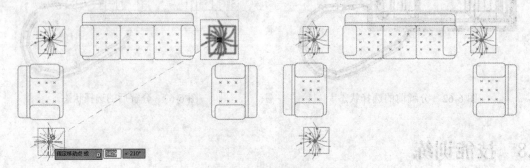

图 6-67　复制第二个图形副本并结束命令

6.8.2　上机练习 2：通过复制快速制作座枕

使用【复制】命令可以创建出与原有对象相同的图形。本例将使用【复制】命令，以现有的座枕组合对象为源对象，快速制作出其他座枕图形，并对座枕图形进行适当的旋转处理。

📎 **操作步骤**

1 打开光盘中的"..\Example\Ch06\6.8.2.dwg"练习文件，在【默认】选项卡的【修改】面板中单击【复制】按钮，然后选择现有的座枕图形对象并单击右键确定选择，如图 6-68 所示。

图 6-68　执行【复制】命令并选择对象

2 系统提示：指定基点或[位移(D)/模式(O)]<位移>，此时指定座枕右上角的交点为基点，如图 6-69 所示，

3 拖动鼠标选择目标位置并单击鼠标，执行复制图形对象的操作，如图 6-70 所示。

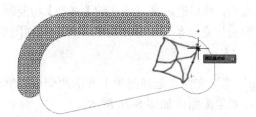

图 6-69　指定基点

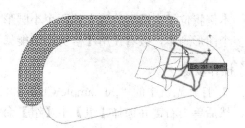

图 6-70　复制出第一个对象

4 系统提示：指定第二个点或[退出(E)/放弃(U)]<退出>，此时继续移动鼠标，并在沙发图形合适的位置上单击，复制出第二个图形对象，如图 6-71 所示。

5 使用相同的方法，复制出第三个图形对象并按 Enter 键结束命令，结果如图 6-72 所示。

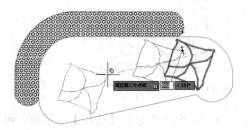

图 6-71　复制出第二个对象

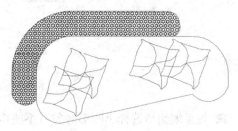

图 6-72　复制出第三个对象

6 在【修改】面板中单击【旋转】按钮，然后分别选择沙发左侧的两个座枕对象，并单击右键确定对象，如图 6-73 所示。

7 系统提示：指定基点，此时在图形上单击指定旋转基点，如图 6-74 所示。

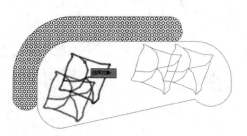

图 6-73　选择要旋转的对象

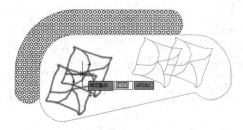

图 6-74　指定旋转的基点

8 系统提示：指定旋转角度或[复制(C)/参照(R)]，此时输入旋转角度或者拖动鼠标旋转对象并单击执行旋转即可，如图 6-75 所示。

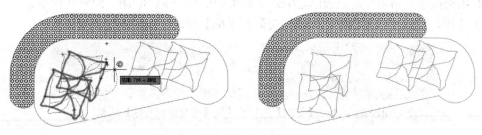

图 6-75　指定旋转角度并完成操作

6.8.3　上机练习 3：制作马达零件的截面图

本例将位于大圆形边缘上的两个小圆形进行编组，然后通过夹点模式的【移动】功能创建出多个图形副本，接着使用【修剪】功能修剪圆形的相交线条，制作出马达零件的截面图形。

操作步骤

1 打开光盘中的 "..\Example\Ch06\6.8.3.dwg" 练习文件，选择图形上方的两个小圆形对象，然后单击右键并选择【组】|【组】命令，将对象编组，如图 6-76 所示。

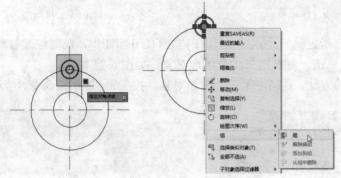

图 6-76　编组两个小圆形对象

2 如果编组后选择小圆形对象时不能将整个编组选到，则需要打开【选项】对话框，再切换到【选择集】选项卡，选择【对象编组】复选框，然后单击【确定】按钮，如图 6-77 所示。

3 选择编组后的对象，再单击对象的夹点，然后单击右键并选择【移动】命令，如图 6-78所示。

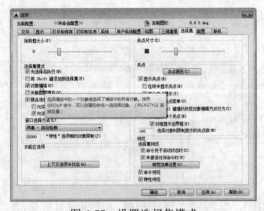

图 6-77　设置选择集模式

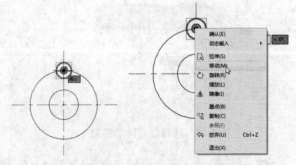

图 6-78　进入夹点模式并选择【移动】命令

4 系统提示：指定移动点或[基点(B)/复制(C)/放弃(U)/退出(X)]，此时在命令窗口中单击【复制】选项，然后在状态栏中关闭【正交限制光标】功能，如图 6-79 所示。

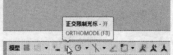

图 6-79　选择【复制】选项并关闭【正交限制光标】功能

5 系统提示：指定移动点或[基点(B)/复制(C)/放弃(U)/退出(X)]，此时指定移动点为大圆形与红色参考线的相交点，然后使用相同的方法，指定圆形与红色参考线的其他相交点为移动点，创建多个小圆形编组的副本对象，如图 6-80 所示。

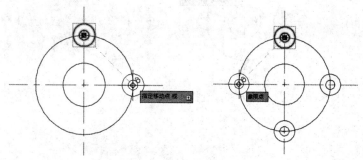

图 6-80　指定移动点创建副本对象

6 完成指定移动点的操作后单击右键并选择【确认】命令，结束命令，如图 6-81 所示。

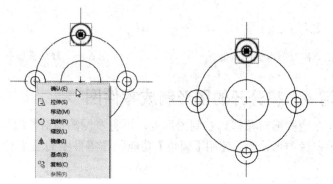

图 6-81　确定执行命令

7 在【修改】面板中单击【修剪】按钮，并选择【修剪】选项，然后选择最大的圆形和小圆形编组为对象，如图 6-82 所示。

图 6-82　执行【修剪】命令并选择对象

8 系统提示：选择要修剪的对象，或按住 Shift 键选择要延伸的对象，或[栏选(F)/窗交(C)/投影(P)/边(E)/删除(R)/放弃(U)]，此时按照如图 6-83 所示的顺序选择要修剪的对象并结束命令，如图 6-83 所示。

9 完成选择修剪对象的操作后，按 Enter 键结束命令，结果如图 6-84 所示。接着使用相同的方法，修剪其他对象，得到如图 6-85 所示的图形效果。

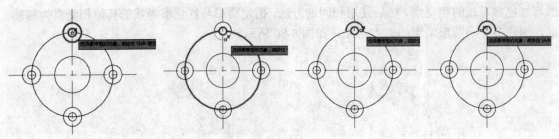

图 6-83　选择要修剪的对象

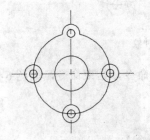

图 6-84　经过第一次修剪得到的结果

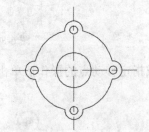

图 6-85　修剪其他对象的结果

6.8.4　上机练习 4：将分开的图形制成零件图

本例将文件中的左侧图形对象移到右侧图形上，再将左侧图形对象编组并执行镜像处理，使该图形在右侧产生镜像图形，然后使用【圆角】功能制作零件图的圆角部分，接着删除多余的直线对象。

操作步骤

1 打开光盘中的 "..\Example\Ch06\6.8.4.dwg" 练习文件，在【默认】选项卡的【修改】面板中单击【移动】按钮✥，然后选择左侧所有的图形对象，如图 6-86 所示。

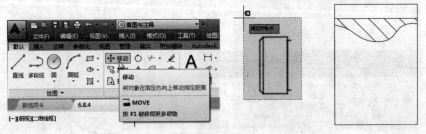

图 6-86　执行【移动】命令并选择对象

2 系统提示：指定基点或[位移(D)] <位移>，此时在选定对象的右下方直线右侧端点上单击指定为基点，然后将对象往左拖动，并在右侧图形的直线交点上单击指定第二个点，以移动选定的对象，如图 6-87 所示。

3 选择零件左侧的图形，然后单击右键并选择【组】|【组】命令，编组图形对象，如图 6-88 所示。

4 在【默认】选项卡的【修改】面板中单击【镜像】按钮⚎，然后选择左侧的编组对象，如图 6-89 所示。

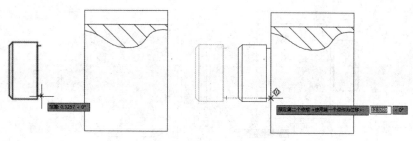

图 6-87　移动选定的对象

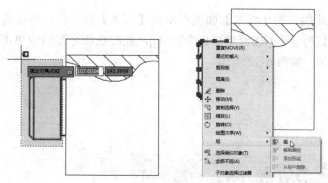

图 6-88　选择对象并进行编组

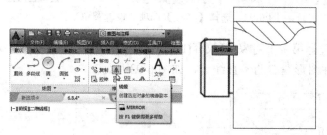

图 6-89　执行【镜像】命令并选择对象

5 在状态栏中单击【对象捕捉】按钮 □ · 右侧的倒三角按钮，并选择【中点】选项，启用中点捕捉功能，接着在图形上方的直线上移动鼠标，待出现中点标识后单击指定中点为镜像线的第一个点，然后使用相同方法，指定图像下方直线中点为镜像线第二个点，如图 6-90 所示。

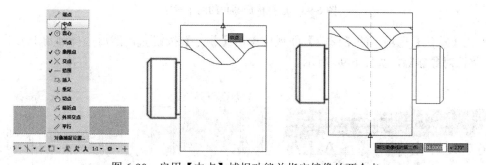

图 6-90　启用【中点】捕捉功能并指定镜像的两个点

6 系统提示：要删除源对象吗？此时直接按 Enter 键，不删除源对象，完成镜像对象的操作，如图 6-91 所示。

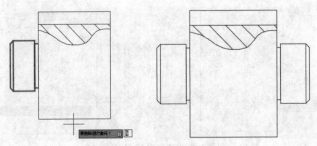

图 6-91　完成镜像对象的操作

7 在【默认】选项卡的【修改】面板中单击【圆角】按钮。系统提示：选择第一个对象或[放弃(U)/多段线(P)/半径(R)/修剪(T)/多个(M)]，此时在命令窗口中单击【半径】选项，然后指定圆角半径为 10，如图 6-92 所示。

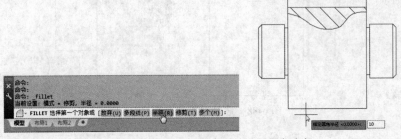

图 6-92　选择【半径】选项并设置圆角半径

8 系统提示：选择第一个对象或[放弃(U)/多段线(P)/半径(R)/修剪(T)/多个(M)]，此时使用拾取框先后选择零件图形左右两条直线边，如图 6-93 所示。

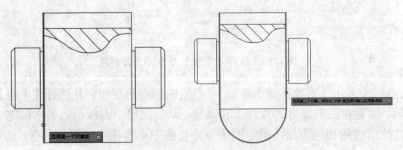

图 6-93　选择构成圆角的两个对象

9 在【默认】选项卡的【修改】面板中单击【删除】按钮，然后选择圆角上方的直线对象，将该对象删除，如图 6-94 所示。

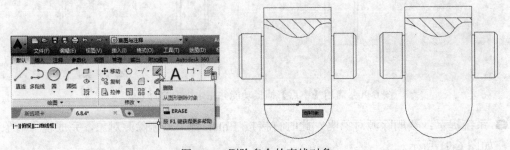

图 6-94　删除多余的直线对象

6.8.5 上机练习5：快速制作Y形轴承零件图

本例将分别使用【旋转】、【延伸】功能制作轴承其中一个轴零件图效果，然后在夹点模式下使用【旋转】功能制作其他几个轴的图形，接着使用【修剪】功能，修剪掉多余的线条对象，制作出Y形轴承零件图。

操作步骤

1 打开光盘中的"..\Example\Ch06\6.8.5.dwg"练习文件，在【默认】选项卡的【修改】面板中单击【旋转】按钮，然后选择旋转对象并单击右键确定对象，如图6-95所示。

图6-95 执行【旋转】命令并选择对象

2 系统提示：指定基点，此时在图形上单击指定旋转基点，然后输入45以指定旋转角度为45°，如图6-96所示。

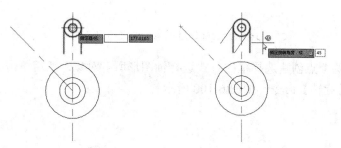

图6-96 指定旋转基点和旋转角度

3 在【默认】选项卡的【修改】面板中单击【移动】按钮，然后选择旋转后的图形对象，接着指定移动基点为小圆形的圆心，如图6-97所示。

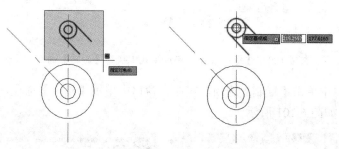

图6-97 执行【移动】命令并指定基点

4 在状态栏中单击【对象捕捉】按钮右侧的倒三角按钮，并选择【垂足】选项，启用垂足捕捉功能，然后选择倾斜的红色参考线的垂足点作为移动点，如图6-98所示。

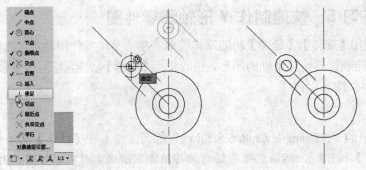

图 6-98　启用垂足捕捉功能并指定移动点

5 在【默认】选项卡的【修改】面板单击【延伸】按钮 ，然后指定轴承零件中的圆形作为延伸目的地的对象，接着选择轴零件的两条边对象，将两条边延伸到圆形对象中，如图 6-99 所示。

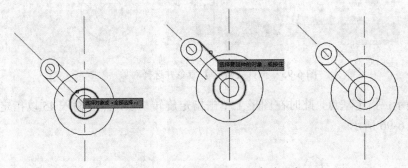

图 6-99　延伸轴图形的两条边对象

6 通过指定两个点创建选择框的方式选择轴图形所有对象，然后单击夹点并在夹点上单击右键，再选择【旋转】命令，如图 6-100 所示。

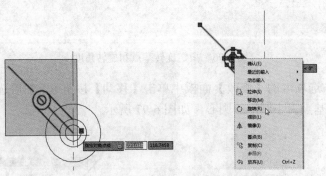

图 6-100　选择对象并在夹点模式中执行【旋转】命令

7 在命令窗口中单击【复制】选项，在命令窗口中单击【基点】选项，分别选择【复制】和【基点】选项，如图 6-101 所示。

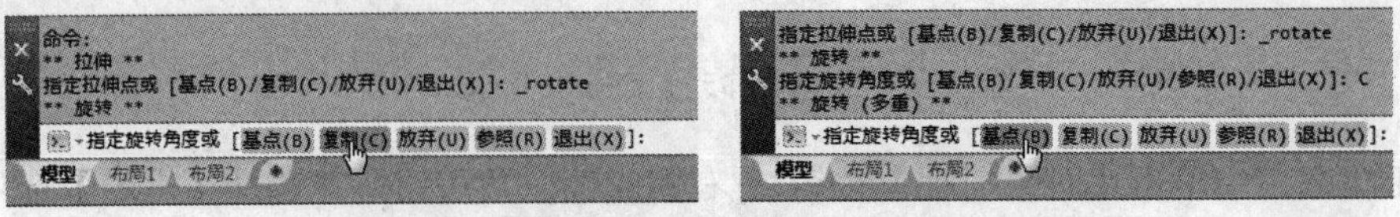

图 6-101　分别选择【复制】和【基点】选项

8 系统提示：指点基点，此时指定最小的圆形的圆心作为基点，然后在垂直红色参考线与大圆形相交的象限点上单击，接着在选定对象的小圆形圆心上单击，以分别指定旋转角度，完成操作后按 Enter 键，如图 6-102 所示。

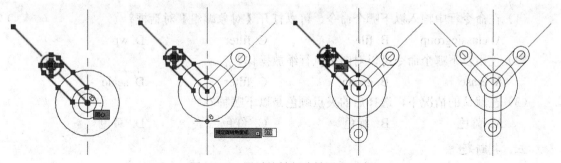

图 6-102　通过旋转创建轴图形副本

9 在【默认】选项卡的【修改】面板中单击【修剪】按钮，然后选择 3 个轴图形的直线边对象，完成后按 Enter 键，如图 6-103 所示。

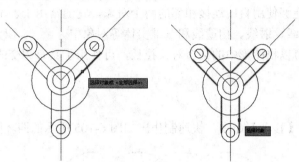

图 6-103　指定【修剪】命令并选择对象

10 系统提示：选择要修剪的对象，或按住 Shift 键选择要延伸的对象，或[栏选(F)/窗交(C)/投影(P)/边(E)/删除(R)/放弃(U)]，此时选择在直线边内的圆形线条，执行修剪处理，最后按 Enter 键结束命令即可，如图 6-104 所示。

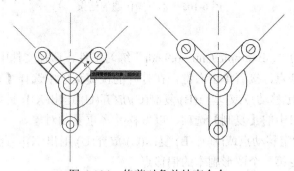

图 6-104　修剪对象并结束命令

6.9　评测习题

一、填空题

（1）_____功能可以从源对象以指定的角度和方向移动对象。

（2）_____功能用于创建造型与选定对象造型平行的新对象。

（3）_____功能可以精确地将某一对象终止于另一对象上所定义的边界处。

二、选择题

（1）在命令行中输入以下哪个命令，可以打开【对象编组】对话框？　　　　　（　　）

    A. classicgroup　　　B. file　　　　　　C. filter　　　　　　D. wp

（2）使用以下哪个命令可以对图形执行缩放操作？　　　　　　　　　　　（　　）

    A. erase　　　　　　B. group　　　　　C. filter　　　　　　D. scale

（3）在默认的情况下，选择后的夹点颜色是以下哪种？　　　　　　　　　（　　）

    A. 蓝色　　　　　　B. 绿色　　　　　C. 红色　　　　　　D. 黄色

三、判断题

（1）使用 AutoCAD 的【缩放】命令，可以在保持对象比例的前提下，使对象变得更大或者更小。　　　　　　　　　　　　　　　　　　　　　　　　　　　　　　（　　）

（2）【圆角】命令可以修改对象使其以指定半径的圆弧相接。　　　　　　（　　）

（3）【倒角】命令能够使用直线连接相邻的两个对象，它通常用于表示角点上的倒角边，可以作用于直线、多段线、射线、构造线和三维实体等对象中。　　　　　　（　　）

（4）【拉伸】命令可以将图形中的某个对象拉长，可作用于具有相交或自交线段的多段线与包含在块内的对象。　　　　　　　　　　　　　　　　　　　　　　　（　　）

四、操作题

在夹点模式下使用【移动】命令，快速制作出如图 6-105 所示的四环图形。

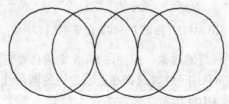

图 6-105　本章操作题的结果

提示

（1）打开光盘中的 "..\Example\Ch06\6.9.cdr" 练习文件，选择文件中的圆形，然后单击下方夹点，将其指定为基点，接着单击右键，在打开的快捷菜单中选择【移动】命令。

（2）系统提示：指定移动点或[基点(B)/复制(C)/放弃(U)/退出(X)]，此时输入 "C" 并按 Enter键，或者单击命令窗口中的【复制】选项，以偏移并多重复制对象。

（3）系统提示：指定移动点或[基点(B)/复制(C)/放弃(U)/退出(X)]，此时移动光标到圆形右侧象限点上单击，确定第一个图形副本的偏移点。

（4）系统提示：指定移动点或[基点(B)/复制(C)/放弃(U)/退出(X)]，继续拖动光标在圆形右侧的象限点上单击确定其他移动点，最后按 Enter 键结束命令。

第 7 章 创建和编辑图形的注释

学习目标

在制作各种类型的绘图作品时，图形的注释是非常重要的部分，包括机械工程图形中的技术要求、装配说明，以及工程制图中的材料说明、施工要求等。AutoCAD 提供了多种创建和编辑注释的功能。本例将详细介绍创建和编辑文字、表格、标注、多重引线等注释内容的方法。

学习重点

- ☑ 创建与对齐单行文字
- ☑ 创建与应用多行文字
- ☑ 创建与修改文字样式
- ☑ 创建与编辑表格和单元格
- ☑ 创建和编辑各种标注

7.1 创建与对齐单行文字

在要注释一些简短的图形时，可以使用创建单行文字的方法实现。在输入单行文字时，除了可以设置字高与旋转角度外，还可以设置文字的对齐方式与样式。

7.1.1 关于文字样式

文字样式用于设置字体、字号、倾斜角度、方向和其他文字特征。图形中的所有文字都具有与之相关联的文字样式，当输入文字时，程序将使用当前文字样式。

如果要使用其他文字样式来创建文字，可以将其他文字样式置于当前。如表 7-1 所示是用于默认的 STANDARD 文字样式的设置。

表 7-1 文字样式

文字样式设置		
设 置	默 认	说 明
样式名	STANDARD	名称最长为 255 个字符
字体名	txt.shx	与字体相关联的文件（字符样式）
大字体	无	用于非 ASCII 字符集（例如日语汉字）的特殊形定义文件
高度	0	字符高度
宽度因子	1	扩展或压缩字符
倾斜角度	0	倾斜字符
反向	否	反向文字
颠倒	否	颠倒文字
垂直	否	垂直或水平文字

7.1.2　创建单行文字

使用【单行文字】命令（TEXT 命令）可以创建一行或多行文字。其中，每行文字都是独立的对象，可对其进行重新定位、调整格式或进行其他修改。在创建单行文字中，可以通过按 Enter 键的方式来进行换行。

动手操作　创建图形注释文字

1 打开光盘中的 "..\Example\Ch07\7.1.2.dwg" 练习文件，在【默认】选项卡的【注释】面板中打开【文字】下拉列表，再选择【单行文字】选项A，此时光标变成一个十字符号，如图 7-1 所示。

2 系统提示：指定文字的起点或[对正(J)/样式(S)]，并在命令窗口中显示当前使用的文字样式信息。如果要更改文字样式，可以单击【样式】选项并输入样式名称，本例输入【HT】，如图 7-2 所示。

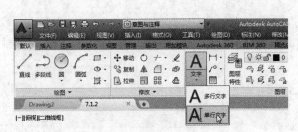

图 7-1　执行【单行文字】命令

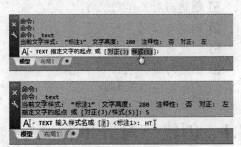

图 7-2　更改文字样式设置

 　如果不知道有哪些文字样式，可以在命令窗口中输入 "?"，然后在提示下输入 "*"，即可列出所有的文字样式。另外，也可以打开【默认】选项卡的【注释】面板列表框，从【文字样式】下拉列表中选择样式，如图 7-3 所示。

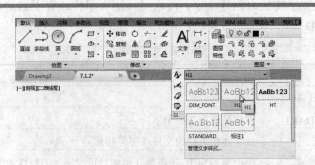

图 7-3　通过选项卡选择文字样式

3 系统提示：指定文字的起点或[对正(J)/样式(S)]，此时单击指定第一个字符的插入点，如图 7-4 所示。

4 系统提示：指定字高，此时输入 "30" 并按 Enter 键，设置字高为 30，如图 7-5 所示。

5 系统提示：指定文字的旋转角度<0>，可以输入角度值或配合极轴追踪确定旋转角度。本例使用默认的 0° 并按 Enter 键，如图 7-6 所示。

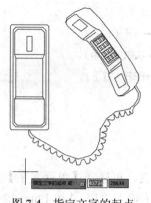
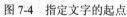

图 7-4　指定文字的起点

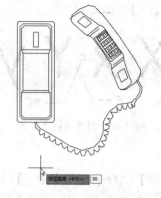

图 7-5　指定文字字高

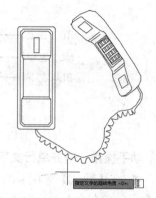

图 7-6　设置文字的旋转角度

6 输入文字内容，如果按 Enter 键可以换至第二行。最后按 Enter 键两次，确定输入的内容并退出【单行文字】命令，如图 7-7 所示。

7 如果输入文字后觉得位置不佳，可以选择文字对象，然后拖动对象调整文字的位置，如图 7-8 所示。

图 7-7　输入文字内容

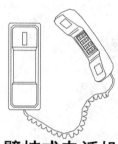

图 7-8　调整文字对象的位置

问：为什么输入的中文文字显示成问号？

答：如果当前使用的文字样式不适用中文文字显示，就会导致某些或全部中文文字显示为问号，如图 7-9 所示。如果要正常显示中文文字，需要使用支持中文显示的文字样式，或者为当前文字样式更改合适的字体。

壁挂式??机

图 7-9　当文字样式不支持显示某些中文时将出现问号符号

7.1.3　对齐单行文字

在创建单行文字时，除了指定文字样式外，还可以设置对齐方式。对齐决定字符的哪一部分与插入点对齐，AutoCAD 的对齐方式可以参考如图 7-10 所示。其中左对齐是默认选项，因此要左对齐文字时，不必在【对正】提示下输入选项。

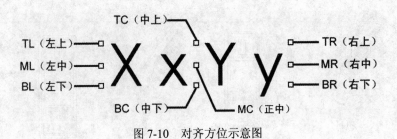

图 7-10　对齐方位示意图

动手操作　对齐单行文字

1 在【默认】选项卡的【注释】面板中打开【文字】下拉列表，再选择【单行文字】选项 Ａ，或者在命令窗口输入"text"并按 Enter 键。在命令提示行下输入"J"并按 Enter 键，选择【对正】选项。

2 系统提示：输入选项[左(L)/居中(C)/右(R)/对齐(A)/中间(M)/布满(F)/左上(TL)/中上(TC)/右上(TR)/左中(ML)/正中(MC)/右中(MR)/左下(BL)/中下(BC)/右下(BR)]，此时选择选项或者输入选项字母并按 Enter 键，如图 7-11 所示。

3 依照系统输入文字，再按 Enter 键两次，确定输入的内容并退出【单行文字】命令即可。

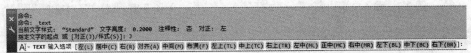

图 7-11　选择文字对齐选项

7.1.3　新建文字样式

文件中的所有文字都具有与之相关联的文字样式。在输入文字时，程序使用当前的文字样式，该样式设置了字体、字号、倾斜角度、方向和其他文字特征。如果要使用其他文字样式来创建文字，可以将其他文字样式置于当前。当文件默认的文字样式不支持中文文字显示时，新建包含中文字体的文字样式是非常必要的。

动手操作　新建支持中文的文字样式

1 在【默认】选项卡的【注释】面板中打开【文字】下拉列表，再选择【管理文字样式】选项，即可打开如图 7-12 所示的【文字样式】对话框。

2 单击【新建】按钮打开【新建文字样式】对话框，在样式名文字框中输入新样式的名称，接着单击【确定】按钮，如图 7-13 所示。

3 返回【文字样式】对话框后，设置有关的【字体】属性，包括选择字体名、字体样式、高度等，如图 7-14 所示。

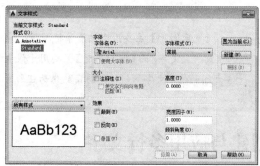

图 7-12　打开【文字样式】对话框

　　文字样式名称最长可达 255 个字符。名称中可包含字母、数字和特殊字符，如美元符号（$）、下划线（_）和连字符（-）。如果不输入文字样式名，将自动把文字样式命名为 Stylen，其中 n 是从 1 开始的数字。

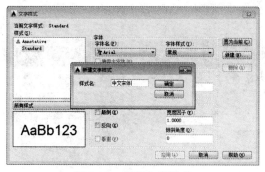
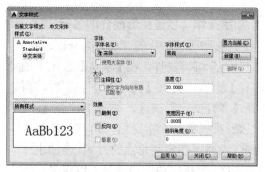

图 7-13　新建文字样式　　　　　　　　　图 7-14　设置文字字体属性

　　4 在【效果】选项组中可以修改字体的特性，包括宽度因子、倾斜角度以及是否颠倒显示、反向或垂直对齐。本例设置宽度因子为 1.5000、倾斜角度为 5，如图 7-15 所示。

　　5 完成设置后单击【应用】按钮，确定设置，最后单击【关闭】按钮关闭对话框，完成新建文字样式。

　　6 创建文字样式后，可以在【注释】面板中打开【文字样式】下拉列表，即可查看到新样式与预设样式，如图 7-16 所示。

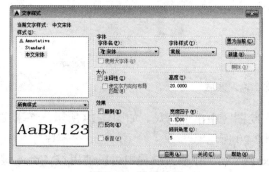

图 7-15　设置效果　　　　　　　　　图 7-16　查看新建的文字样式

【宽度因子】主要用于设置字符间距。输入小于 1.0 的值将压缩文字，输入大于 1.0 的值则扩大文字；而【倾斜角度】主要用于设置文字的倾斜角度，允许用户输入一个 – 85～ 85 之间的值使文字倾斜，倾斜角的值为正数时，文字向右倾斜，反之向左倾斜。

7.2　创建与应用多行文字

　　如果添加的文字较多时，可以使用【多行文字】命令（MTEXT）来完成，它允许创建的对象包含一个或多个文字段落，创建完毕的文字可作为单一对象处理。另外，对于多行文字还可以进行字符格式设置、调整行距与创建堆叠字符等操作。

7.2.1　创建多行文字

　　可以在文字编辑器或在命令窗口上执行【多行文字】命令，通过该命令可以创建一个或多个多行文字段落。

动手操作　创建图形简介的多行文字

　　1 打开光盘中的 "..\Example\Ch07\ 7.2.1.dwg" 练习文件，在【默认】选项卡的【注释】面板中打开【文字】下拉列表，再选择【多行文字】选项，如图 7-17 所示。

　　2 系统提示：指定第一角点，此时在绘图区中通过指定两角点的方式，拖动出一个矩形区域，指定边框的对角点以定义多行文字对象的宽度，如图 7-18 所示。

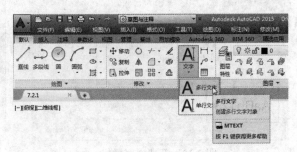

图 7-17　执行【多行文字】命令

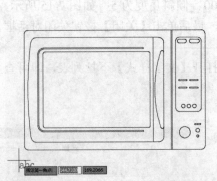

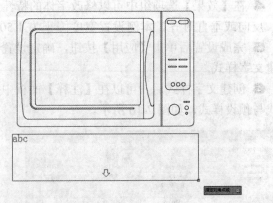

图 7-18　指定文字输入区域

　　3 此时将显示【文字编辑器】选项卡，并在绘图区中出现标尺，如图 7-19 所示。在【文字编辑器】选项卡中设置样式和文字高度，如图 7-20 所示。

　　4 根据图形简介的要求，在文字区中输入文字内容。在输入过程中可以使用按 Enter 键的方法进行换行输入，如图 7-21 所示。

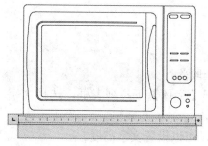

图 7-19　显示文字编辑器与标尺　　　　　图 7-20　设置文字样式和文字高度

5 为了使项目条列更加清晰，输入多行文字后，可以设置文字的缩进格式。首先将光标定位至文字前，然后移动光标至标尺上的上方的缩进滑块，并将其向后拖动两格，如图 7-22 所示。

图 7-21　输入文字内容

图 7-22　设置文字缩进

6 在【文字编辑器】选项卡中单击【关闭文字编辑器】按钮 ，保存输入并退出编辑器，结果如图 7-23 所示。

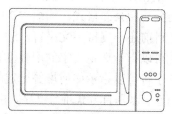

图 7-23　关闭文字编辑器并查看结果

7.2.2　设置多行文字格式

当创建多行文字时，会在功能区中增加一个【文字编辑器】的选项卡，其中包括多种设置文字属性的功能按钮，用于设置文字的格式。

动手操作　设置多行文字格式

1 在多行文字上双击，打开多行文字编辑器。

2 使用以下方法选择文字：

（1）拖动光标选择要设置格式的文字。

（2）双击鼠标可以选择当前光标所在位置的区域文字。

（3）单击 3 次鼠标左键，可以选择光标所在位置的整个段落。

3 在【文字编辑器】选项卡的【格式】面板中，打开【字体】下拉列表框，选择文字字体。

4 在【样式】面板的【文字高度】文字框中输入数值，可以设置文字高度。

5 在【文字编辑器】选项卡的【格式】面板中单击【斜体】按钮 I，将文字内容倾斜显示，使其更加明显；单击【下划线】按钮 U，为文字显示下划线，如图 7-24 所示。

6 打开【颜色】下拉列表框，可以选择设置文字的颜色。

7 如果要退出文字编辑，可以单击【关闭文字编辑器】按钮 ，也可以按 Ctrl+Enter 键，保存修改并退出多行文字编辑器。

图 7-24　设置文字斜体和下划线

7.2.3　创建堆叠文字

堆叠文字是指应用于多行文字对象和多重引线中的字符的分数和公差格式，如图 7-25 所示。堆叠文字功能目前还不支持中文字符，所以必须使用特殊字符才可以指示选定文字的堆叠位置。

使用特殊字符可以指示如何堆叠选定的文字。

● 斜杠（/）：以垂直方式堆叠文字，由水平线分隔。

● 井号（#）：以对角形式堆叠文字，由对角线分隔。

● 插入符（^）：创建公差堆叠（垂直堆叠，且不用直线分隔）。

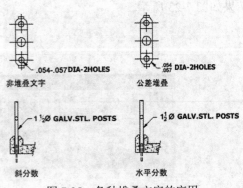

图 7-25　各种堆叠文字的应用

动手操作　创建堆叠文字

1 在【默认】选项卡选择【多行文字】选项。系统提示：指定第一角点，此时在绘图区中通过指定两角点的方式，拖动出一个矩形区域，指定边框的对角点以定义多行文字对象的宽度。

2 输入由堆叠字符分隔的数字，然后输入非数字字符或按空格键，比如输入"1/2"后再按空格键即可自动堆叠文字。此时将显示 图标，单击该图标并选择【堆叠特性】选项即可打开【堆叠特性】对话框，如图 7-26 所示。

3 在【堆叠特性】对话框中，可以设置堆叠的上下文字，还可以设置样式、位置、大小等选项。当单击【自动堆叠】按钮，可打开【自动堆叠特性】对话框，设置自动堆叠的默认选项，如图 7-27 所示。

4 设置文字堆叠后，即可按 Ctrl+Enter 键，保存修改后退出编辑器。

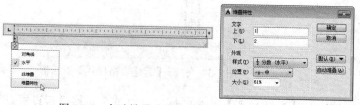
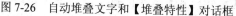
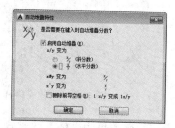

图 7-26　自动堆叠文字和【堆叠特性】对话框　　　　图 7-27　【自动堆叠特性】对话框

7.3　创建与编辑表格

表格主要通过行和列以一种简洁清晰的形式提供信息。在绘图时，通常会将各信息以表格的形式列明。另外，使用表格样式可以控制一个表格的外观，包括指定字体、颜色、文字、高度和行距等。

7.3.1　创建与修改表格样式

表格的外观由表格样式控制，可以使用默认表格样式，也可以创建自己的表格样式。创建新的表格样式时，可以指定一个起始表格。起始表格是图形中用作设置新表格样式格式的样例的表格。另外，在选定表格后，即可指定要从此表格复制到表格样式的结构和内容。

AutoCAD 2015 提供了用于表格和表格单元中边界及边距的其他格式选项和显示选项。也可以从图形中的现有表格快速创建表格样式。

动手操作　创建与修改表格样式

1 打开【注释】选项卡，在【表格】面板中单击【表格样式】按钮，打开如图 7-28 所示的【表格样式】对话框。

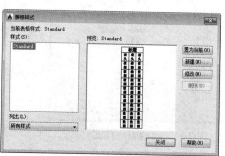

图 7-28　打开【表格样式】对话框

2 单击【新建】按钮，打开【创建新的表格样式】对话框，在【新样式名】文字框中输入样式名称，然后在【基础样式】下拉列表框中选择一个表格样式为新的表格样式，如图 7-29 所示。此时单击【继续】按钮，打开【新建表格样式】对话框，如图 7-30 所示。

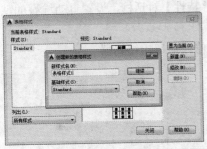

图 7-29　新建表格样式

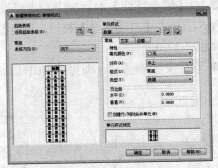

图 7-30　打开【新建表格样式】对话框

3 在【起始表格】、【常规】选项组和【单元样式】几个区域中，对整个表格进行设置。

（1）在【起始表格】选项组中单击 按钮，可以使用户在图形中指定一个表格用作样例来设置此表格样式的格式。选择表格后，可以指定要从该表格复制到表格样式的结构和内容；而单击【删除表格】按钮 ，可以将表格从当前指定的表格样式中删除。

（2）在【常规】选项组中的【表格方向】下拉列表框中，可以通过选择【向下】或【向上】来设置表格方向。

● 向下：标题行和列标题行位于表格的顶部。

● 向上：标题行和列标题行位于表格的底部。

（3）在【单元样式】选项区域中可以通过"标题"、"表头"与"数据"三大部分定义新的单元样式或修改现有单元样式。程序允许创建任意数量的单元样式来对表格进行细节上的设置。

（4）在设置数据单元、单元文字和单元边界的外观时，可以通过【常规】、【文字】和【边框】选项卡来完成。

4 完成其他选项卡的表格样式定义操作后，单击【确定】按钮退出对话框，如图 7-31 所示。

5 返回【表格样式】对话框中即可预览新建的表格样式。单击【置为当前】按钮并单击【关闭】按钮，即可马上使用该样式，如图 7-32 所示。

图 7-31　设置表格样式

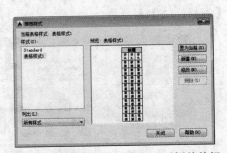

图 7-32　返回【表格样式】对话框并关闭

7.3.2　创建表格并输入文字

表格是在行和列中包含数据的对象，在创建表格对象时，可以先创建一个空表格，然后在表格的单元中添加内容了。

1. 创建表格

动手操作　创建表格

1 在【注释】选项卡的【表格】面板中
单击【表格】按钮，打开【插入表格】对话
框，然后在【表格样式】选项组的下拉列表框
中选择一个表格样式，或者单击按钮重新创
建一个新的表格样式，接着在【插入选项】选
项组中选择【从空表格开始】单选按钮，指定
从头开始创建表格，如图 7-33 所示。

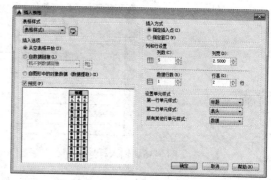

图 7-33　创建表格

2 在【插入方式】选项组中指定表格位置，其中包括以下两种插入方式。

● 指定插入点：指定表格左上角的位置。可以使用定点设备，也可以在命令窗口中输入坐
标值。如果表格样式将表格的方向设置为由下而上读取，则插入点位于表格的左下角。

● 指定窗口：指定表格的大小和位置。可以使用定点设备，也可以在命令窗口中输入坐
标值。选定此选项时，行数、列数、列宽和行高取决于窗口的大小以及列和行的设置。

3 在【列和行设置】选项组中设置行列的方式，详细属性如下。

● 设置列数和列宽：如果使用窗口插入方法，可以选择列数或列宽，但是不能同时选择
两者。

● 设置行数和行高：如果使用窗口插入方法，行数由指定的窗口尺寸和行高决定。

4 在【设置单元样式】选项组中设置第一、第二行与所有其他行单元样式。

5 单击【确定】按钮，系统提示指定两个角点来确定插入表格，此时指定表格位置，如
图 7-34 所示。释放鼠标左键后，即可出现如图 7-35 所示的结果。

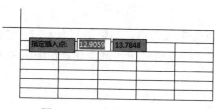

图 7-34　指定表格的位置

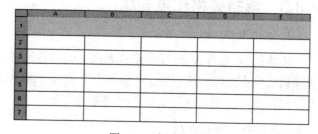

图 7-35　创建的表格

2. 在表格中输入文字

编辑好表格后，即可在表格内输入文字内容，这样就可以通过表格来定位文字并规范文字
内容。

动手操作　在表格中输入文字

1 单击表格的单元格，自动进入文字编辑器，此时可以设置文字格式并输入文字内容，
如图 7-36 所示。

2 完成输入后按键盘上的向下方向键，切换至下一行的首个单元格继续输入，为表格添
加其他文字内容，如图 7-37 所示为多个单元格输入文字的效果。

图 7-36　输入标题文字　　　　　　　　　图 7-37　输入其他文字

3 选择要设置文字对齐的单元格，然后在【单元样式】面板中单击【对齐】按钮 ，在打开的下拉列表中选择【正中】选项，将选择的单元格内容以正中方式对齐，结果如图 7-38 所示。最后按 Esc 键取消单元格的选择状态即可。

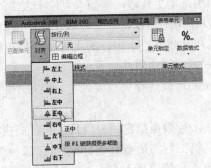

图 7-38　设置单元格的对齐方式

7.3.3　编辑表格和单元格

1. 编辑表格

表格创建完成后，可以单击该表格上的任意网格线以选中该表格，然后通过使用【特性】选项板或夹点来编辑该表格。在编辑表格的高度或宽度时，行或列将按比例变化。在编辑列的宽度时，表格将加宽或变窄以适应列宽的变化。

动手操作　编辑表格

1 单击表格的任一边框，可以选择整个表格。

2 单击左上角的夹点，并按住鼠标左键拖动，即可移动整个表格的位置，如图 7-39 所示。

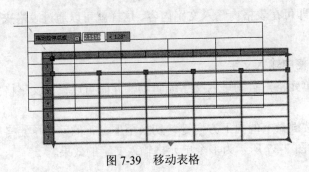

图 7-39　移动表格

3 单击右上角的夹点，并按往鼠标左键向左边或者右边拖动，即可编辑表格宽度并按比例编辑所有列宽，如图 7-40 所示。

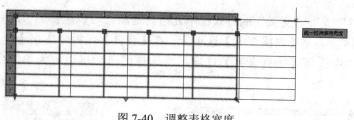

图 7-40　调整表格宽度

4 单击左下角的夹点，并按住鼠标左键向上方或者下方拖动，即可编辑表格高度并按比例编辑所有行高，如图 7-41 所示。

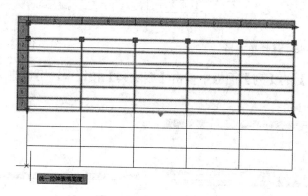

图 7-41　调整表格高度

5 单击右下角的夹点，并按住鼠标左键向左上角或者右下角拖动，即可编辑表格高度和宽度并按比例编辑行和列，如图 7-42 所示。

6 按 Esc 键可以取消选择，结束表格的编辑。

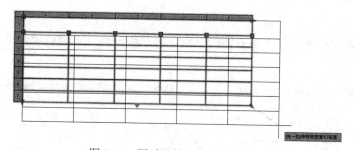

图 7-42　同时调整表格高度和宽度

2. 编辑单元格

单元格是由行、列的边线构架成的独立方块，用于在表格中填写内容。当选中单元格后，再拖动单元格上的夹点可以使单元格及其列或行更宽或更小。另外，还可以通过多个编辑命令，进行删除、合并单元格与插入、删除行和列等操作。

动手操作　编辑单元格

1 使用以下方法之一选择一个或多个要编辑的表格单元。如图 7-43 所示为选择多个单元格。

（1）在单元格内单击。

（2）按住 Shift 键并在另一个单元内单击，可以同时选中这两个单元以及它们之间的所有单元。

（3）以"窗口"或者"交叉"的方式在单元格内拖动，可以选择一个或者多个单元格。

2 此时功能区会新增【表格单元】选项卡，在【合并】面板中单击【合并单元】按钮，在打开的下拉列表中选择【按列合并】选项，将选择的单元格以列为单位合并，如图 7-44 所示。

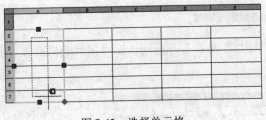

图 7-43　选择单元格

图 7-44　按列合并单元格

3 在【表格单元】的【列】面板中单击【删除列】按钮，可以删除表格中选中的列，如图 7-45 所示。

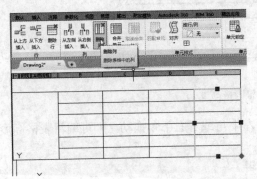

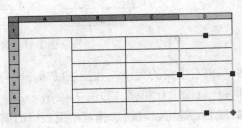

图 7-45　删除选定的列

4 选择要编辑的单元格并单击右边的夹点，将其往左拖动，可以调整单元格的宽度，如图 7-46 所示。

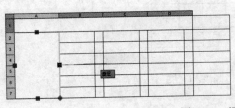

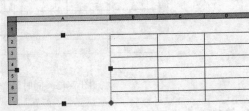

图 7-46　调整单元格的列宽

5 选中整个表格的单元，然后在【单元样式】面板中单击【编辑边框】按钮，可以打开【单元边框特性】对话框，如图 7-47 所示。

6 通过【单元边框特性】对话框可以设置单元格边框特性。选择【双线】复选框，然后指定【间距】为1.2，再单击【外边框】按钮，预览效果满意后单击【确定】按钮，可以将设置的双线应用至表格外边框上，结果如图 7-48 所示。

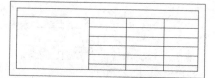

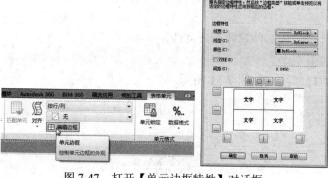

图 7-47　打开【单元边框特性】对话框

图 7-48　设置双线表格外边框

7.4　了解标注与标注样式

下面将介绍标注的基础知识，以及创建和标注样式的方法。

7.4.1　关于标注

标注是向图形中添加测量注释的过程。可以为各种对象沿各个方向创建标注。基本的标注类型包括：

（1）线性。

（2）径向（半径、直径和折弯）。

（3）角度。

（4）坐标。

（5）弧长。

其中，线性标注可以是水平、垂直、对齐、旋转、基线或连续（链式）标注。

AutoCAD 2015 提供了十多种标注工具用于表示图形对象的准确尺寸，通过【标注】工具栏与【标注】菜单栏，可以快速使用相关的标注命令，以进行角度、直径、半径、线性、对齐、连续、圆心及基线等标注操作，如图 7-49 所示。

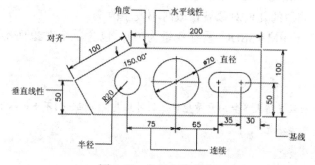

图 7-49　各种标注种类

标注具有以下几种独特的元素：标注文字、尺寸线、箭头和尺寸界线，如图 7-50 所示。

● 标注文字：用于指示测量值的文字字符串。文字还可以包含前缀、后缀和公差。

● 尺寸线：用于指示标注的方向和范围。对于角度标注，尺寸线是一段圆弧。

- 箭头：也称为终止符号，显示在尺寸线的两端。可以为箭头或标记指定不同的尺寸和形状。
- 尺寸界线：也称为投影线或证示线，从部件延伸到尺寸线。
- 中心标记：标记圆或圆弧中心的小十字。
- 中心线：标记圆或圆弧的圆心的打断线，如图 7-51 所示。

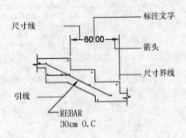

图 7-50 标注的组成部分

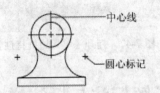

图 7-51 中心线与圆心标记

问：什么是公差？

答：公差是表示测量的距离可以变动的数目的值。可以控制是否显示公差，还可以从多种公差样式中进行选择。

7.4.2 标注的关联性

1. 关于标注关联性

标注可以是关联的、无关联的或分解的。关联标注根据所测量的几何对象的变化而进行调整。标注关联性可以定义几何对象，以及为其提供距离和角度的标注间的关系。几何对象和标注之间有以下 3 种关联性。

- 关联标注（DIMASSOC 系统变量为 2）：当与其关联的几何对象被修改时，关联标注将自动调整其位置、方向和测量值。布局中的标注可以与模型空间中的对象相关联。
- 非关联标注（DIMASSOC 系统变量为 1）：与其测量的几何图形一起选定和修改。无关联标注在其测量的几何对象被修改时不发生改变。
- 已分解的标注（DIMASSOC 系统变量为 0）：包含单个对象而不是单个标注对象的集合。

关联标注支持大多数用户希望标注的对象类型。但它们不支持以下对象：

（1）图案填充。

（2）图像。

（3）参考底图。

（4）多行对象。

（5）二维实体。

（6）具有非零三维厚度特性的对象。

2. 注释监视器

由于多种原因,标注和对象之间的关联性可能会丢失。例如:

(1) 如果已重定义块而使该边的标注与移动关联,将不保留标注和块参照之间的关联性。

(2) 在更新或编辑事件删除标注的边时,不保留标注和模型文档工程视图之间的关联性。

此时可以使用注释监视器来跟踪引线关联性。当注释监视器处于启用状态时,将通过在标注上显示标记拾取关联性的标注,如图 7-52 所示。

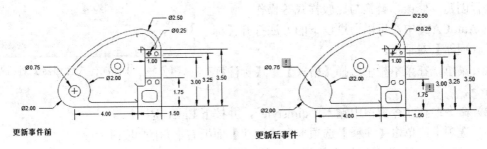

图 7-52　使用注释监视器标记拾取关联性的标注

3. 更改标注关联性设置

🖱 **动手操作　更改标注关联性设置**

1 单击▲按钮打开菜单,然后在右下方单击【选项】按钮,打开【选项】对话框。

2 选择【用户系统配置】选项卡,在【关联标注】选项组中选择或者取消选择【使新标注可关联】复选框,如图 7-53 所示。

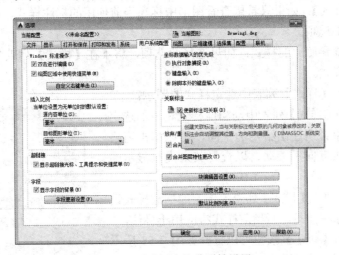

图 7-53　更改标注的关联性设置

3 单击【应用】按钮,可以将当前选项设置记录到系统注册表中;单击【确定】按钮,也可以将当前选项设置记录到系统注册表中,然后关闭【选项】对话框。

4 完成上述操作后,图形中所有后来创建的标注将使用新设置。与大多数其他选项设置不同,标注关联性保存在图形文件中而不是系统注册表中。

5 如果想确定标注是否关联时,可以先选择某标注对象,然后按 Ctrl+1 键打开【特性】选项板,或者在命令窗口中输入 "list" 并按 Enter 键,即可显示标注的特性。

7.4.3 创建与设置标注样式

标注样式是标注设置的命名集合，可用来控制标注的外观，如箭头样式、文字位置和尺寸公差等。通过创建标注样式，可以快速指定标注的格式，并确保标注符合行业或项目标准。

打开如图 7-54 所示的【标注样式管理器】对话框，即可进行创建、修改、替换与比较样式等操作。

在 AutoCAD 中，可以通过以下的方法打开【标注样式管理器】对话框。

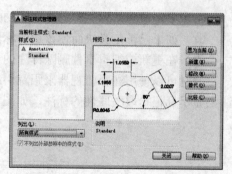

图 7-54 【标注样式管理器】对话框

（1）菜单：在菜单栏中选择【格式】|【标注样式】命令。

（2）命令：在命令窗口中输入"dimstyle"，并按下 Enter 键。

（3）选项卡：单击【注释】选项卡中【标注】面板右下角的按钮。

【标注样式管理器】对话框中的各个组成部分与按钮说明如下：

- 当前标注样式：用于显示当前标注样式的名称，当前样式将应用于所创建的标注。
- 样式：列出图形中的标注样式，当前样式会被亮显。在选择的样式上单击右键即可显示快捷菜单及选项，可用于设置当前标注样式、重命名样式和删除样式。但不能删除当前样式或当前图形使用的样式。另外，选择样式后单击【置为当前】按钮，也可以将其设置成当前使用。
- 列出：在【样式】列表中控制样式显示。如果要查看图形中所有的标注样式，可以选择【所有样式】；如果只希望查看图形中标注当前使用的标注样式，可以选择【正在使用的样式】选项。
- 不列出外部参照中的样式：如果选择此选项，将不在【样式】列表中显示外部参照图形的标注样式。
- 预览：显示【样式】列表中选定样式的图示。
- 说明：说明【样式】列表中与当前样式相关的选定样式。如果说明超出给定的空间，可以单击窗格并使用箭头键向下滚动，以查看其余没有显示的内容。

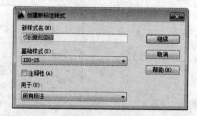

图 7-55 【创建新标注样式】对话框

- 置为当前：将在【样式】列表中选定的标注样式设置为当前标注样式，而当前样式将应用于标注。
- 新建：单击【新建】按钮可以打开如图 7-55 所示的【创建新标注样式】对话框，在此可以命名新标注样式、设置新标注样式的基础样式和指示要应用新样式的标注类型。
- 修改：单击此按钮即可打开【修改标注样式】对话框，在此可以修改标注样式。
- 替代：单击此按钮可以打开【替代当前样式】对话框，在此可以设置标注样式的临时替代。

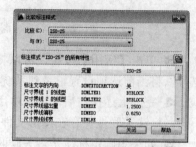

图 7-56 【比较标注样式】对话框

- 比较：单击此按钮可以打开如图 7-56 所示的【比较标注样式】对话框，在此可以比较两个标注样式或列出一个标注样式的所有特性。

动手操作　创建标注样式

1 在菜单栏中选择【格式】|【标注样式】命令。

2 打开【标注样式管理器】对话框后，在【样式】列表中选择一种当前标注样式，使新建的样式基于此样式，然后单击【新建】按钮，如图 7-57 所示。

3 打开【创建新标注样式】对话框后，先输入新样式的名称，然后可以重新选择基础样式。选择【注释性】复选框可以启用标注对象的注释性，通过【用于】下拉列表可以指定新样式的应用范围，设置完毕后单击【继续】按钮，如图 7-58 所示。

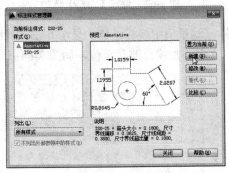

图 7-57　新建标注样式

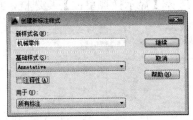

图 7-58　设置样式名和基础样式

4 打开【新建标注样式】对话框后，可以看到多个设置选项卡。先选择【线】选项卡，在此可以设置尺寸线、延伸线、箭头和圆心标记的格式和特性，如图 7-59 所示。

5 切换至【符号和箭头】选项卡，在此可以设置箭头、圆心标记、打断标注、弧长符号、半径标注折弯与线性折弯标注的格式和位置，如图 7-60 所示。

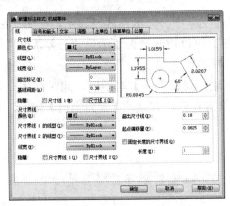

图 7-59　设置【线】选项

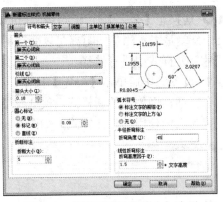

图 7-60　设置【符号和箭头】选项

6 切换至【文字】选项卡，在此可以设置标注文字的格式、放置和对齐等属性，如图 7-61 所示。

7 切换至【调整】选项卡，在此可以控制标注文字、箭头、引线和尺寸线的放置，如图 7-62 所示。

8 切换至【主单位】选项卡，在此可以设置主标注单位的格式和精度，并设置标注文字的前缀和后缀，如图 7-63 所示。

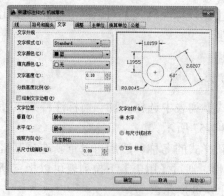

图 7-61　设置【文字】选项

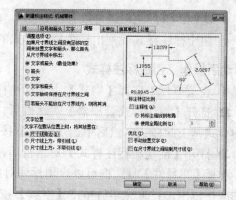

图 7-62　设置【调整】选项

9 切换至【换算单位】选项卡，在此可以指定标注测量值中换算单位的显示并设置其格式和精度。选择【显示换算单位】复选框，可以向标注文字添加换算测量单位，如图 7-64 所示。

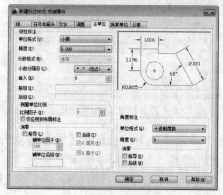

图 7-63　设置【主单位】选项

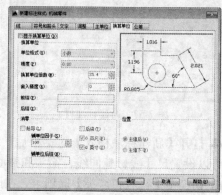

图 7-64　设置【换算单位】选项

10 切换至【公差】选项卡，在此可以控制标注文字中公差的格式及显示，如图 7-65 所示。尺寸公差是表示测量的距离可以变动的数目的值。可以控制是否显示尺寸公差，也可以从多种尺寸公差样式中进行选择。

11 设置完毕后单击【确定】按钮，返回【标注样式管理器】对话框。此时在【样式】列表中会新增前面创建的新样式，预览效果满意后单击对话框右侧的【置为当前】按钮，即可将其设置为当前使用的标注样式，如图 7-66 所示。

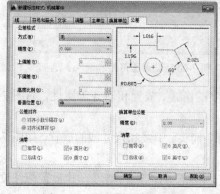

图 7-65　设置【公差】选项

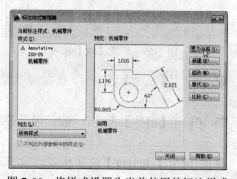

图 7-66　将样式设置为当前使用的标注样式

7.5 创建与编辑各种标注

为了更好地标注图形的长宽、弧度、半径、角度等信息，在绘制图形后，可以针对设计的需要创建对应的标注。

7.5.1 创建基本的标注

1. 创建线性标注

线性标注可以水平、垂直或对齐放置。使用对齐标注时，尺寸线将平行于两延伸线原点之间的直线。

动手操作 创建线性标注

1 选择【注释】选项卡，在【标注】面板中单击【线性】按钮 。系统提示：指定第一条尺寸界线原点或<选择对象>，此时捕捉如图 7-67 所示的起点。

2 系统提示：指定第二条尺寸界线原点，接着捕捉如图 7-68 所示的终点，即可看到产生的标注文字。

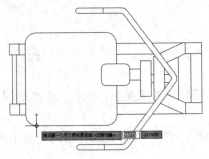
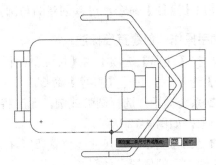

图 7-67 指定第一条尺寸界线原点　　　　　图 7-68 指定第二条尺寸界线原点

3 系统提示：指定尺寸线位置或[多行文字(M)/文字(T)/角度(A)/水平(H)/垂直(V)/旋转(R)]，此时往下拖出标注，再单击即可创建出标注，如图 7-69 所示。

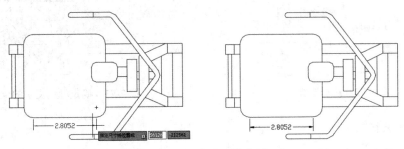

图 7-69 指定尺寸线位置

2. 创建半径标注

使用【半径】命令，可以创建圆与圆弧的半径标注。

动手操作 创建半径标注

1 在【注释】选项卡的【标注】面板中单击【标注】按钮 ，在打开的下拉列表中选择

【半径】选项◎，执行【半径】命令。

2 系统提示：选择圆弧或圆，此时将光标移至需要标注的圆弧上，当其产生亮显时单击选择对象，如图 7-70 所示。

3 系统提示：指定尺寸线位置或[多行文字(M)/文字(T)/角度(A)]，此时在合适位置上单击，确定标注文字的位置，结果如图 7-71 所示。

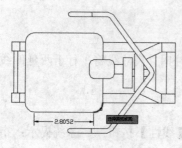

图 7-70　选择圆弧

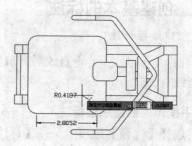

图 7-71　创建的半径标注

3. 创建直径标注

使用【直径】命令，可以创建圆与圆弧的直径标注。

动手操作　创建直径标注

1 在【注释】选项卡的【标注】面板中单击【标注】按钮，在打开的下拉列表中选择【直径】选项◎，执行【直径】命令。

2 系统提示：选择圆弧或圆，此时将光标移至需要标注的圆弧上，当其产生亮显时单击选择对象，如图 7-72 所示。

3 系统提示：指定尺寸线位置或[多行文字(M)/文字(T)/角度(A)]，此时在合适位置上单击，确定标注文字的位置，如图 7-73 所示。

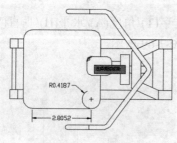

图 7-72　选择圆弧

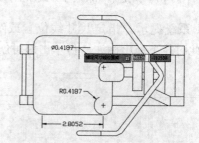

图 7-73　确定标注文字的位置

4. 创建弧长标注

弧长标注用于测量圆弧或多段圆弧线段上的距离。弧长标注的典型用法包括测量围绕凸轮的距离或表示电缆的长度。为了区别它们是弧长标注还是角度标注，默认情况下，弧长标注将显示一个圆弧符号。在【修改标注样式】对话框下的【符号和箭头】选项卡中，可以更改弧长标注的位置样式。

动手操作　创建弧长标注

1 在【标注】面板中单击【标注】按钮，在打开的下拉列表中选择【弧长】选项，执行【弧长】命令。

2 系统提示：选择弧线段或多段线圆弧段，此时选择要标注的圆弧，如图 7-74 所示。

3 系统提示：指定弧长标注位置或[多行文字(M)/文字(T)/角度(A)/部分(P)/]，此时拖出标注文字并单击指定位置，创建弧长标注，如图 7-75 所示。

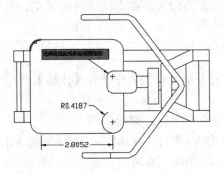

图 7-74　选择弧线段或多段线弧线段

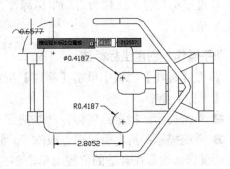

图 7-75　创建弧长标注

5. 创建角度标注

角度标注可测量两条直线或 3 个点之间的角度。要测量圆的两条半径之间的角度，可以选择此圆，然后指定角度端点。要测量其他对象，需要选择对象然后指定标注位置。另外，还可以通过指定角度顶点和端点标注角度。创建标注时，可以在指定尺寸线位置之前修改文字内容和对齐方式。

动手操作　创建角度标注

1 在【标注】面板中单击【标注】按钮，在打开的下拉列表中选择【角度】选项，执行【角度】命令。

2 系统提示：选择圆弧、圆、直线或<指定顶点>，此时选择要标注角度的对象，本例分别选择两条直线为对象，如图 7-76 所示。

3 系统提示：指定标注弧线位置或[多行文字(M)/文字(T)/角度(A)/象限点(Q)]，此时往左方拖出标注文字并单击指定位置，如图 7-77 所示。

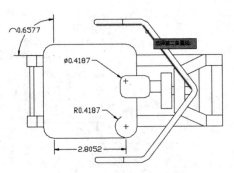

图 7-76　指定要标注的对象

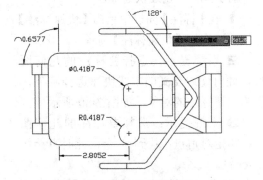

图 7-77　指定标注的位置

6. 创建坐标标注

坐标标注可测量原点（称为基准）到标注特征的垂直或者水平距离，如部件上的某个点在 X 轴或者 Y 轴上的坐标值。这种标注保持特征点与基准点的精确偏移量，从而避免增大误差。

坐标标注由 X 值或 Y 值和引线组成。X 基准坐标标注沿 X 轴测量特征点与基准点的距离。Y 基准坐标标注沿 Y 轴测量距离。如果指定一个点，程序将自动确定它是 X 基准坐标标注还是 Y 基准坐标标注，这称为自动坐标标注。如果 Y 值距离较大，那么标注测量 X 值。否则，测量 Y 值。

动手操作　创建坐标标注

1 在【标注】面板中单击【标注】按钮，在打开的下拉列表中选择【坐标】选项，执行【坐标】命令。

2 系统提示：指定点坐标，此时捕捉点，指定该点的坐标，如图 7-78 所示。

3 系统提示：指定引线端点或[X 基准(X)/Y 基准(Y)/多行文字(M)/文字(T)/角度(A)]，此时拖动鼠标，然后在合适的位置上单击创建坐标标注，如图 7-79 所示。

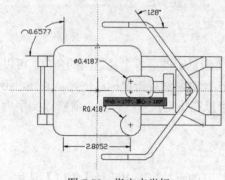

图 7-78　指定点坐标

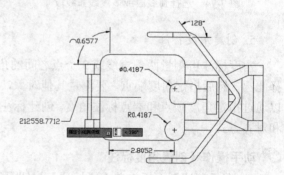

图 7-79　指定引线端点创建坐标标注

7. 创建快速标注

使用【快速标注】命令（qdim）可以快速创建或编辑一系列标注。对于创建系列基线、连续标注，或者为一系列圆或圆弧创建标注时，此命令特别有用。

动手操作　创建快速标注

1 在【标注】面板中单击【快速标注】按钮，执行【快速标注】命令。

2 系统提示：选择要标注的几何图形，此时使用交叉的方式快速选择圆形，作为快速标注的对象，如图 7-80 所示。

3 系统提示：选择要标注的几何图形：指定对角点：找到 5 个，此时直接按 Enter 键。

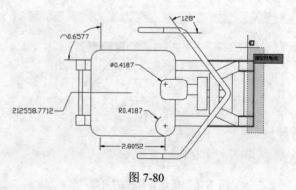

图 7-80

4 系统提示：指定尺寸线位置或[连续(C)/并列(S)/基线(B)/坐标(O)/半径(R)/直径(D)/基准点(P)/编辑(E)/设置(T)] <连续>，可以选择任意一项标注形式，默认状态下为"连续标注"。此时在合适位置单击指定标注的位置即可，如图 7-81 所示。

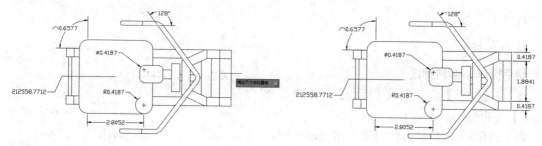

图 7-81　创建快速标注

7.5.2　创建基线与连续标注

基线标注能够标记同一基线处的多个标注。连续标注是首尾相连的多个标注。

在创建基线或连续标注之前，必须创建线性、对齐或角度标注，作为参考标注对象。通过创建基线或连续标注可以从当前任务的最近创建的标注中以增量方式创建基线标注。

动手操作　创建基线与连续标注

1 打开光盘中的"..\Example\Ch07\7.5.2.dwg"练习文件，首先使用【线性】标注功能，捕捉 A、B 两点，创建水平线性标注，如图 7-82 所示。

2 在【注释】选项卡的【标注】面板中单击【连续】按钮右侧的，在打开的下拉列表中选择【基线】选项。

3 系统提示：指定第二条延伸线原点或[放弃(U)/选择(S)]<选择>，拖动光标即可牵引出基线标注，接着依序捕捉 C、D 两点，创建基线标注，如图 7-83 所示。此时按两次 Enter 键结束基线标注命令。

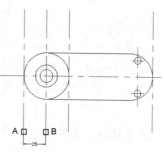

图 7-82　创建水平线性标注

4 使用【线性】命令，捕捉 E、F 两点创建垂直线性标注，如图 7-84 所示。

5 在【标注】面板中单击【基线】按钮右侧的，在打开的下拉列表中选择【连续】选项，执行【连续】命令。

6 拖动光标即可牵引出连续标注，接着依序捕捉 G、H 两点，创建连续标注，如图 7-85 所示。此时按两次 Enter 键结束连续标注命令即可。

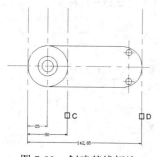

图 7-83　创建基线标注

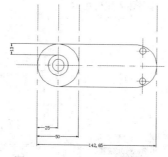

图 7-84　创建垂直线性标注

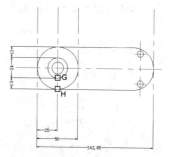

图 7-85　创建连续标注

7.5.3　编辑与修改标注

在为图形创建标注后，可以根据设计需要修改标注，包括倾斜标注、修改标注的文字格式、调整标注的位置等。

1. 倾斜标注

动手操作　倾斜标注

1 在【注释】选项卡的【标注】面板中单击
【倾斜】按钮 $\boxed{\text{／}}$。

2 选择需要倾斜的标注对象并按 Enter 键，
如图 7-86 所示。

3 系统提示：输入倾斜角度（按 Enter 表示
无），此时只需输入倾斜角度并按 Enter 键即可，
如图 7-87 所示。

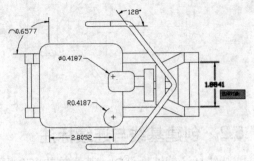

图 7-86　选择标注对象

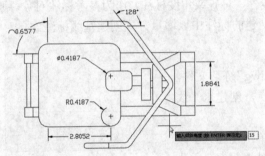

图 7-87　输入倾斜角度倾斜标注

2. 旋转标注文字

动手操作　旋转标注文字

1 在【注释】选项卡的【标注】面板中单击【文
字角度】按钮 $\boxed{\text{／}}$。

2 选择需要编辑的标注对象并按 Enter 键，如
图 7-88 所示。

3 系统提示：指定标注文字的角度，此时输入
标注文字的角度数值，本例输入"30"，然后按 Enter
键即可旋转标注文字到指定的角度，如图 7-89 所示。

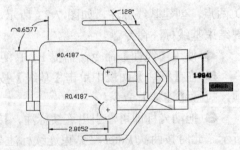

图 7-88　选择标注对象

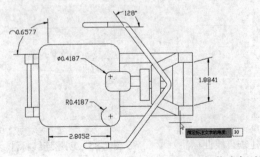

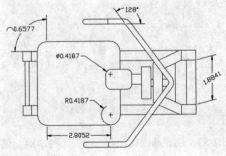

图 7-89　指定标注文字的角度

3. 修改标注文字格式

完成标注操作后，可以通过"ddedit"命令打开文字编辑器，修改原标注文字的文字格式，

以符合实际需求。

🐾 动手操作　修改标注文字格式

1 在命令窗口中输入"ddedit"并按下 Enter 键。

2 系统提示：选择注释对象或[放弃(U)]，此时选择要编辑的标注文字，进入多行文字的文字编辑器中，在此编辑任何文字内容及进行各种格式设置，如图 7-90 所示。

3 修改标注文字格式后，按 Ctrl+Enter 键，保存修改并退出编辑器即可。

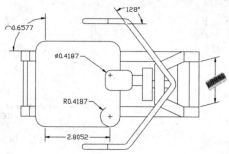

图 7-90　通过文字编辑器设置标注文字格式

4. 调整尺寸标注位置

在实际绘图中，有些标注会遮住图形的重要部分，如标注文字覆盖到零件的边上，这时可以调整标注的位置，以便显示的效果更好。

🐾 动手操作　调整尺寸标注位置

1 单击标注进入【夹点】模式。此时单击指定文本处的夹点为移动基点，接着将其拖至合适的位置，如图 7-91 所示。

2 按 Esc 键即可退出【夹点】模式。

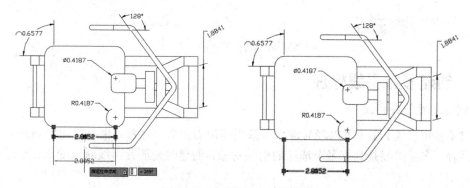

图 7-91　调整标注文本的位置

5. 为线性标注添加折弯

使用【折弯标注】命令可以向线性标注添加折弯线，以表示实际测量值与延伸线之间的长度不同。如果显示的标注对象小于被标注对象的实际长度，则通常使用折弯尺寸线表示。

动手操作 为线性标注添加折弯

1 在【注释】选项卡的【标注】面板中单击【折弯标注】按钮⤳。

2 系统提示：选择要添加折弯的标注或[删除(R)]，此时选择要创建折弯的线性标注，如图 7-92 所示。

3 系统提示：指定折弯位置（或按 Enter 键），此时在线性标注的左侧单击指定位置，如图 7-93 所示。

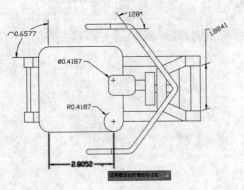

图 7-92 选择要添加折弯的标注

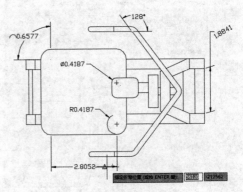

图 7-93 指定折弯的位置

4 单击标注进入夹点模式，然后拖动折弯所在的夹点，可以调整折弯处的位置，如图 7-94 所示。

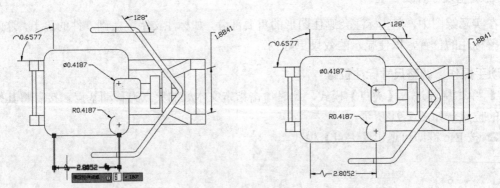

图 7-94 调整折弯的位置

7.5.4 创建多重引线标注

1. 创建多重引线标注

通过【多重引线】命令可以轻易地将多条引线附着到同一注释，也可以均匀隔开并快速对齐多个注释。多重引线是具有多个选项的引线对象，创建时先放置引线对象的头部、尾部或内容均可。

动手操作 创建多重引线标注

1 在【注释】选项卡的【引线】面板中单击【多重引线】按钮。

2 系统提示：指定引线箭头的位置或[引线基线优先(L)/内容优先(C)/选项(O)]<选项>，

由于默认状态下为指定引线箭头位置优先。此时捕捉端点，指定引线箭头的位置，如图 7-95 所示。

3 系统提示：指定引线基线的位置，如图 7-96 所示单击指定基线的位置。

4 由于这里选择了 Standard 多重引线样式，所以引线内容默认为"多行文字"。在文本框中输入引线内容，这里输入"A"，然后按 Ctrl+Enter 键确定内容，如图 7-97 所示。

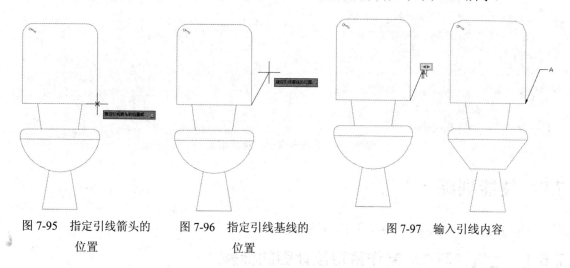

图 7-95　指定引线箭头的　　　图 7-96　指定引线基线的　　　　　图 7-97　输入引线内容
　　　　　　位置　　　　　　　　　　　　　位置

2. 对齐多重引线

动手操作　对齐多重引线

1 在【注释】选项卡的【引线】面板中单击【对齐】按钮，系统提示：选择多重引线，此时选择需要对齐的多重引线，然后按 Enter 键，如图 7-98 所示。

2 系统提示：选择要对齐到的多重引线或[选项(O)]。此时选择任一多重引线，以其作为对齐的参照对象，如图 7-99 所示。

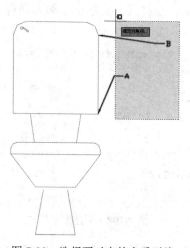
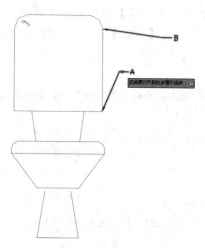

图 7-98　选择要对齐的多重引线　　　　　图 7-99　选择要作为参照的多重引线

3 系统提示：指定方向。此时在要对齐的位置上单击，即可以选定的参照对象对齐另外的多重引线对象，如图 7-100 所示。

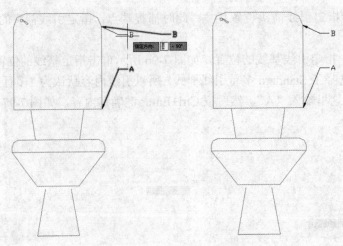

图 7-100 对齐多重引线及其结果

7.6 技能训练

下面通过多个上机练习实例，巩固所学技能。

7.6.1 上机练习 1：制作窗帘设计图的标题

本例先通过【文字样式】对话框创建出名称为"中文标题"的新样式，然后使用新样式创建出单行文字并设置文字的格式。

操作步骤

1 打开光盘中的"..\Example\Ch07\7.6.1.dwg"练习文件，在【默认】选项卡的【注释】面板中打开【文字样式】下拉列表，再选择【管理文字样式】选项，打开【文字样式】对话框，如图 7-101 所示。

2 单击【新建】按钮打开【新建文字样式】对话框，在样式名文字框中输入新样式的名称，接着单击【确定】按钮，如图 7-102 所示。

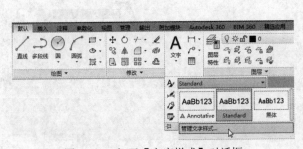

图 7-101 打开【文字样式】对话框

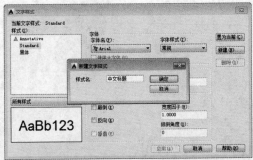

图 7-102 新建文字样式

3 返回【文字样式】对话框，在【字体】选项组中设置【字体名】为【楷体】，【字体样式】为【常规】，如图 7-103 所示。

4 在【大小】选项组中设置【图纸文字高度】为 10，然后在【效果】选项组中设置【宽度因子】为 1，【倾斜角度】为 25，如图 7-104 所示。

图 7-103　设置文字样式　　　　　　　　图 7-104　设置文字样式其他选项

5 预设效果满意后单击【置为当前】按钮，再分别单击【应用】与【关闭】按钮。

6 在【默认】选项卡的【注释】面板中打开【文字】下拉列表，再选择【单行文字】选项 Ａ。系统提示：指定文字的起点或[对正(J)/样式(S)]，此时单击指定第一个字符的插入点，如图 7-105 所示。

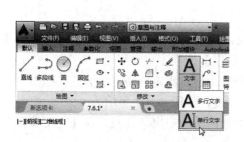

图 7-105　执行【单行文字】命令并指定文字起点

7 系统提示：指定文字的旋转角度<0>，本例使用默认的 0°，所以直接按 Enter 键，接着输入文字内容，最后按 Enter 键两次，确定输入的内容并退出【单行文字】命令，如图 7-106 所示。

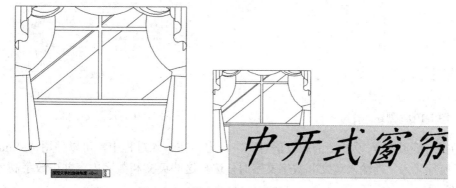

图 7-106　指定旋转角度并输入文字

8 由于文字过大，选择到文字对象，然后切换到【注释】选项卡，再打开【文字】面板并单击【缩放】按钮 缩放 打开选项列表，选择【现有】选项即可，如图 7-107 所示。

9 系统提示：指定新模型高度或[图纸高度(P)/匹配对象(M)/比例因子(S)]，输入 "2" 并按 Enter 键，重新指定文字高度为 2，如图 7-108 所示。

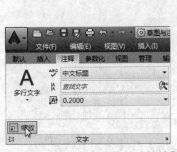

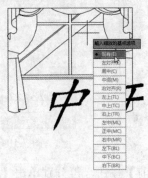

图 7-107　执行文字的【缩放】命令并选择缩放基点选项　　　图 7-108　重新指定文字的高度

7.6.2　上机练习 2：制作设计图的版权信息

本例先使用【多行文字】命令在设计图标题下方添加设计者版权信息的文字内容，然后分别插入版权所有标记符号和电子邮件符号并适当设置它们的格式。

操作步骤

1 打开光盘中的 "..\Example\Ch07\7.6.2.dwg" 练习文件，在【默认】选项卡的【注释】面板中打开【文字】下拉列表，再选择【多行文字】选项。

2 系统提示：指定第一角点，此时在绘图区中通过指定两角点的方式，拖出一个矩形区域，指定边框的对角点以定义多行文字对象的宽度，如图 7-109 所示。

3 此时将显示【文字编辑器】选项卡，并在绘图区中出现标尺，在【文字编辑器】选项卡中设置样式和文字高度，如图 7-110 所示。

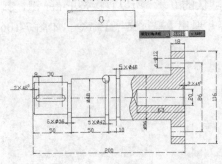

图 7-109　创建多行文字　　　　　　　　　　　图 7-110　设置文字格式

4 在文字区中输入设计图的版权信息文字内容。在输入过程中，可以使用按 Enter 键的方法进行换行输入。当输入英文和数字文字时，选择这些英文和数字内容并更改字高为 3，如图 7-111 所示。

5 在【文字编辑器】选项卡的【插入】面板中单击【符号】按钮，在打开的下拉列表中选择【其他】选项，打开【字符映射表】对话框后，在【Aharoni】字体列表中选择版权所有标记符号，接着单击【选择】按钮，如图 7-112 所示。

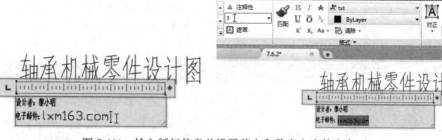

图 7-111 输入版权信息并设置英文和数字文字的字高

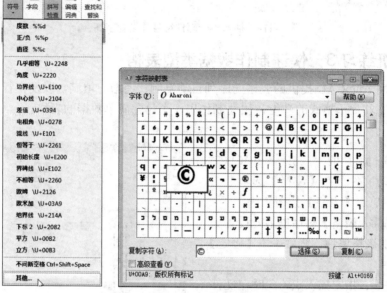

图 7-112 通过【字符映射表】对话框选择版权所有标记符号

6 在【字符映射表】对话框中单击【复制】按钮，然后返回练习文件的多行文字编辑器中，在设计者文字右侧单击右键并选择【粘贴】命令，接着将光标定位在版权所有标记符号前，并按多次空格键，最后在版权所有标记符号右侧输入"版权所有"文字，如图 7-113 所示。

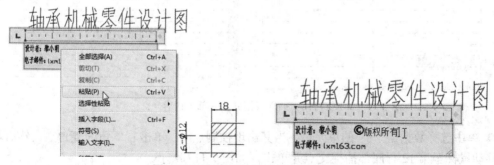

图 7-113 复制并粘贴符号再输入文字

7 使用相同的方法，在邮件文字中插入电子邮件"@"符号，然后分别选择版权所有标记符号和电子邮件符号，并设置它们的字高均为 3.5，结果如图 7-114 所示。

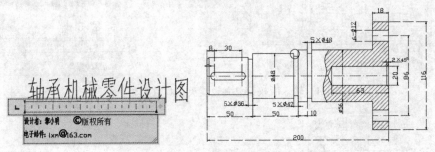

图 7-114 插入电子邮件符号并设置字高

7.6.3 上机练习 3：快速制作数据类型表格

本例将使用 AutoCAD 提供的表格的序列自动复制、递增与填满，以及在行、列和各个单元中均设置数字和货币格式的功能，快速制作出一个包含简单数据的表格。

操作步骤

1 打开光盘中的 "..\Example\Ch07\7.6.3.dwg" 练习文件，在【注释】选项卡的【表格】面板中单击【表格】按钮。

2 打开【插入表格】对话框后，设置如图 7-115 所示的表格属性，然后单击【确定】按钮。

3 系统提示：指定插入点，此时在文件窗口单击插入表格，然后在表格中输入第 1行和第 2 行的内容，如图 7-116 所示。

图 7-115 设置插入表格的选项

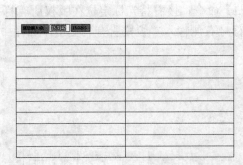

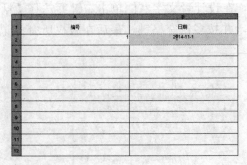

图 7-116 插入表格并输入部分内容

4 单击选择数据是 "1" 的单元格，当其出现控制点时，单击右下角的菱角点，然后垂直往下移动鼠标至第 12 行底部捕捉交点并单击，如图 7-117 所示。

5 此时程序会自动以叠加的方式填满 "编号" 的一整列，如图 7-118 所示。

6 选择日期数据所在的单元格，在【单元格式】面板中单击【数据格式】按钮，在打开的下拉列表中选择【自定义表格单元格式】命令，如图 7-119 所示。

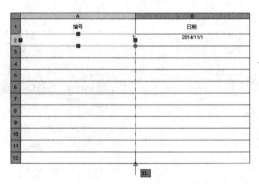

图 7-117 自动填满内容

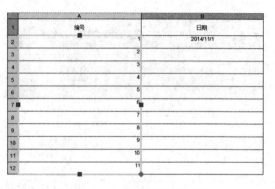

图 7-118 自动填满内容的结果

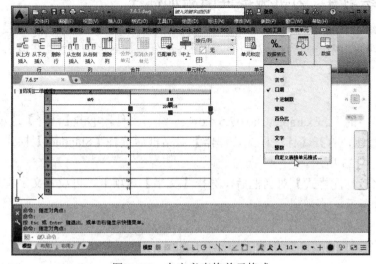

图 7-119 自定义表格单元格式

7 在打开的【表格单元格式】对话框中选择【日期】数据类型，然后在【样例】列表框中选择合适的样例，接着单击【确定】按钮，如图 7-120 所示。

8 使用步骤 4 的方法，对"日期"列单元格进行自动填满处理，结果如图 7-121 所示。

图 7-120 设置日期数据类型

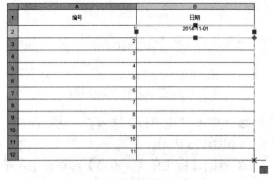

图 7-121 自动填满日期的数据

9 选择所有单元格，然后在【表格单元】选项卡中设置【正中】对齐方式，最后按下 Esc 键退出表格编辑即可，如图 7-122 所示。

图 7-122　设置单元格对齐方式

7.6.4　上机练习 4：为机械零件图添加标注

本例先修改练习文件中的 Standard 标注样式，然后将修改后的标注样式置为当前使用的样式，接着在文件窗口中分别为机械零件设计图各部分添加对应的标注，并适当调整标注中文字注释的位置。

操作步骤

1 打开光盘中的 "..\Example\Ch07\7.6.4.dwg" 练习文件，单击【注释】选项卡中【标注】面板右下角的按钮，打开【标注样式管理器】对话框后选择【Standard】样式，再单击【修改】按钮，如图 7-123 所示。

2 打开【修改标注样式】对话框后，选择【文字】选项卡，再设置文字垂直位置为【外部】，如图 7-124 所示。

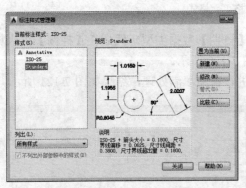

图 7-123　选择并修改标注样式

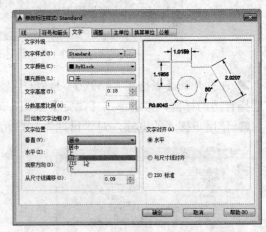

图 7-124　修改标注文字的位置设置

3 切换到【主单位】选项卡，然后设置小数分隔符为【"."（句号）】，再单击【确定】按钮，如图 7-125 所示。

4 返回【标注样式管理器】对话框中，单击【置为当前】按钮，将修改后的【Standard】样式设置为当前使用标注样式，接着单击【关闭】按钮，如图 7-126 所示。

5 选择【注释】选项卡，在【标注】面板中单击【线性】按钮。系统提示：指定第一个尺寸界线原点或<选择对象>，此时捕捉如图 7-127 所示的起点，然后捕捉第二个点并拖出尺寸线。

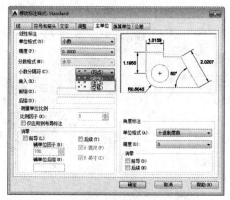

图 7-125　更改小数分隔符设置

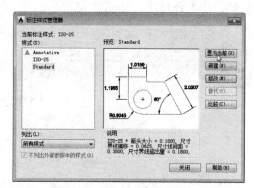

图 7-126　将修改的样式置为当前

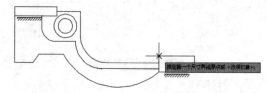

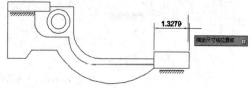

图 7-127　创建第一个线性标注

6 使用步骤 5 的方法，分别为机械零件其他部分创建对应的线性标注，结果如图 7-128 所示。

7 在【标注】面板中单击【线性】按钮□，并为机械零件左上方的线段创建竖直线性标注，然后单击【连续】按钮□右侧的□，在打开的下拉列表中选择【基线】选项，接着指定第二条延伸线原点，创建出第一个基线标注，如图 7-129 所示。

图 7-128　创建其他线性标注

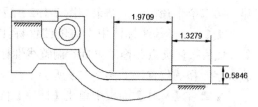

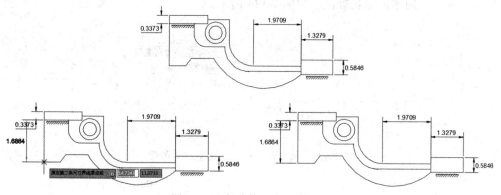

图 7-129　创建第一个基线标注

8 使用步骤 7 的方法，为机械零件左上方线段创建水平线性标注，然后在【标注】面板中单击【基线】按钮□右侧的□，在打开的下拉列表中选择【连续】选项，执行【连续】命令。接着拖动光标拖出连续标注，创建出如图 7-130 所示的连续标注。

9 在【注释】选项卡的【标注】面板中单击【标注】按钮□，在打开的下拉列表中选择【半径】选项□，此时将光标移至需要标注的小圆上并单击，然后拖动鼠标指定尺寸线位置，创建第一个半径标注,如图 7-131 所示。

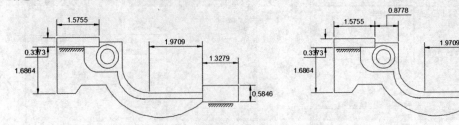

图 7-130　创建第一个连续标注

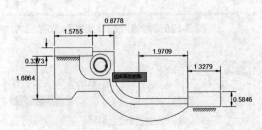

图 7-131　创建第一个半径标注

10 使用步骤 9 的方法,为较大的圆角创建出第二个半径标注,结果如图 7-132 所示。

11 选择基线标注中上方的线性标注对象,然后按住夹点并拖动鼠标,调整线性标注的文字注释的位置,如图 7-133 所示。

12 在【标注】面板中单击【标注】按钮，在打开的下拉列表中选择【弧长】选项，选择机械零件下方的弧线段,然后拖动鼠标指定弧长标注位置,创建出弧长标注,如图 7-134 所示。

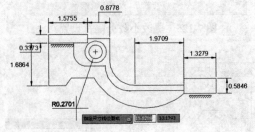

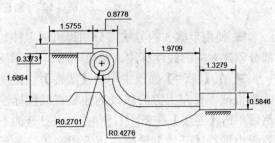

图 7-132　创建第二个半径标注

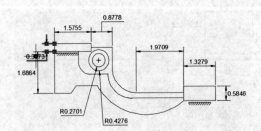

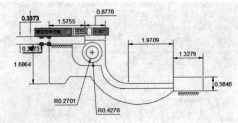

图 7-133　调整线性标注的文字注释位置

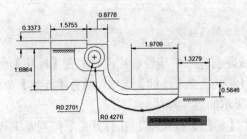

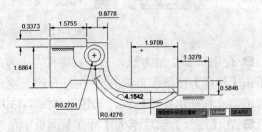

图 7-134　创建弧长标注

7.6.5 上机练习 5：制作机械图的多重引线

本例将为机械零件图添加 3 个多重引线，然后使用【添加引线】功能添加多条引线附着到同一注释，接着使用【对齐】功能对齐其中的两个多重引线对象。

操作步骤

1 打开光盘中的 "..\Example\Ch07\7.6.5.dwg" 练习文件，在【注释】选项卡的【引线】面板中单击【多重引线】按钮，然后指定引线箭头的位置，接着指定引线基线的位置，输入注释内容，如图 7-135 所示。

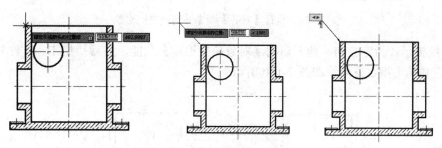

图 7-135 创建第一个多重引线

2 使用步骤 1 的方法，为机械零件设计图添加另外两个多重引线对象，并分别输入注解为 B 和 C，结果如图 7-136 所示。

3 在【注释】选项卡的【引线】面板中单击【添加引线】按钮，然后选择注解为 A 的引线对象，如图 7-137 所示。

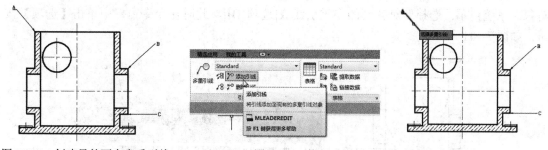

图 7-136 创建另外两个多重引线　　　　图 7-137 执行【添加引线】命令并选择对象

4 从基线处引出一箭头，捕捉到机械图的另一个端点，作为第二个引线的箭头位置。然后使用上一步骤的方法捕捉第三个引线箭头位置，按 Enter 键结束添加引线，如图 7-138 所示。

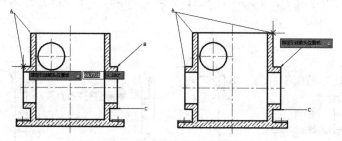

图 7-138 指定其他引线箭头的位置

5 在【引线】面板中单击【对齐】按钮，系统提示：选择多重引线，此时选择 "B"

与 "C" 两个引线注释并按 Enter 键，然后选择 B 注释的引线，以其作为对齐的参照对象，如图 7-139 所示。

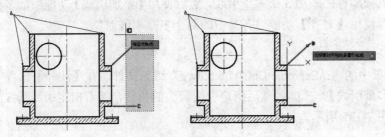

图 7-139　执行【对齐】命令并选择参照对象

6 系统提示：指定方向。此时启用【对象捕捉追踪】功能，然后捕捉 B、C 注释两基点之间的交点并单击指定方向，如图 7-140 所示。

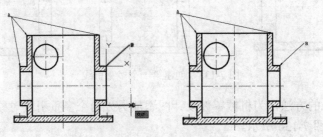

图 7-140　指定对齐方向

7 在【引线】面板中单击【对齐】按钮，并选择 "B" 与 "C" 两个引线注释作为作用对象。系统提示：选择要对齐到的多重引线或[选项(O)]，此时在命令窗口中单击【选项】按钮，如图 7-141 所示。

图 7-141　指定【对齐】命令并选择选项

8 选择【使引线线段平行】选项，然后选择 B 注释的引线，以其作为对齐的参照对象，如图 7-142 所示。

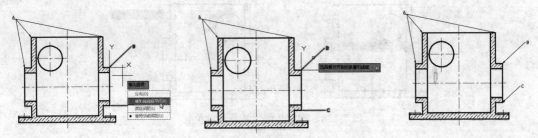

图 7-142　通过【使引线线段平行】方式对齐引线

7.7 评测习题

一、填空题

（1）_____命令可以在文字编辑器或在命令窗口上执行，通过该命令可以创建一个或多个多行文字段落。

（2）_____是指应用于多行文字对象和多重引线中的字符的分数和公差格式。

（3）使用_____可以控制一个表格的外观，它提供了指定字体、颜色、文字、高度和行距。

（4）通过_____命令可以轻易地将多条引线附着到同一注释，也可以均匀隔开并快速对齐多个注释。

二、选择题

（1）执行【单行文字】命令后，在命令行中不能进行哪种设置？　　　　　　（　　）

　　A. 字宽　　　　　　B. 旋转角度　　　　　C. 字高　　　　　　D. 颜色

（2）完成多行文字的输入后，按哪个快捷键可以保存修改并退出编辑器？　　（　　）

　　A. Ctrl+Alt+Enter　B. Alt+Enter　　　　C. Shift+Enter　　　D. Ctrl+Enter

（3）用于指示尺寸方向和范围的线条的尺寸标注部件是以下哪个？　　　　（　　）

　　A. 尺寸文字　　　　B. 尺寸线　　　　　　C. 延伸线　　　　　D. 尺寸箭头

三、判断题

（1）表格的外观由表格样式控制，可以使用默认表格样式，也可以创建自己的表格样式。

　　　　　　　　　　　　　　　　　　　　　　　　　　　　　　　　　　（　　）

（2）连续标注能够标记同一基线处的多个标注。　　　　　　　　　　　　（　　）

（3）坐标标注可测量原点（称为基准）到标注特征的垂直或者水平距离，如部件上的某个点在 X 轴或者 Y 轴上的坐标值。　　　　　　　　　　　　　　　　　　　　（　　）

四、操作题

使用创建基线标注的方式，为一个家居用品设计图创建基线标注，结果如图 7-143 所示。

提示

（1）打开光盘中的 "..\Example\Ch07\7.7.dwg" 练习文件，使用【线性】标注功能，捕捉设计图上下边缘上的两点，创建水平线性标注。

（2）在【标注】面板中单击【连续】按钮右侧的，在打开的下拉列表中选择【基线】选项。

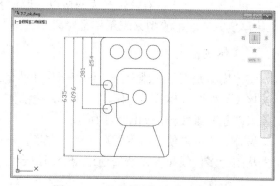

图 7-143　为设计图添加标注的结果

（3）系统提示：指定第二条延伸线原点或[放弃(U)/选择(S)] <选择>，此时拖动光标即可牵引出基线标注，接着依序捕捉其他点，创建基线标注。

（4）按两次 Enter 键结束基线标注命令。

第 8 章　应用 AutoCAD 的三维建模

学习目标

AutoCAD 2015 提供了强大的三维绘图功能，可以从头开始或从现有对象创建三维实体和曲面，然后结合这些实体和曲面来创建各种实体模型。通过三维建模，即可创建用户设计的实体、线框和网格模型，实现各种行业的三维设计需求。本章将详细介绍 AutoCAD 2015 在三维建模中的应用。

学习重点

- ☑ 认识三维建模和三维坐标系
- ☑ 创建三维实体图元
- ☑ 创建三维曲面模型
- ☑ 创建三维网格模型

8.1　认识 AutoCAD 的三维建模

AutoCAD 2015 提供的三维建模功能可使用实体、曲面和网格对象创建图形。实体、曲面和网格对象提供不同的功能，这些功能综合使用时可提供强大的三维建模工具套件。例如，可以将图元实体转换为网格，以使用网格锐化和平滑处理。

8.1.1　关于三维建模

在 AutoCAD 2015 中，可以创建新的三维实体和曲面，或扫掠、合并和修改现有对象。另外，可以创建对象或将对象转换为网格以获取增强的平滑化和锐化功能，也可以使用模拟曲面（三维厚度）或线框模型来表示三维对象。

1. 实体建模

实体模型是表示三维对象的体积，并且具有特性，如质量、重心和惯性矩。用户可以从图元实体（例如圆锥体、长方体、圆柱体和棱锥体）或通过拉伸、旋转、扫掠、放样闭合的二维对象来创建三维实体，如图 8-1 所示。

另外，还可以使用布尔运算（例如并集、差集和交集）组合三维实体。如图 8-2 所示为显示先从闭合多段线拉伸，然后通过相交而组合的两个实体。

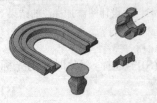

图 8-1　实体模型

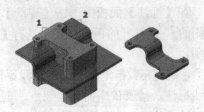

图 8-2　使用布尔运算组合三维实体

问: 什么是惯性矩?

答: 惯性矩（moment of inertia of an area）是一个建筑几何量，通常被用作描述截面抵抗弯曲的性质。在计算分布载荷（例如计算一块板上的流体压力）或计算曲梁内部应力时会用到这个值。

2. 曲面建模

曲面模型是不具有质量或体积的薄抽壳，如图 8-3 所示。AutoCAD 提供两种类型的曲面：程序曲面和 NURBS 曲面。使用程序曲面可利用关联建模功能，而使用 NURBS 曲面可通过控制点来利用造型功能。

在 AutoCAD 中，可以使用某些用于实体模型的相同工具来创建曲面模型：如扫掠、放样、拉伸和旋转，还可以通过对其他曲面进行过渡、修补、偏移、创建圆角和延伸来创建曲面。曲面模型与实体模型的区别在于曲面模型是开放模型，而实体模型是闭合模型。

3. 网格建模

网格模型由使用多边形表示（包括三角形和四边形）来定义三维形状的顶点、边和面组成，如图 8-4 所示。

与实体模型不同，网格模型的网格没有质量特性。但是，与三维实体一样，从 AutoCAD 2010 开始，可以创建长方体、圆锥体和棱锥体等图元网格形式，然后可以通过不适用于三维实体或曲面的方法来修改网格模型。例如，可以应用锐化、拆分以

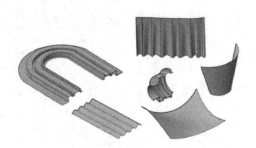

图 8-3　曲面模型

及增加平滑度，也可以拖动网格子对象（面、边和顶点）建立对象的形状，如图 8-5 所示。

图 8-4　网格模型

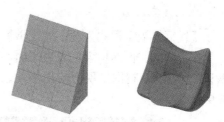

图 8-5　通过修改网格子对象建立模型

8.1.2　三维建模工作空间

AutoCAD 2015 提供了专用于三维建模的工作空间，与【草图与注释】工作空间相似，此空间在界面的右侧也预置了与三维操作相关的选项卡和面板。

1. 切换工作空间

方法 1　在状态栏单击【切换工作空间】按钮 ✿ ，在打开的快捷菜单中选择【三维建模】命令，如图 8-6 所示。

方法2　在程序标题栏中单击【工作空间】按钮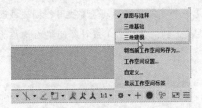，然后选择【三维建模】命令，如图 8-7 所示。

图 8-6　通过状态栏切换工作空间　　　　　　图 8-7　通过标题栏切换工作空间

2. 选择视觉样式

在【三维建模】工作空间中，通过【常用】选项卡的【视图】面板中打开【视觉样式】下拉列表，可以显示如图 8-8 所示的 10 种默认的预设视觉样式，新建的文件默认为【二维线框】视觉样式。

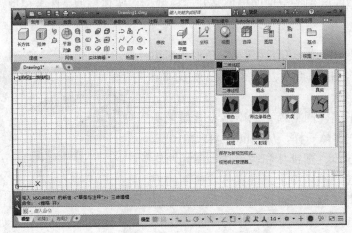

图 8-8　视觉样式

3. 视觉样式说明

以【线框】视觉样式为例：此视觉模式由"地平面"、"天空"和"地面下"3 部分组成，其中工作空间的平面网格就代表地平面，在垂直方向中，向上的表示天空，向下的表示地面下。在默认的情况下，视图呈现为俯视效果。通过调整三维导航器，可以变换不同的视觉效果，如图 8-9 所示。

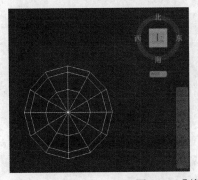

图 8-9　【线框】视觉模式

8.1.3　三维空间的坐标系

要有效地进行三维建模，必须控制用户坐标系。在三维空间中工作时，用户坐标系对于输入坐标、在二维工作平面上创建三维对象以及在三维空间中旋转对象都很有用。

在 AutoCAD 中，三维坐标系由 3 个通过同一点且彼此成 90°的坐标轴组成，这 3 个坐标轴称为 X 轴、Y 轴和 Z 轴。其中，三条坐标轴的交点就是坐标系的原点，即各个坐标轴的坐标零点。从坐标系原点出发，向坐标轴正方向延伸的点用正坐标值作为度量，而向坐标轴负方向的点则用负坐标值作为度量，如图 8-10 所示。因此可知，当对象处于三维空间中时，构成对象的任意一点的位置都可以使用三维坐标（x,y,z）来表示。

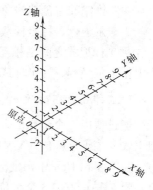

图 8-10　三维坐标系

1. 通过设置 UCS 简化工作

在三维环境中创建或修改对象时，可以在三维模型空间中移动和重新定向 UCS 以简化工作。其中，UCS 的 XY 平面称为工作平面。

在三维环境中，基于 UCS 的位置和方向对对象进行的重要操作包括：

（1）建立要在其中创建和修改对象的工作平面。

（2）建立包含栅格显示和栅格捕捉的工作平面。

（3）建立对象在三维中要绕其旋转的新 UCS Z 轴。

（4）确定正交模式、极轴追踪和对象捕捉追踪的上下方向、水平方向和垂直方向。

（5）使用 PLAN 命令可将三维视图直接定义在工作平面中。

2. 应用右手定则

在三维坐标系中，3 个坐标轴的正方向可以根据右手定则确定。具体方法是将右手手背靠近屏幕放置，大拇指指向 X 轴的正方向，接着伸出食指和中指，食指指向 Y 轴的正方向，而中指则指向 Z 轴的正方向，如图 8-11 所示。通过旋转手，就可以看到 X、Y 和 Z 轴随着 UCS 的改变而旋转了。

另外，还可以使用右手定则确定三维空间中绕坐标轴旋转的默认正方向。具体的方法是将右手拇指指向轴的正方向，卷曲其余四指，此时右手四指所指示的方向即轴的正旋转方向，如图 8-12 所示。

图 8-11　右手定则确定三维坐标轴方向

图 8-12　右手定则确定绕坐标轴旋转的正方向

　　默认情况下，在三维空间中指定视图时，该视图将相对于固定的 WCS 而不是可移动的 UCS 建立。

8.1.4 三维坐标系的形式

在三维空间中创建对象时，可以使用笛卡尔坐标、柱坐标或球坐标定位点。

笛卡尔坐标、柱坐标或球坐标都是对三维坐标系的一种描述，其区别是度量的形式不同。这 3 种坐标形式之间是相互等效的。也就是说，AutoCAD 三维空间中的任意一点，可以分别使用笛卡尔坐标、柱坐标或球坐标来表示。

1. 三维笛卡尔坐标

通过使用三个坐标值来指定精确的位置：X、Y 和 Z。输入三维笛卡尔坐标值（X,Y,Z）类似于输入二维坐标值（X,Y）。除了指定 X 和 Y 值以外，还需要使用（X,Y,Z）的格式指定 Z 值。如图 8-13 所示中，坐标（3,2,5）指定一个沿 X 轴正方向 3 个单位，沿 Y 轴正方向 2 个单位，沿 Z 轴正方向 5 个单位的点。

 使用二维坐标时，可以输入基于原点的绝对坐标值，也可以输入基于上一输入点的相对坐标值。

在输入相对坐标时，可以使用@符号作为前缀。例如，@1,0,0 指定在 X 轴正方向上距离上一点一个单位的点。在输入绝对坐标时，无须输入任何前缀。

2. 三维柱坐标

通过 XY 平面中与 UCS 原点之间的距离、XY 平面中与 X 轴的角度以及 Z 值来描述精确的位置。

柱坐标输入相当于三维空间中的二维极坐标输入。它在垂直于 XY 平面的轴上指定另一个坐标。柱坐标通过定义某点在 X 平面中距 UCS 原点的距离，在 XY 平面中与 X 轴所成的角度以及 Z 值来定位该点。

柱坐标指定使用绝对柱坐标的点使用的语法是：*X<[与 X 轴所成的角度],Z*（如：*X<angle,Z*）。

如图 8-14 所示，动态输入处于关闭状态，因此"5<30,8"在 XY 平面上指定距离 UCS 原点 5 个单位的点、在 XY 平面上与 X 轴正方向成 30 度，并沿 Z 轴正方向延伸 8 个单位。

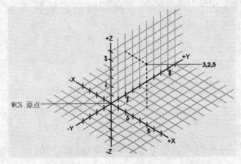

图 8-13 三维笛卡尔坐标形式

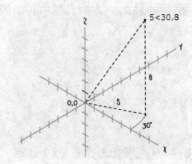

图 8-14 柱坐标形式

3. 三维球坐标

通过指定某个位置距当前 UCS 原点的距离、在 XY 平面中与 X 轴所成的角度以及与 XY 平面所成的角度来指定该位置。

三维中的球坐标输入与二维中的极坐标输入类似。通过指定某点距当前 UCS 原点的距离、与 X 轴所成的角度（在 XY 平面中）以及与 XY 平面所成的角度来定位点，每个角度前面加了一个左尖括号（<），如以下格式所示：X<[与 X 轴所成的角度]<[与 XY 平面所成的角度]。

如图 8-15 所示中，动态输入处于关闭状态，因此 5<45<15 表示距离 XY 平面上的 UCS 原点 5 个单位长度、与 XY 平面上的 X 轴正方向成 45 度并位于 XY 平面上方与其夹角为 15 度的点。

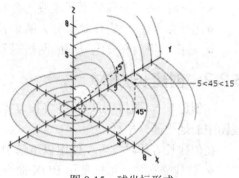

图 8-15　球坐标形式

8.2　创建三维实体图元

三维实体对象通常以某种基本形状或图元作为起点，然后可以对其进行修改和重新合并。下面将介绍三维实体图元的创建方法。

8.2.1　关于实体图元

1. 实体图元

在 AutoCAD 中可以创建多种基本三维形状（称为实体图元），其中包括长方体、圆锥体、圆柱体、球体、楔体、棱锥体和圆环体等，如图 8-16 所示。通过组合图元形状，可以创建更加复杂的实体。例如，可以合并两个实体，从另一个实体中减去一个实体，也可以基于体积的相交部分创建形状。

2. 创建实体图元的方法

三维实体对象表示整个对象的体积，在各种三维建模方式中，实体的信息最完整，歧义最少，所以也是最容易构造和编辑的一种模型。在 AutoCAD 中，可以通过以下任意一种方法从现有对象创建三维实体模型，如图 8-17 所示。

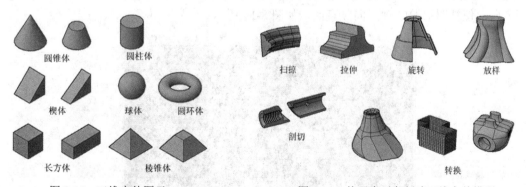

图 8-16　三维实体图元　　　　图 8-17　从现有对象创建三维实体模型

- 扫掠：沿某个路径延伸二维对象。
- 拉伸：沿垂直方向将二维对象的形状延伸到三维空间。
- 旋转：绕轴扫掠二维对象。

- 放样：在一个或多个开放或闭合对象之间延伸形状的轮廓。
- 剖切：将一个实体对象分为两个独立的三维对象。
- 转换：将具有一定厚度的网格对象和平面对象转换为实体和曲面。

8.2.2　创建长方体

在创建长方体时，可以始终将长方体的底面绘制为与当前 UCS 的 XY 平面（【三维建模】视图中的地平面）平行。

在创建长方体时，可以使用以下选项来控制创建的长方体的大小和旋转：

- 创建立方体：可以使用 BOX 命令的【立方体】选项创建等边长方体。
- 指定旋转：如果要在 XY 平面内设定长方体的旋转，可以使用【立方体】或【长度】选项。
- 从中心点开始创建：可以使用【中心点】选项创建使用指定中心点的长方体。

动手操作　创建长方体

1 创建一个【无样板打开 – 公制】新文件，然后在【常用】选项卡的【视图】面板中设置视图的视觉样式为【概念】（本节所有绘图的视觉样式都使用该样式），如图 8-18 所示。

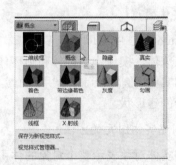

图 8-18　新建文件并设置视觉样式

2 为了方便绘图时更形象地查看实体图元的效果，在绘图前先通过 ViewCube 工具调整视图方向，使视图中的 Z 轴指向竖直面，如图 8-19 所示。

图 8-19　调整视图方向

3 在【常用】选项卡的【建模】面板中单击【长方体】按钮 。系统提示：指定第一个角点或[中心(C)]，此时可以在文件窗口中单击或者输入数值确定第一个角点，如图 8-20 所示。

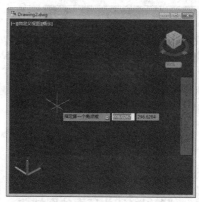

图 8-20　执行【长方体】命令并指定第一个角点

4 系统提示：指定其他角点或[立方体(C)/长度(L)]，此时在文件窗口中单击确定其他角点，如图 8-21 所示。

5 系统提示：指定高度或[两点(2P)]，此时在文件窗口中移动光标拉出长方体高度后单击即可，如图 8-22 所示。如果沿 Z 轴正方向移动将设置长方体高度为正值；如果沿 Z 轴负方向移动将设置长方体高度为负值。

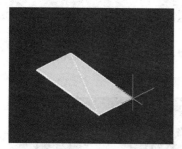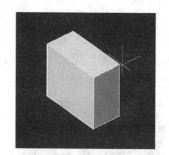

图 8-21　指定另一个角点　　　　　　图 8-22　指定长方体高度

8.2.3　创建圆柱体

在 AutoCAD 中，可以创建以圆或椭圆为底面的圆柱体。

1. 创建以圆为底面的圆柱体

动手操作　创建以圆为底面的圆柱体

1 在【常用】选项卡的【视图】面板中设置视图的视觉样式为【概念】，且通过 ViewCube 工具调整视图方向，使视图中的 Z 轴指向竖直面。

2 选择【常用】选项卡，在【建模】面板中打开【创建三维实体】下拉列表，选择【圆柱体】。

3 系统提示：指定底面的中心点或[三点(3P)/两点(2P)/相切、相切、半径(T)/椭圆(E)]，此时可以在文件窗口中单击或输入数值确定中心点。

4 系统提示：指定底面半径或[直径(D)]，此时在文件窗口中单击或输入数值确定球体半径，如图 8-23 所示。

5 系统提示：指定高度或[两点(2P)/轴端点(A)]，此时在文件窗口移动光标拉出圆柱体高度后单击即可，如图 8-24 所示。

图 8-23　确定圆柱体底面

图 8-24　拉出圆柱体高度

2. 创建以椭圆为底面的圆柱体

🖰 **动手操作　创建以椭圆为底面的圆柱体**

1 选择【常用】选项卡，在【建模】面板中打开【创建三维实体】下拉列表，选择【圆柱体】⬚。

2 系统提示：指定底面的中心点或[三点(3P)/两点(2P)/相切、相切、半径(T)/椭圆(E)]，此时输入 "E" 并按 Enter 键。

3 系统提示：指定第一个轴的端点或[中心(C)]，此时在文件窗口中单击或输入数值确定第一个轴的端点。

4 系统提示：指定第一个轴的其他端点，此时在文件窗口中单击或输入数值确定第一个轴的其他端点，如图 8-25 所示。

5 系统提示：指定第二个轴的端点，此时在文件窗口中单击或输入数值确定第二个轴的端点，如图 8-26 所示。

图 8-25　指定第一个轴的端点

图 8-26　指定第二个轴的端点

6 系统提示：指定高度或[两点(2P)/轴端点(A)]，此时在文件窗口移动光标拉出圆柱体的高度后单击即可，如图 8-27 所示。创建以椭圆为底面的实体圆柱体的结果如图 8-28 所示。

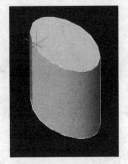

图 8-27　指定高度

图 8-28　绘图的结果

3. 创建由轴端点指定高度和方向的圆柱体

动手操作　创建由轴端点指定高度和方向的圆柱体

1 选择【常用】选项卡，在【建模】面板中打开【创建三维实体】下拉列表，选择【圆柱体】 ▢ 。

2 系统提示：指定底面的中心点或[三点(3P)/两点(2P)/相切、相切、半径(T)/椭圆(E)]，此时可以在文件窗口中单击或输入数值确定底面的中心点。

3 系统提示：指定底面半径或[直径(D)]，此时在文件窗口中移动光标拉出圆柱体底面半径，如图 8-29 所示。

4 系统提示：指定高度或[两点(2P)/轴端点(A)]，此时输入 "A"，然后按 Enter 键。

5 系统提示：指定轴端点，此时在文件窗口中单击或输入数值确定轴端点即可，如图 8-30 所示。绘图后的结果如图 8-31 所示。

　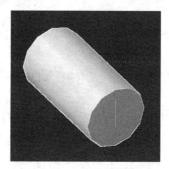　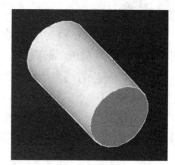

图 8-29　指定底面半径　　　　图 8-30　指点轴端点　　　　图 8-31　绘图的结果

8.2.4　创建圆锥体

创建圆锥体图元时，可以以圆或椭圆为底面，然后将底面逐渐缩小到一点来创建圆锥体。另外，也可以通过逐渐缩小到与底面平行的圆或椭圆平面来创建圆台。

1. 以圆作底面创建圆锥体

动手操作　以圆作底面创建圆锥体

1 选择【常用】选项卡，在【建模】面板中打开【创建三维实体】下拉列表，选择【圆锥体】 △ 。

2 系统提示：指定底面的中心点或[三点(3P)/两点(2P)/相切、相切、半径(T)/椭圆(E)]，此时可以在文件窗口中单击或者输入数值确定底面中心点。

3 系统提示：指定底面半径或[直径(D)]，此时在文件窗口移动光标拉出圆锥体底面半径，如图 8-32 所示。

4 系统提示：指定高度或[两点(2P)/轴端点(A)/顶面半径(T)]，此时在文件窗口移动光标拉出圆锥体的高度后单击即可，如图 8-33 所示。

　　沿 Z 轴正方向移动将设置圆锥体高度为正值；沿 Z 轴负方向移动将设置圆锥体高度为负值。

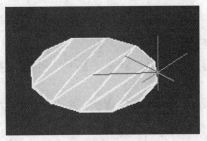

图 8-32　指定底面半径

图 8-33　指定高度

2. 以椭圆作底面创建圆锥体

动手操作　以椭圆作底面创建圆锥体

1 选择【常用】选项卡，在【建模】面板中打开【创建三维实体】下拉列表，选择【圆锥体】△。

2 系统提示：指定底面的中心点或[三点(3P)/两点(2P)/相切、相切、半径(T)/椭圆(E)]，此时输入 "E" 并按 Enter 键。

3 系统提示：指定第一个轴的端点或[中心(C)]，此时在文件窗口中单击或者输入数值确定第一个轴的端点。

4 系统提示：指定第一个轴的其他端点，此时在文件窗口中单击或输入数值确定第一个轴的其他端点，如图 8-34 所示。

5 系统提示：指定第二个轴的端点，此时在文件窗口中单击或输入数值确定第二个轴的端点，如图 8-35 所示。

6 系统提示：指定高度或[两点(2P)/轴端点(A)/顶面半径(T)]，此时在文件窗口移动光标拉出圆锥体的高度后单击即可，如图 8-36 所示。

图 8-34　指定第一个轴的其他端点

图 8-35　指定第二个轴的端点

图 8-36　指定高度后创建圆锥体

3. 创建实体圆台

动手操作　创建实体圆台

1 选择【常用】选项卡，在【建模】面板中打开【创建三维实体】下拉列表，选择【圆锥体】△。

2 系统提示：指定底面的中心点或[三点(3P)/两点(2P)/相切、相切、半径(T)/椭圆(E)]，此时可以在文件窗口中单击或者输入数值确定底面中心点。

3 系统提示：指定底面半径或[直径(D)]，此时在文件窗口移动光标拉出圆锥体底面半径，如图 8-37 所示。

4 系统提示：指定高度或[两点(2P)/轴端点(A)/顶面半径(T)]，此时输入"T"并按 Enter 键，然后在文件窗口中单击或输入数值确定顶面半径，如图 8-38 所示。

5 系统提示：指定高度或[两点(2P)/轴端点(A)]，此时在文件窗口中单击或输入数值确定圆台体高度即可，如图 8-39 所示。

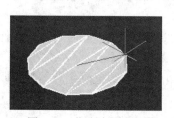

图 8-37　指定底面半径　　　　图 8-38　指定顶面半径　　　　图 8-39　指定高度即可创建实体圆台

4. 创建由轴端点指定高度和方向的圆锥体

📎 **动手操作**　创建由轴端点指定高度和方向的圆锥体

1 选择【常用】选项卡，在【建模】面板中打开【创建三维实体】下拉列表，选择【圆锥体】◁。

2 系统提示：指定底面的中心点或[三点(3P)/两点(2P)/相切、相切、半径(T)/椭圆(E)]，此时可以在文件窗口中单击或输入数值确定底面中心点。

3 系统提示：指定底面半径或[直径(D)]，此时在文件窗口移动光标拉出圆锥体底面半径，如图 8-40 所示。

4 系统提示：指定高度或[两点(2P)/轴端点(A)/顶面半径(T)]，此时输入"A"，然后按 Enter 键。

5 系统提示：指定轴端点，此时在文件窗口中单击或输入数值确定轴端点即可，如图 8-41 所示。

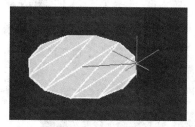
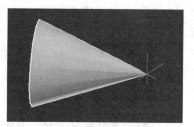

图 8-40　指定底面半径　　　　　　　　图 8-41　指定轴端点

5. 由圆锥体修改成圆台实体

📎 **动手操作**　由圆锥体修改成圆台实体

1 在文件窗口中创建一个圆锥体。

2 将光标移到圆锥体上单击，选择该圆锥体。

3 当实体出现蓝色的控制点后，在圆锥体顶点上的外向控制点上单击并向外移动光标，即可拉伸实体，生成圆台造型，如图 8-42 所示。

图 8-42　将圆锥体修改成圆台实体

8.3.5 创建球体

在 AutoCAD 中可以使用多种方法来创建实体球体。

1. 指定中点和半径创建球体

动手操作 指定中点和半径创建球体

1 选择【常用】选项卡，在【建模】面板中打开【创建三维实体】下拉列表，选择【球体】○。

2 系统提示：指定中心点或[三点(3P)/两点(2P)/相切、相切、半径(T)]，此时可以在文件窗口中单击或输入数值确定中心点。

3 系统提示：指定半径或[直径(D)]，此时在文件窗口中单击或输入数值确定球体半径即可，如图 8-43 所示。

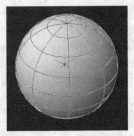

图 8-43 创建球体

2. 3 个点定义的实体球体

动手操作 创建 3 个点定义的实体球体

1 选择【常用】选项卡，在【建模】面板中打开【创建三维实体】下拉列表，选择【球体】○。

图 8-44 选择【三点】的建模方式

2 系统提示：指定中心点或[三点(3P)/两点(2P)/相切、相切、半径(T)]，此时在命令窗口中单击【三点(3P)】选项，如图 8-44 所示。

3 系统提示：指定第一点，此时在文件窗口中单击或输入数值确定第一个点。

4 系统提示：指定第二点，继续在文件窗口确定第二个点。

5 系统提示：指定第三点，此时确定第三个点，即可生成实体球体，如图 8-45 所示。

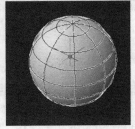

图 8-45 创建实体球体

8.3.6 创建棱锥体

在 AutoCAD 中，可以创建侧面数范围介于 3~32 之间的棱锥体，也可以指定棱锥体轴的端点位置，并通过轴端点定义棱锥体的长度和方向。

 　　轴端点是棱锥体的顶点或顶面中心点（如果使用"顶面半径"选项），且该点可以位于三维空间的任意位置。

1. 创建棱锥体

动手操作　创建棱锥体

1 选择【常用】选项卡，在【建模】面板中打开【创建三维实体】下拉列表，选择【棱锥体】。

2 系统提示：指定底面的中心点或[边(E)/侧面(S)]，此时可以在文件窗口中单击或输入数值确定底面的中心点。

3 系统提示：指定底面半径或[内接(I)]，此时在文件窗口中单击或输入数值确定棱锥体的底面半径，如图 8-46 所示。

4 系统提示：指定高度或[两点(2P)/轴端点(A)/顶面半径(T)]，此时在文件窗口移动光标拉出棱锥体高度后单击即可，如图 8-47 所示。

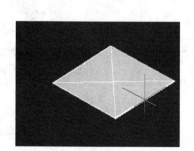

图 8-46　指定底面半径

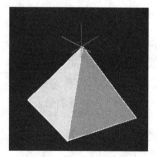

图 8-47　指定棱锥体高度

2. 创建棱台

动手操作　创建棱台

1 选择【常用】选项卡，在【建模】面板中打开【创建三维实体】下拉列表，选择【棱锥体】。

2 系统提示：指定底面的中心点或[边(E)/侧面(S)]，此时可以在文件窗口中单击或输入数值确定底面中心点。

3 系统提示：指定底面半径或[内接(I)]，此时在文件窗口中移动光标拉出圆锥体底面半径，如图 8-48 所示。

4 系统提示：指定高度或[两点(2P)/轴端点(A)/顶面半径(T)]，此时输入"T"，然后按 Enter 键。

5 系统提示：指定顶面半径<0.0000>，此时在文件窗口中单击或输入数值确定顶面半径，如图 8-49 所示。

6 系统提示：指定高度或[两点(2P)/轴端点(A)]，此时在文件窗口中单击或输入数值确定棱锥体高度即可，如图 8-50 所示。

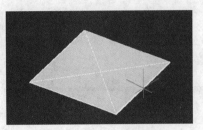

图 8-48　指定底面半径

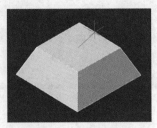

图 8-49　指定顶面半径

图 8-50　指定高度

3. 创建自定义侧面棱锥体

动手操作　创建自定义侧面棱锥体

1 选择【常用】选项卡，在【建模】面板中打开【创建三维实体】下拉列表，选择【棱锥体】。

2 系统提示：指定底面的中心点或[边(E)/侧面(S)]，此时在命令窗口中单击【侧面(S)】选项，如图 8-51 所示。

3 系统提示：输入侧面数<4>，此时输入侧面数，例如输入"10"，并按下 Enter 键确定，如图 8-52 所示。

图 8-51　选择【侧面】选项

图 8-52　输入侧面数

4 系统提示：指定底面的中心点或[边(E)/侧面(S)]，此时可以在文件窗口中单击或输入数值确定底面的中心点。

5 系统提示：指定底面半径或[内接(I)]，此时在文件窗口中单击或输入数值确定棱锥体的底面半径，如图 8-53 所示。

6 系统提示：指定高度或[两点(2P)/轴端点(A)/顶面半径(T)]，此时在文件窗口中移动光标拉出棱锥体高度后单击即可，结果如图 8-54 所示。

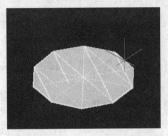

图 8-53　指定底面半径

图 8-54　指定棱锥体高度

8.3.7　创建楔体

在创建楔体实体图元时，可以将楔体的底面绘制为与当前 UCS 的 XY 平面平行，斜面正对第一个角点，而楔体的高度与 Z 轴平行。

动手操作 **创建楔体**

1 选择【常用】选项卡，在【建模】面板中打开【创建三维实体】下拉列表，选择【楔体】▧。

2 系统提示：指定第一个角点或[中心(C)]，此时可以在文件窗口中单击或者输入数值确定第一个角点。另外，还可以选择"中心"选项，然后指定楔体的中心点。

3 系统提示：指定其他角点或[立方体(C)/长度(L)]，此时在文件窗口中单击或输入数值确定其他角点，如图 8-55 所示。

4 系统提示：指定高度或[两点(2P)]，此时在文件窗口移动光标拉出楔体高度后单击即可，如图 8-56 所示。

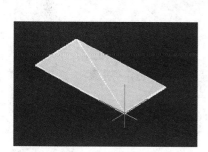

图 8-55　指定角点

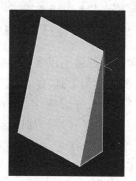

图 8-56　指定高度

8.3.8　创建圆环体

圆环体其实就是一种与轮胎内胎相似的环形实体。圆环体由两个值定义，一个是圆管的半径，另一个是从圆环体中心到圆管中心的距离。在 AutoCAD 中，可以将圆环体绘制为与当前 UCS 的 XY 平面平行，且被该平面平分。

动手操作 **创建圆环体**

1 选择【常用】选项卡，在【建模】面板中打开【创建三维实体】下拉列表，选择【圆环体】◉。

2 系统提示：指定中心点或[三点(3P)/两点(2P)/相切、相切、半径(T)]，此时可以在文件窗口中单击或输入数值确定中心点。

3 系统提示：指定半径或[直径(D)]，此时在文件窗口中单击或输入数值确定球体半径，如图 8-57 所示。

4 系统提示：指定圆管半径或[两点(2P)/直径(D)]，此时在文件窗口中单击或输入数值确定圆管半径，如图 8-58 所示。

　圆环可能是自交的。自交的圆环没有中心孔，因为圆管半径比圆环半径的绝对值大，如图 8-59 所示。

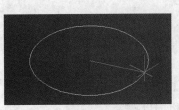

图 8-57 指定半径

图 8-58 指定圆管半径

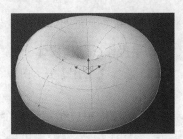

图 8-59 自交的圆环没有中心孔

8.3.9 创建多段体

在 AutoCAD 中，绘制多段体与绘制多段线的方法相同。在默认情况下，多段体始终带有一个矩形轮廓，可以指定轮廓的高度和宽度。

1. 创建不包含圆弧的多段体

动手操作 创建不包含圆弧的多段体

1 选择【常用】选项卡，在【建模】面板中单击【多段体】按钮 。

2 系统提示：指定起点或[对象(O)/高度(H)/宽度(W)/对正(J)] <对象>，此时可以单击命令窗口的【高度(H)】选项，如图 8-60 所示。

3 系统提示：指定高度<4.0000>，此时可以输入高度值，例如输入 "6" 并按下 Enter 键，重新设置多段体的高度，如图 8-61 所示。

图 8-60 选择【高度】选项

图 8-61 输入高度的数值

4 系统提示：指定起点或[对象(O)/高度(H)/宽度(W)/对正(J)] <对象>，此时可以在文件窗口中单击或输入数值确定起点。

5 系统提示：指定下一个点或[圆弧(A)/放弃(U)]，此时在文件窗口中单击或输入数值确定点位置，如图 8-62 所示。

6 系统提示：指定下一个点或[圆弧(A)/放弃(U)]，再次在文件窗口中单击或输入数值确定点位置。

7 系统提示：指定下一个点或[圆弧(A)/放弃(U)]，接着在文件窗口中单击或输入数值确定点位置，如图 8-63 所示。

图 8-62 创建第一段多段体

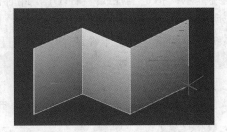

图 8-63 创建多段体的结果

8 系统提示：指定下一个点或[圆弧(A)/闭合(C)/放弃(U)]，此时按 Enter 键，即可结束多段体的绘制。

> **问**：如果要在绘制多段体过程中闭合多段体，该怎么办？
> **答**：如果想要在创建多段体的过程中闭合现有的多段体，可以输入"C"键，然后按 Enter 键即可。

2. 创建包含圆弧的多段体

在 AutoCAD 中，可以创建包含圆弧的多段体，但是默认情况下轮廓始终为矩形。

动手操作　创建包含圆弧的多段体

1 选择【常用】选项卡，在【建模】面板中单击【多段体】按钮。

2 此时根据系统提示设置多段体的高度或宽度，并指定起点。

3 系统提示：指定下一个点或[圆弧(A)/放弃(U)]，此时输入"A"并按 Enter 键。

4 系统提示：指定圆弧的端点或[闭合(C)/方向(D)/直线(L)/第二个点(S)/放弃(U)]，此时在文件窗口中单击或输入数值确定圆弧的端点，如图 8-64 所示。

5 系统提示：指定下一个点或[圆弧(A)/闭合(C)/放弃(U)]：指定圆弧的端点或[闭合(C)/方向(D)/直线(L)/第二个点(S)/放弃(U)]，再次在文件窗口中单击或输入数值确定第二个圆弧的端点，如图 8-65 所示。

6 系统提示：指定下一个点或[圆弧(A)/闭合(C)/放弃(U)]：指定圆弧的端点或[闭合(C)/方向(D)/直线(L)/第二个点(S)/放弃(U)]，此时输入"L"并按 Enter 键，将绘图模式转换成直线。

7 系统提示：指定下一个点或[圆弧(A)/闭合(C)/放弃(U)]，此时在文件窗口中单击或输入数值确定点位置，如图 8-66 所示。

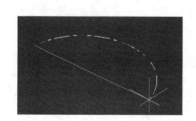
图 8-64　指定圆弧的端点

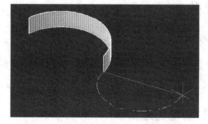
图 8-65　指定另一段圆弧端点

图 8-66　指定直线段的端点

8 系统提示：指定下一个点或[圆弧(A)/闭合(C)/放弃(U)]，最后按 Enter 键确定，完成创建的操作。

8.4　创建三维曲面模型

曲面建模提供创建和编辑关联或自由形式曲面的能力。曲面包括两种类型：程序曲面和 NURBS 曲面。

- 程序曲面：可以是关联曲面，即保持与其他对象间的关系，以便可以将它们作为一个组进行处理。

- NURBS 曲面：不是关联曲面。此类曲面具有控制点，使用户可以一种更自然的方式对其进行造型。

使用程序曲面可利用关联建模功能，而使用 NURBS 曲面可通过控制点来利用造型功能。如图 8-67 所示，左侧显示了程序曲面，右侧显示了 NURB 曲面。

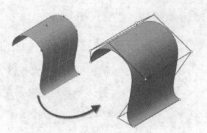

图 8-67　曲面的类型

8.4.1　创建曲面的方式

在 AutoCAD 中，可以使用下列方法创建程序曲面和 NURBS 曲面，如图 8-68 所示。

方法 1　基于轮廓创建曲面：使用拉伸（EXTRUDE）、放样（LOFT）、平面（PLANESURF）、旋转（REVOLVE）、网格（SURFNETWORK）和扫掠（SWEEP）命令，基于由直线和曲线组成的轮廓形状创建曲面（注意：拉伸、放样、旋转和扫掠方式同样适用于创建实体）。

方法 2　从其他曲面创建曲面：通过过渡（SURFBLEND）、修补（SURFPATCH）、延伸（SURFEXTEND）、圆角（SURFFILLET）和偏移（SURFOFFSET）曲面以创建新的曲面。

方法 3　将对象转换为程序曲面：将现有实体（包括复合对象）、曲面和网格转换为程序曲面（CONVTOSURFACE）。

方法 4　将程序曲面转换为 NURBS 曲面：无法将某些对象（如网格对象）直接转换为 NURBS 曲面。在这种

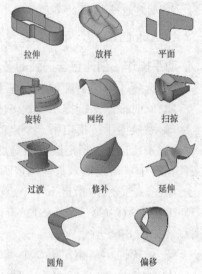

图 8-68　创建曲面的方式

情况下，可以将对象先转换为程序曲面，然后再将其转换为 NURBS 曲面（CONVTONURBS）。

8.4.2　基于轮廓创建曲面

1. 使用【网格】功能创建曲面

使用【网格】功能（命令：SURFNETWORK）可以在曲线网络之间或在其他三维曲面、实体的边之间创建网络曲面。

动手操作　使用【网格】功能创建曲面

1 选择【曲面】选项卡，在【创建】面板中单击【网格】按钮 网络。

2 系统提示：沿第一个方向选择曲线或曲面边，此时在第一个方向中选择同方向的曲线，并按 Enter 键，如图 8-69 所示。

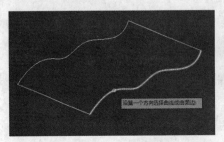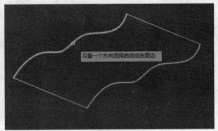

图 8-69　选择第一个方向的曲线

3 系统提示：沿第二个方向选择曲线或曲面边，接着选择第二个方向的曲线或曲面边，如图 8-70 所示。选择完成后按 Enter 键，即可创建出曲面，如图 8-71 所示。

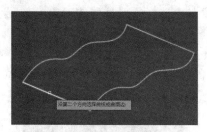

图 8-70　选择第二个方向的曲线

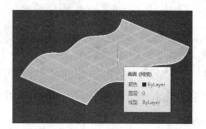

图 8-71　创建曲面的结果

2. 使用【平面】功能创建曲面

使用【平面】功能（命令：PLANESURF）可以通过选择关闭的对象或指定矩形表面的对角点创建平面曲面。该命令支持首先拾取选择并基于闭合轮廓生成平面曲面。通过命令指定曲面的角点时，将创建平行于工作平面的曲面。

动手操作　使用【平面】功能创建曲面

1 选择【曲面】选项卡，在【创建】面板中单击【平面】按钮 平面 。

2 系统提示：指定第一个角点或[对象(O)]，此时在文件窗口中通过指定两个角点的方式创建出矩形平面曲面，如图 8-72 所示。

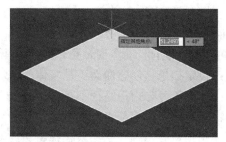

图 8-72　通过指定角点创建平面曲面

3 如果想要将现有的对象创建成平面曲面，可以在单击【平面】按钮 平面 后，再单击命令窗口的【对象(O)】选项，然后选择目标对象并按 Enter 键即可，如图 8-73 所示。

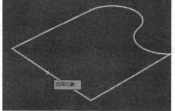
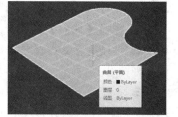

图 8-73　将现有对象创建成平面曲面

3. 使用【拉伸】功能创建曲面

使用【拉伸】功能（命令：EXTRUDE），可以通过将曲线拉伸到三维空间创建三维实体或曲面。开放曲线可创建曲面，而闭合曲线可创建实体或曲面。

动手操作　使用【拉伸】功能创建曲面

1 选择【曲面】选项卡，在【创建】面板中单击【拉伸】按钮 拉伸。

2 系统提示：选择要拉伸的对象，此时在文件窗口中选择需要拉伸的对象，如图 8-74 所示。

3 选择对象后系统显示"找到 1 个"，此时按 Enter 键。

4 系统提示：指定拉伸的高度或[方向(D)/路径(P)/倾斜角(T)]，此时在文件窗口中单击或输入数值确定拉伸的高度即可，如图 8-75 所示。

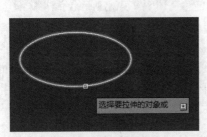

图 8-74　选择要拉伸的对象

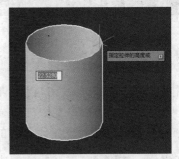

图 8-75　指定拉伸的高度

4. 使用【扫掠】功能创建曲面

使用【扫掠】功能（命令：SWEEP），可以通过沿路径扫掠轮廓来创建三维实体或曲面。沿路径扫掠轮廓时，轮廓将被移动并与路径垂直对齐。开放轮廓可创建曲面，而闭合曲线可以创建实体或曲面。

使用【扫掠】功能拉伸对象时，可以指定以下任意一个选项：

- 模式：设定扫掠是创建曲面还是实体。
- 对齐：如果轮廓与扫掠路径不在同一平面上，需要指定轮廓与扫掠路径对齐的方式。
- 基点：在轮廓上指定基点，以便沿轮廓进行扫掠。
- 比例：指定从开始扫掠到结束扫掠将更改对象大小的值。输入数学表达式可以约束对象缩放。
- 扭曲：通过输入扭曲角度，对象可以沿轮廓长度进行旋转。输入数学表达式可以约束对象的扭曲角度。

动手操作　使用【扫掠】功能创建曲面

1 选择【曲面】选项卡，在【创建】面板中单击【扫掠】按钮 扫掠。

2 系统提示：选择要扫掠的对象，此时在文件窗口中选择需要扫掠的对象，然后按 Enter 键，如图 8-76 所示。

3 系统提示：选择扫掠路径或[对齐(A)/基点(B)/比例(S)/扭曲(T)]，然后在文件窗口中选择扫掠的路径对象并按 Enter 键即可，如图 8-77 所示。通过扫掠创建曲面的结果如图 8-78 所示。

5. 使用【放样】功能创建曲面

使用【放样】功能（命令：LOFT）可以通过指定一系列横截面（必须至少指定两个横截面）来创建三维实体或曲面。横截面定义了结果实体或曲面的形状。

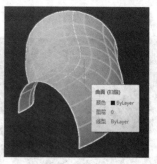

图 8-76　选择要扫掠的对象　　　图 8-77　选择扫掠路径　　　图 8-78　通过扫掠创建曲面的结果

放样横截面可以是开放或闭合的平面或非平面，也可以是边子对象。开放的横截面创建曲面，闭合的横截面创建实体或曲面（具体取决于指定的模式），如图 8-79 所示。

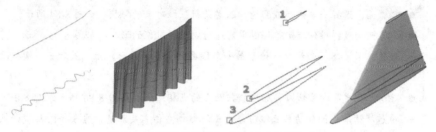

图 8-79　使用【放样】功能创建曲面和实体

动手操作　使用【放样】功能创建曲面

1 选择【曲面】选项卡，在【创建】面板中单击【放样】按钮 放样 。

2 系统提示：按放样次序选择横截面，此时在文件窗口依次选择用于放样的相同横截面方向的对象，然后按 Enter 键，如图 8-80 所示。

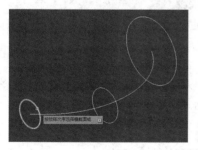
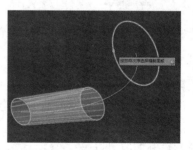

图 8-80　按放样次序选择横截面

3 系统提示：按放样次序选择横截面或[点(PO)/合并多条边(J)/模式(MO)]，此时在命令窗口中单击【模式(MO)】选项，然后单击【曲面(SU)】选项，如图 8-81 所示。

图 8-81　设置模式为曲面

4 系统再次提示：按放样次序选择横截面或[点(PO)/合并多条边(J)/模式(MO)]，此时直接按 Enter 键，显示输入选项后，选择【路径】选项，然后选择作为路径轮廓的线条，如图 8-82 所示。

5 完成上述操作后，即可得到如图 8-83 所示的曲面模型。

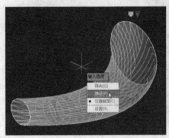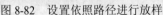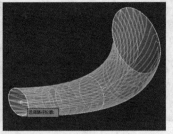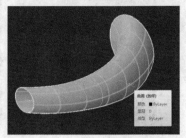

图 8-82　设置依照路径进行放样　　　　　　图 8-83　通过放样创建的曲面

放样方式的选项说明如下：

- 横截面：选择一系列横截面轮廓以定义新三维对象的形状，如图 8-84 所示。
- 路径：为放样操作指定路径以更好地控制放样对象的形状，如图 8-85 所示。为了获得最佳结果，路径曲线应开始于第一个横截面所在的平面，止于最后一个横截面所在的平面。
- 导向：指定导向曲线以与相应横截面上的点相匹配，如图 8-86 所示。此方法可防止出现意外结果，例如结果三维对象中出现皱褶。但需要注意，每条导向曲线必须满足与每个横截面相交、开始于第一个横截面、止于最后一个横截面三个条件。

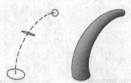

图 8-84　通过横截面轮廓放样　　　图 8-85　通过路径放样　　　图 8-86　通过导向曲线放样

6. 使用【旋转】功能创建曲面

使用【旋转】功能（命令：REVOLVE）可以通过绕轴旋转开放或闭合对象来创建实体或曲面，其中旋转对象可以定义实体或曲面的轮廓。如果旋转闭合对象，则创建出实体；如果旋转开放对象，则创建出曲面。

旋转路径和轮廓曲线可以是：

（1）开放的或闭合的。

（2）平面或非平面。

（3）实体边和曲面边。

（4）单个对象（为了拉伸多条线，使用 JOIN 命令将其转换为单个对象）。

（5）单个面域（要拉伸多个面域，需要首先使用 UNION 命令将其转换为单个对象）。

动手操作　使用【旋转】功能创建曲面

1 选择【曲面】选项卡，在【创建】面板中单击【旋转】按钮 旋转。

2 系统提示：选择要旋转的对象，此时在文件窗口中依次选择用于旋转的对象，然后按 Enter 键，如图 8-87 所示。

3 系统提示：指定轴起点或根据以下选项之一定义轴[对象(O)/X/Y/Z]<对象>，此时在文件窗口中单击或输入数值确定旋转轴起点，如图 8-88 所示。

图 8-87 选择要旋转的对象

图 8-88 指定轴起点

4 系统提示：指定轴端点，在文件窗口单击或输入数值确定旋转轴端点，如图 8-89 所示。

5 系统提示：指定旋转角度或[起点角度(ST)/反转(R)/表达式(EX)]<360>，此时输入要旋转的角度或者直接在文件窗口上拖动鼠标设置旋转角度，如图 8-90 所示。

6 设置旋转角度后，按 Enter 键确定即可，最终结果如图 8-91 所示。

图 8-89 指定轴端点

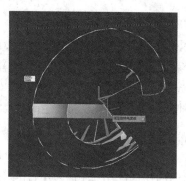

图 8-90 指定旋转角度

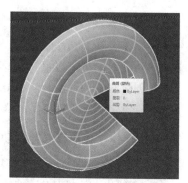

图 8-91 旋转创建曲面的结果

8.4.3 从其他曲面创建曲面

1. 使用【过渡】功能创建曲面

使用【过渡】功能（命令：SURFBLEND）可以在两个现有曲面之间创建连续的过渡曲面。将两个曲面融合在一起时，可以指定曲面连续性和凸度幅值。

- 连续性：测量曲面彼此融合的平滑程度。默认值为 G0。可以选择一个值或使用夹点来更改连续性。
- 凸度幅值：设定过渡曲面边与其原始曲面相交处该过渡曲面边的圆度。默认值为 0.5，有效值介于 0~1 之间。

动手操作 使用【过渡】功能创建曲面

1 选择【曲面】选项卡，在【创建】面板中单击【过渡】按钮。

2 系统提示：选择要过渡的第一个曲面的边或[链(CH)]，此时选择要过渡的第一个曲面的边，并按 Enter 键，如图 8-92 所示。

3 系统提示：选择要过渡的第二个曲面的边或[链

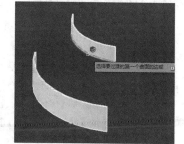

图 8-92 选择要过渡的第一个曲面的边

(CH)]，此时选择要过渡的第二个曲面的边，并按 Enter 键，如图 8-93 所示。

4 打开选项列表，可以选择曲面融合的选项，也可以直接按 Enter 键使用默认设置。完成操作后，即可创建如图 8-94 所示的曲面。

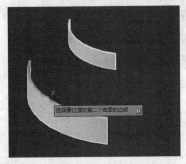
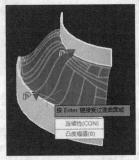
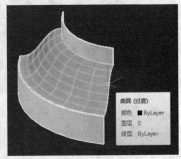

图 8-93　选择要过渡的第二个曲面的边　　　　图 8-94　使用默认设置创建曲面

2. 使用【修补】功能创建曲面

使用【修补】功能（命令：SURFPATCH）可以通过在形成闭环的曲面边上拟合一个封口来创建新曲面，也可以通过闭环添加其他曲线以约束和引导修补曲面。

在创建修补曲面时，可以指定曲面连续性和凸度幅值。如果 SURFACEASSOCIATIVITY 系统变量设定为 1，则会保留修补曲面和原始边或曲线之间的关联性。

动手操作　使用【修补】功能创建曲面

1 选择【曲面】选项卡，在【创建】面板中单击【修补】按钮。

2 系统提示：选择要修补的曲面边或[链(CH)/曲线(CU)] <曲线>，选择要修补的曲面边并按 Enter 键，如图 8-95 所示。

3 系统提示：按 Enter 键接受修补曲面或[连续性(CON)/凸度幅值(B)/导向(G)]，此时可以选择设置连续性或凸度幅值选项，也可以直接按 Enter 键接受并完成操作，创建出的曲面如图 8-96 所示。

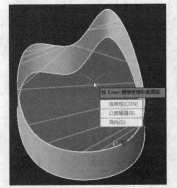
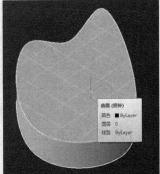

图 8-95　选择要修补的曲面边　　　　图 8-96　接受修补后创建的曲面

3. 使用【延伸】功能创建曲面

使用【延伸】功能（命令：SURFEXTEND）可以按指定的距离拉长曲面。【延伸】功能可以将延伸曲面合并为原始曲面的一部分，也可以将其附加为与原始曲面相邻的第二个曲面。

【延伸】功能有两种模式：

- 延伸：以尝试模仿并延续曲面形状的方式拉伸曲面。
- 拉伸：拉伸曲面，而不尝试模仿并延续曲面形状。

【延伸】功能有两种创建类型：

- 合并：将曲面延伸指定的距离，而不创建新曲面。如果原始曲面为 NURBS 曲面，则新延伸曲面也将为 NURBS 曲面。
- 附加：创建与原始曲面相邻的新延伸曲面。

动手操作　使用【延伸】功能创建曲面

1 选择【曲面】选项卡，在【编辑】面板中单击【延伸】按钮 。

2 系统提示：选择要延伸的曲面边，此时选择要延伸的曲面边并按 Enter 键，如图 8-97 所示。

3 系统提示：指定延伸距离[表达式(E)/模式(M)]，如果要设置模式，可以在命令窗口中单击【模式(M)】选项，然后在打开的选项列表中选择模式选项，选择【拉伸】选项，如图 8-98 所示。

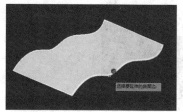

图 8-97　选择要延伸的曲面边　　　　　　　　　　图 8-98　设置模式

4 系统提示：创建类型[合并(M)/附加(A)]<合并>，此时可以选择创建类型选项，选择【附加】选项，如图 8-99 所示。

5 系统提示：指定延伸距离[表达式(E)/模式(M)]，此时可以输入延伸距离数值，也可以拖动鼠标到适当的位置单击设置距离，如图 8-100 所示。

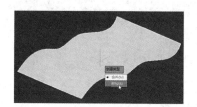
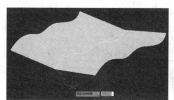

图 8-99　设置创建类型　　　　　　　　　　图 8-100　指定延伸距离创建出曲面

4. 使用【圆角】功能创建曲面

使用【圆角】功能（命令：SURFFILLET）可以在两个其他曲面之间创建圆角曲面。圆角曲面具有固定半径轮廓且与原始曲面相切。在使用此功能时，会自动修剪原始曲面，以连接圆角曲面的边。

动手操作　使用【圆角】功能创建曲面

1 选择【曲面】选项卡，在【编辑】面板中单击【圆角】按钮 。

2 系统提示：选择要圆角化的第一个曲面或面域或者[半径(R)/修剪曲面(T)]，此时选择要圆角化的第一个曲面，再选择要圆角化的第二个曲面，如图 8-101 所示。

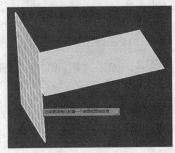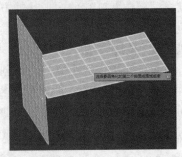

图 8-101　选择要圆角化的两个曲面

3 系统提示：按 Enter 键接受圆角曲面或[半径(R)/修剪曲面(T)]，此时可以选择【半径】和【修剪曲面】选项，也可以直接按 Enter 键完成操作，如图 8-102 所示。

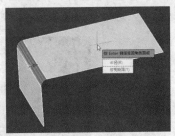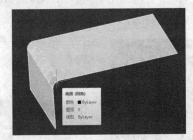

图 8-102　接受圆角曲面的结果

5. 使用【偏移】功能创建曲面

使用【偏移】功能（命令：SURFOFFSET）可以创建与原始曲面相距指定距离的平行曲面。使用【偏移】功能在命令窗口中出现的选项说明如下：

- 指定偏移距离：指定偏移曲面和原始曲面之间的距离。
- 翻转方向：反转箭头显示的偏移方向，如图 8-103 所示。
- 两侧：沿两个方向偏移曲面（创建两个新曲面而不是一个）。
- 实体：从偏移创建实体。
- 连接：如果原始曲面是连接的，则连接多个偏移曲面，如图 8-104 所示。
- 表达式：输入公式或方程式来指定曲面偏移的距离。

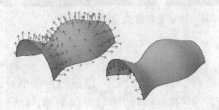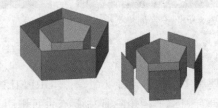

图 8-103　翻转方向示意图　　　　图 8-104　连接多个偏移曲面

动手操作　使用【偏移】功能创建曲面

1 选择【曲面】选项卡，在【创建】面板中单击【偏移】按钮。

2 系统提示：选择要偏移的曲面或面域，在文件窗口中选择要偏移的曲面，然后按 Enter 键，如图 8-105 所示。

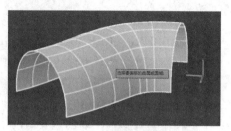

图 8-105　选择要偏移的曲面

3 系统提示：指定偏移距离或[翻转方向(F)/两侧(B)/实体(S)/连接(C)/表达式(E)]，此时单击鼠标指定偏移距离，或者直接输入偏移距离的数值即可，如图 8-106 所示。

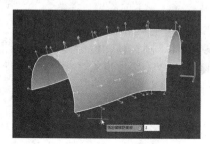

图 8-106　指定偏移距离及其结果

8.5　创建三维网格模型

网格模型包括对象的边界和表面。所以当需要使用消隐、着色和渲染处理模型（线框模型无法提供这些功能），但又不需要实体模型提供的物理特性（质量、体积、重心、惯性矩等）时，可以使用网格来创建三维模型。

8.5.1　网格模型概述

由于网格模型由网格近似表示，所以网格的密度决定了网格模型的光滑程度。网格密度控制镶嵌面的数目，它由包含 M×N 个顶点的矩阵定义，类似于由行和列组成的栅格，而 M 和 N 就分别指定给定顶点的列和行的位置。

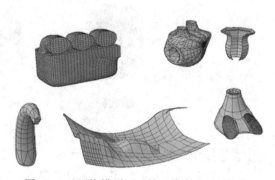

因为网格模型不需像实体模型那样表示质量、体积等物理性质，所以网格可以是开放的也可以是闭合的，如图 8-107 所示。如果网格模型在某个方向上网格的起始边和终止边没有接触，那么这种模型就称为开放式网格模型。

图 8-107　网格模型可以是开放也可以是闭合

从 AutoCAD 2010 开始，即可以平滑化、锐化、分割和优化默认的网格对象类型。尽管可以继续创建传统多面网格和多边形网格类型，但是可以通过转换为较新的网格对象类型获得更理想的结果。

可以使用以下方法创建网格对象：

- 创建网格图元：创建标准形状，例如长方体、圆锥体、圆柱体、棱锥体、球体、楔体和圆环休（使用命令：MESH）。
- 从其他对象创建网格：创建直纹网格对象、平移网格对象、旋转网格对象或边界定义的网格对象，这些对象的边界内插在其他对象或点中（使用命令：RULESURF、TABSURF、REVSURF 或 EDGESURF）。

- 从其他对象类型进行转换：将现有实体或曲面模型（包括复合模型）转换为网格对象（使用命令：MESHSMOOTH）。
- 创建自定义网格（传统项）：使用 3DMESH 命令可创建多边形网格，通常通过 AutoLISP 程序编写脚本，以创建开口网格。使用 PFACE 命令可创建具有多个顶点的网格，这些顶点是由指定的坐标定义的。

8.5.2 创建三维网格图元

在 AutoCAD 2015 中，可以创建网格长方体、圆锥体、圆柱体、棱锥体、球体、楔体和圆环体等多种三维网格图元。在创建前，可以对网格图元对象设置镶嵌默认值，然后即可使用创建三维实体图元的方法创建网格图元。

设置图元网格的选项说明如下：

- 镶嵌细分：是指对于每个选定的网格图元类型，设置每个侧面的默认细分数。例如对圆柱体则按轴、高度和底面进行镶嵌细分，如图 8-97 所示。其中：
  - 轴：沿网格圆柱体底面的周长设置细分数。
  - 高度：在网格圆柱体的底面和顶面之间设置细分数。
  - 底面：在网格圆柱体底面的圆周和圆心点之间设置细分数。
- 预览的平滑度：在【预览】窗口下方打开【预览的平滑度】下拉列表，可以选择"0、1、2、3、4、5"各级别的平滑度，主要用于更改网格图元各边角的平滑程度。
- 自动更新：清除【自动更新】复选框，然后单击【更新】按钮可以更新预览，将预览图像更新为显示所做的任何更改。

轴细分　　　　高度细分　　　　底面细分

图 8-108　圆柱体网格图元的镶嵌细分

动手操作　创建三维网格图元

1 打开光盘中的"..\Example\Ch08\8.5.2.dwg"练习文件，选择【网格】选项卡，在【图元】面板中单击【图元网格选项】按钮，打开【图元网格选项】对话框，如图 8-109 所示。

2 在【网格】选项组中的【网格图元】列表中选择一种要设置的图元，然后通过【镶嵌细分】表设置图元的结构外观。例如，选择【圆柱体】图元后，可以设置轴、高度和基点等参数，如图 8-110 所示。

3 设置完成后，单击【确定】按钮，完成图元网格选项的设置。

4 在视图的视觉样式设置成【3dWireframe（三维线框）】，然后调整 Z 轴竖直显示。

5 在【图元】面板中打开【三维网格图元】下拉列表，选择一种网格图元（本例选择网络圆柱体），如图 8-111 所示。

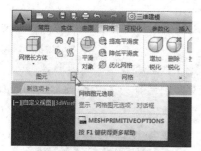

图 8-109　打开【图元网格选项】对话框

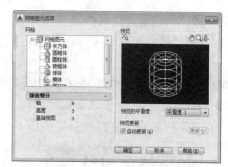

图 8-110　设置图元网格选项

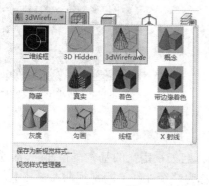

图 8-111　选择三维网格图元

❻ 按照命令窗口的系统提示，参考创建圆柱体的方法创建出网格圆柱体图元，结果如图 8-112 所示。

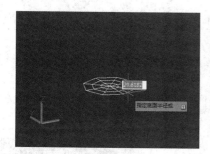

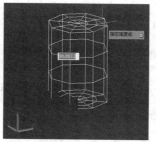

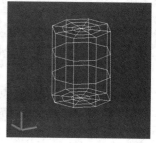

图 8-112　创建网格圆柱体图元

8.5.3　从其他对象构造网格

在 AutoCAD 2015 中，可以通过填充其他对象（例如直线和圆弧）之间的空隙来创建网格形式。可以使用多种方法创建由其他对象定义的网格对象，如直纹网格、平移网格、旋转网格和边界定义的网格。

1. 创建直纹网格

创建直纹网格是指在两条直线或曲线之间创建一个表示直纹曲面的多边形网格。可以使用以下不同的对象定义直纹网格的边界，如直线、点、圆弧、圆、椭圆、椭圆弧、二维多段线、三维多段线或样条曲线中的任意两个对象。不过需要注意，作为直纹网格轨迹的两个对象必须全部开放或全部闭合，而点对象则可以与开放或闭合对象成对使用。

动手操作 创建直纹网格

1 选择【网格】选项卡，在【图元】面板中单击【直纹网格】按钮⬚（或者在命令窗口中输入"rulesurf"）。

2 系统提示：选择第一条定义曲线，此时在文件窗口中选择第一个椭圆形。

3 系统提示：选择第二条定义曲线，接着在文件窗口中选择第二个椭圆形，如图 8-113 所示。此时即可创建出直纹网格，如图 8-114 所示。

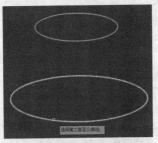

图 8-113 选择第二条定义曲线

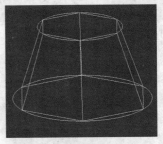

图 8-114 创建出直纹网格

2. 创建平移网格

创建平移网格是指创建表示由路径曲线和方向矢量定义的基本平移曲面，即通过指定的方向和距离（称为方向矢量）拉伸直线或曲线（称为路径曲线）的常规曲面。其中，路径曲线可以是直线、圆弧、圆、椭圆、椭圆弧、二维多段线、三维多段线或样条曲线；方向矢量则可以是直线，也可以是开放的二维或三维多段线。

动手操作 创建平移网格

1 选择【网格】选项卡，在【图元】面板中单击【平移网格】按钮⬚或者在命令窗口中输入"tabsurf"。

2 系统提示：选择用作轮廓曲线的对象，此时在文件窗口中选择作为轮廓曲线，如图 8-115 所示。

3 系统提示：选择用作方向矢量的对象，接着在文件窗口中选择作为方向矢量的对象，如图 8-116 所示。创建平移网格的结果如图 8-117 所示。

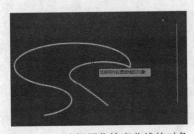

图 8-115 选择用作轮廓曲线的对象

图 8-116 选择用作方向矢量的对象

图 8-117 创建平移网格的结果

3. 创建旋转网格

创建旋转网格是指通过将路径曲线或轮廓（直线、圆、圆弧、椭圆、椭圆弧、闭合多段线、多边形、闭合样条曲线或圆环等），绕指定的轴旋转创建一个近似于旋转曲面的多边形网格。

动手操作　创建旋转网格

1 选择【网格】选项卡，在【图元】面板中单击【旋转网格】按钮或者在命令窗口中输入"revsurf"。

3 系统提示：选择要旋转的对象，此时在文件窗口中选择需要旋转的对象，如图 8-118 所示。

3 系统提示：选择定义旋转轴的对象，继续在文件窗口中选择需要定义旋转轴的对象，如图 8-119 所示。

4 系统提示：指定起点角度<0>，此时在文件窗口中单击或输入数值确定起点角度，如图 8-120 所示。

图 8-118　选择要旋转的
对象

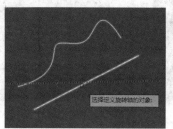

图 8-119　选择定义旋转轴的
对象

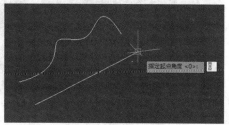

图 8-120　指定起点角度

5 系统提示：指定第二点，在文件窗口中单击或输入数值确定第二点，如图 8-121 所示。

6 系统提示：指定夹角(+=逆时针，-=顺时针)<360>，此时需要输入角度为 270，并按 Enter 键确认，即可得到如图 8-122 所示的结果。

图 8-121　指定第二点

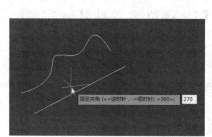

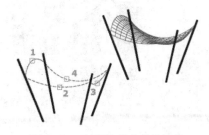

图 8-122　设置夹点后创建出网格

4. 创建边界定义的网格

创建边界定义的网格是指在四条相邻的边或曲线之间创建网格。在创建网格时，选择四条用于定义网格的边，如图 8-123 所示。边可以是直线、圆弧、样条曲线或开放的多段线。这些边必须在端点处相交以形成一个闭合路径。

动手操作　创建边界定义的网格

1 选择【网格】选项卡，在【图元】面板中单击【边

图 8-123　创建边界定义的网格

界网格】按钮或者在命令窗口中输入"edgesurf"。

2 系统提示：选择用作曲面边界的对象 1，在文件窗口中选择曲面的第一条边界，如图 8-124 所示。

3 系统提示：选择用作曲面边界的对象 2，继续在文件窗口中选择曲面的第二条边界。

4 系统提示：选择用作曲面边界的对象 3，再次在文件窗口中选择曲面的第三条边界。

5 系统提示：选择用作曲面边界的对象 4，此时选择曲面的第四条边界即可完成。结果如图 8-125 所示。

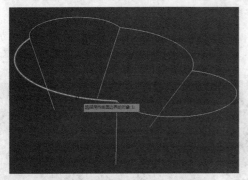

图 8-124　选择用作曲面边界的对象 1

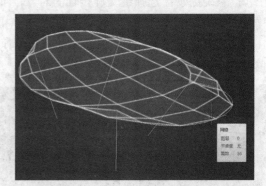

图 8-125　创建边界定义的网格的结果

8.6　技能训练

下面通过多个上机练习实例，巩固所学技能。

8.6.1　上机练习 1：通过扫掠制作螺旋状实体

本例先设置【概念】视觉样式并使用 ViewCube 工具调整好视图方向，然后分别绘制一个二维螺旋图形和圆形，再使用【扫掠】功能，以圆形为扫掠对象，螺旋图形为扫掠路径，制作一个螺旋状的实体对象。

操作步骤

1 打开光盘中的 "..\Example\Ch08\8.6.1.dwg" 练习文件，在【常用】选项卡的【视图】面板中打开【视觉样式】列表，然后选择【概念】视觉样式，如图 8-126 所示。

2 为了方便绘图时更形象地查看实体图元的效果，在绘图前先通过 ViewCube 工具调整视图方向，使视图中的 Z 轴指向竖直面，如图 8-127 所示。

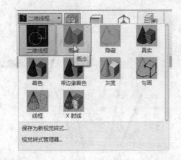

图 8-126　设置【概念】视觉样式

图 8-127　调整视图方向

3 在【常用】选项卡的【绘图】面板中单击【螺旋】按钮▦，然后在文件窗口中单击指定底面的中心点，再设置底面半径为 5，如图 8-128 所示。

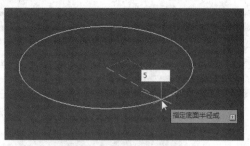

图 8-128　执行【螺旋】功能并指定底面中心点和半径

4 根据系统提示，再指定螺旋顶面半径同样为 5，然后向上移动鼠标并设置螺旋高度为 12，如图 8-129 所示。

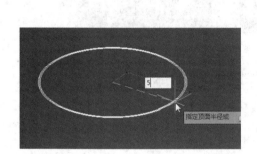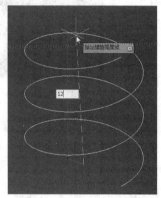

图 8-129　指定顶面半径和螺旋高度

5 在【常用】选项卡的【绘图】面板中单击【圆心，半径】按钮◉，然后在文件窗口中指定圆形的圆心和半径为 1，创建出圆形对象，如图 8-130 所示。

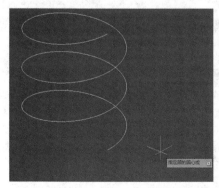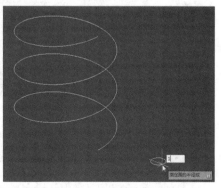

图 8-130　创建出圆形对象

6 切换到【实体】选项卡，然后在【实体】面板中单击【扫掠】按钮▦，选择圆形为要扫掠的对象，如图 8-131 所示。

7 系统提示：选择扫掠路径，选择螺旋对象作为扫掠的路径，此时将以螺旋为路径以扫掠方式创建出螺旋实体，如图 8-132 所示。

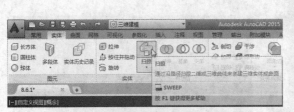
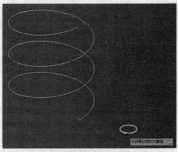

图 8-131　执行【扫掠】功能并选择要扫掠的对象

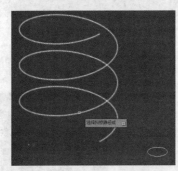

图 8-132　选择扫掠路径创建出螺旋实体

8.6.2　上机练习2：通过旋转制作喇叭状实体

本例先使用【直线】功能和【三点】弧线功能在文件中绘制一段直线和一段弧线，并在绘制过程中设置弧线跟直线高度一样，然后使用【旋转】功能，以弧线为旋转对象，以直线为旋转轴，创建出喇叭状的实体对象。

操作步骤

1 打开光盘中的"..\Example\Ch08\8.6.2.dwg"练习文件，在【常用】选项卡的【绘图】面板中单击【直线】按钮，在文件窗口中绘制一条长度为 10 的直线，如图 8-133 所示。

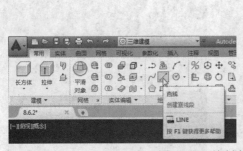
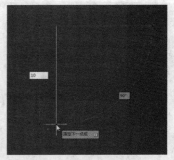

图 8-133　绘制直线

2 开启【垂足】捕捉功能，在【绘图】面板中单击【三点】按钮，捕捉到与直线上段的垂直线并单击指定弧线第一点，再向右下方移动鼠标并单击确定弧线第二点，如图 8-134 所示。

3 再次捕捉到直线下端点的垂直线并单击指定弧线第三个点，绘制出如图 8-135 所示的弧线。

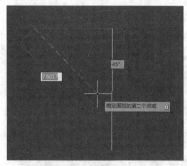

图 8-134　执行【三点】功能并指定两个点

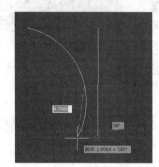

图 8-135　指定弧线第三个点绘出弧线

4 切换到【实体】选项卡，在【实体】面板中单击【旋转】按钮，然后选择弧线为要旋转的对象，如图 8-136 所示。

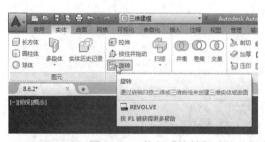

图 8-136　执行【旋转】功能并指定要旋转的对象

5 在命令窗口中单击【对象(O)】选项，然后选择直线作为旋转轴，如图 8-137 所示。

6 系统提示：指定旋转角度，此时输入旋转角度为 360 并按 Enter 键，如图 8-138 所示。

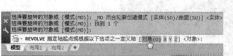

图 8-137　选择【对象】选项并指定作为旋转轴的对象　　　　图 8-138　指定旋转角度

7 通过 ViewCube 工具调整视图方向，以便更好地查看喇叭形实体，然后选择原来的直线和弧线对象并按 Delete 键，将它们删除，如图 8-139 所示。

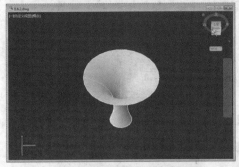

图 8-139　调整视图方向并删除直线和弧线对象

8.6.3　上机练习 3：通过过渡制作机械零件实体

本例先通过实体的夹点模式以移动方式创建出一个副本实体，然后使用【过渡】功能，分别选择两个实体的曲面的边，创建出过渡曲面，以连接两个实体，制作出机械零件的实体模型。

操作步骤

1 打开光盘中的 "..\Example\Ch08\8.6.3.dwg" 练习文件，选择文件窗口上的实体对象，单击夹点后再单击右键，然后选择【移动】命令，接着在命令窗口中单击【复制(C)】选项，如图 8-140 所示。

图 8-140　使用夹点模式的【移动】命令并选择【复制】选项

2 向上移动鼠标，在适当的位置上单击，以指定拉伸点，然后按 Enter 键结束命令，如图 8-141 所示。

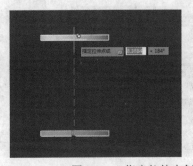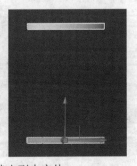

图 8-141　指定拉伸点创建出副本实体

3 为了方便绘图时更形象地查看实体的效果，通过 ViewCube 工具调整视图方向，使视图中实体产生透视视觉效果，如图 8-142 所示。

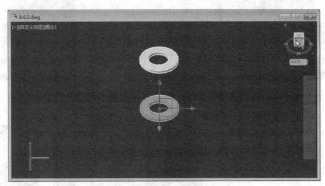

图 8-142　调整视图方向

4 切换到【曲面】选项卡，再单击【过渡】按钮 。系统提示：选择要过渡的第一个曲面的边或[链(CH)]，此时在上方的实体上选择要过渡的第一个曲面的边，并按 Enter 键，接着在下方实体上选择要过渡的第二个曲面的边并按 Enter 键，如图 8-143 所示。

5 打开选项列表，直接按 Enter 键使用默认设置，即可制作出如图 8-144 所示的机械零件实体模型。

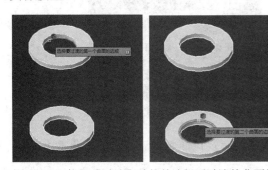

图 8-143　执行【过渡】功能并选择要过渡的曲面的边

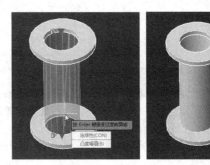

图 8-144　结束命令并查看结果

8.6.4　上机练习 4：通过偏移和拖动制作出实体

本例先使用一个曲面对象为目标对象，然后分别使用【偏移】功能和【按住并拖动】功能，将曲面制成一个实体模型。

操作步骤

1 打开光盘中的 "..\Example\Ch08\8.6.4.dwg" 练习文件，选择【曲面】选项卡，在【创建】面板中单击【偏移】按钮 ，如图 8-145 所示。

2 系统提示：选择要偏移的曲面或面域，此时在文件窗口中选择要偏移的曲面，然后按 Enter 键，如图 8-146 所示。

3 在命令窗口中单击【实体(S)】选项，然后指定偏移距离为 1 并按 Enter 键，将曲面创建成实体，如图 8-147 所示。

4 切换到【实体】选项卡，在【实体】面板中单击【按住并拖动】按钮 ，然后将鼠标移到需要拖动拉伸的边界区域上并单击，如图 8-148 所示。

图 8-145　执行【偏移】功能　　　　　　　　图 8-146　选择要偏移的曲面

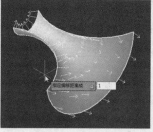

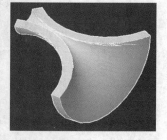

图 8-147　将曲面创建成实体

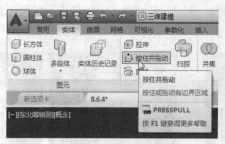

图 8-148　执行【按住并拖动】功能并选择目标边界区域

5 按住鼠标并向上移动，到达合适的高度后单击，指定拉伸高度，创建出如图 8-149 所示的实体模型。

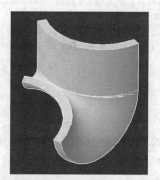

图 8-149　指定拉伸高度创建出实体模型

8.6.5　上机练习 5：制作高脚宽肚的花瓶曲面模型

本例先使用【多段线】功能和【直线】功能绘制出相交的多段线和直线对象，然后使用【旋转网格】功能创建出花瓶实体对象，接着将视觉样式设置为【线框】并调整视图方向，最后将对象转换为曲面。

1 打开光盘中的"..\Example\Ch08\8.6.5.dwg"练习文件，在【常用】选项卡的【绘图】面板中单击【多段线】按钮，然后在文件窗口中创建如图 8-150 所示的多段线对象。

2 在【常用】选项卡的【绘图】面板中单击【直线】按钮，然后在文件窗口中创建如图 8-151 所示的直线对象。

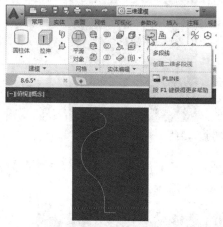 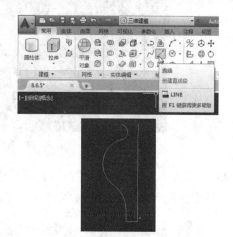

图 8-150　创建多段线对象　　　　　　　图 8-151　创建直线对象

3 切换到【网格】选项卡，再单击【旋转网格】按钮，然后选择多段线为要旋转的对象，如图 8-152 所示。

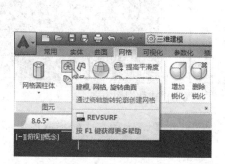 

图 8-152　执行【旋转网格】功能并选择要旋转的对象

4 系统提示：选择定义旋转轴的对象，此时选择直线对象，然后分别指定直线两个端点为旋转轴起点和第二个点，如图 8-153 所示。

 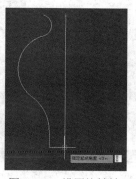 

图 8-153　设置旋转轴

5 系统提示：指定夹角（+=逆时针，–=顺时针）<360>，此时输入角度为 360 并按 Enter 键确认，然后选择多段线对象并删除，如图 8-154 所示。

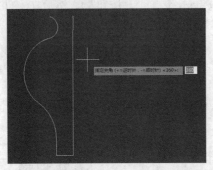

图 8-154　指定夹角并删除多段线

6 在【常用】选项卡的【视图】面板中打开【视觉样式】列表，然后选择【线框】视觉样式，接着使用 ViewCube 工具调整视图方向，如图 8-155 所示。

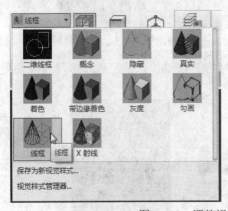

图 8-155　调整视觉样式和视图方向

7 切换到【网格】选项卡，再选择到花瓶对象，然后在【转换网格】面板中单击【转换为曲面】按钮，将对象转换为曲面模型，如图 8-156 所示。

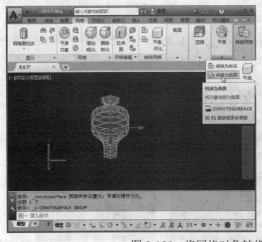
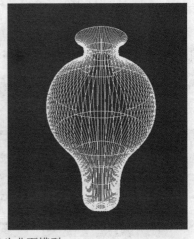

图 8-156　将网格对象转换为曲面模型

8.7 评测习题

一、填空题

（1）＿＿＿＿＿＿是表示三维对象的体积，并且具有特性，如质量、重心和惯性矩。

（2）AutoCAD 提供两种类型的曲面：＿＿＿＿＿＿和 NURBS 曲面。

（3）＿＿＿＿＿＿由使用多边形表示（包括三角形和四边形）来定义三维形状的顶点、边和面组成。

二、选择题

（1）在 AutoCAD 中，三维坐标系由哪 3 个坐标轴组成？ （　　）

  A. X 轴、Y 轴和基点轴   B. X 轴、Y 轴和 O 轴

  C. X 轴、Y 轴和 L 轴   D. X 轴、Y 轴和 Z 轴

（2）在 AutoCAD 中，拉伸对象创建实体和曲面是指使用以下哪个命令，沿指定的方向将对象或平面拉伸出指定距离？ （　　）

  A. exgyte   B. list   C. extrude   D. cylinder

（3）以下哪个命令是用于沿指定路径以指定轮廓的形状，并通过扫掠的形式绘制实体或曲面的？ （　　）

  A. ortho   B. sweep   C. pline   D. polarSnap

三、判断题

（1）在 AutoCAD 中可以创建多种基本三维形状（称为实体图元），其中包括长方体、圆锥体、圆柱体、球体、楔体、棱锥体和圆环体等。 （　　）

（2）NURBS 曲面可以是关联曲面，即保持与其他对象间的关系，以便可以将它们作为一个组进行处理。 （　　）

（3）使用【网格】功能（命令：SURFNETWORK）可以在曲线网络之间或在其他三维曲面或实体的边之间创建网络曲面。 （　　）

（4）使用【修补】功能（命令：SURFPATCH）可以通过在形成闭环的曲面边上拟合一个封口来创建新曲面。 （　　）

四、操作题

使用【拉伸】功能为文件上的椭圆形创建曲面，结果如图 8-157 所示。

提示

（1）打开光盘中的 "..\Example\Ch08\8.7.dwg" 练习文件，选择【曲面】选项卡，在【创建】面板中单击【拉伸】按钮 🔲 拉伸。

（2）系统提示：选择要拉伸的对象，此时在文件窗口中选择椭圆形作为需要拉伸的对象。

（3）选择对象后系统显示 "找到 1 个"，此时按 Enter 键。

（4）系统提示：指定拉伸的高度或[方向(D)/路径(P)/倾斜角(T)]，此时在文件窗口中单击或输入数值确定拉伸的高度。

（5）选择到原来的椭圆形对象，并将它删除即可。

图 8-157　将椭圆形制成曲面的结果

第 9 章　三维模型的编辑与渲染

学习目标

在设计三维模型时，为了使模型的形状更加符合设计要求，需要对模型进行一些修改和编辑，并为模型进行着色或应用材质。当这些后期处理完成后，即可将模型进行渲染，以输出成设计图。本章将重点介绍三维模型的各种编辑方式和材质应用以及进行渲染输出的知识。

学习重点

- ☑ 三维模型的基本编辑
- ☑ 编辑实体的边、面和体
- ☑ 使用布尔运算组合实体
- ☑ 为三维模型应用和编辑材质
- ☑ 渲染三维模型

9.1　三维模型的基本编辑

在创建三维模型后，还需要根据设计需求对模型进行一些基本的操作，包括设置显示精度、移动位置、对齐多个模型、旋转模型等。

9.1.1　设置显示精度

在默认状态下，【三维建模】工作空间对于三维模型的显示精度并不是很高。为了控制对象的显示质量，可以通过设置【显示精度】选项来达到较高的显示质量。

动手操作　设置显示精度

1 单击▲按钮打开菜单，然后单击【选项】按钮，打开【选项】对话框。

2 选择对话框上的【显示】选项卡，然后在【显示精度】选框下设置具体的参数，接着单击【确定】按钮，如图 9-1 所示。

3 设置完成后，即可在文件窗口创建三维模型，为了能够更好地体现显示精度的效果，建议创建具有曲面的对象。如图 9-2 所示为默认显示精度（右）与设置显示精度后（左）的对比效果。

显示精度的设置选项说明如下：

- 圆弧和圆的平滑度：该选项主要是控制圆、圆弧和椭圆的平滑度。当平滑度值越高，生成的对象越平滑，重生成、平移和缩放对象所需的时间也就越多。为了使三维模型在编辑时能够减少时间，可以在绘图时将该选项设置为较低的值，而在渲染时则设置较高的值，如此既不影响操作，也可提高显示性能。【圆弧和圆的平滑度】选项的默认值是 1000，有效取值范围为 1～20 000。
- 每条多段线曲线的线段数：该选项的作用是设置每条多段线曲线生成的线段数目。线段数越高，对性能的影响越大。为此，可以将此选项设置为较小的值以优化绘图性能。【每条多段线曲线的线段数】选项的默认值是 8，有效取值范围为−32767～32767。

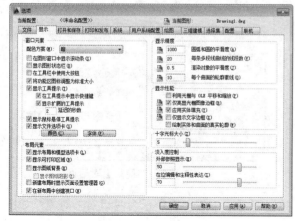

图 9-1　设置显示精度

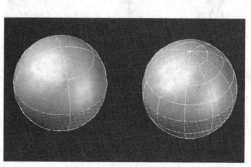

图 9-2　不同精度的显示效果

- 渲染对象的平滑度：该选项主要是控制着色和渲染曲面实体的平滑度。在 AutoCAD 中，系统以【渲染对象的平滑度】的值乘以【圆弧和圆的平滑度】的值来确定如何显示实体对象。平滑度数值越高，显示精度越好，但显示性能越差，渲染时间也越长。如果用户要提高性能，则可以将该选项设置为 1 或更低。【渲染对象的平滑度】选项的默认值是 0.5，有效取值范围为 0.01～10。

- 曲面轮廓索线：该选项用于设置对象上每个曲面的轮廓线数目。轮廓索线数目越多，显示精度越高，但显示性能越差，渲染时间也越长。【曲面轮廓索线】选项的默认值是 4，有效取值范围为 0～2047。

9.1.2　检查实体模型的干涉

检查实体模型的干涉是指通过对比两组对象，或一对一地检查所有实体的相交或重叠区域。在 AutoCAD 中，可以使用【干涉检查】功能，或者 "INTERFERE" 命令来对包含三维实体的块以及块中的嵌套实体进行干涉检查，检查的结果将在实体相交处创建和突出显示临时实体。

1. 检查实体模型干涉

　动手操作　检查实体模型干涉

1 在命令窗口输入 "interfere"。

2 系统提示：选择第一组对象或[嵌套选择(N)/设置(S)]，此时在文件窗口选择第一组实体对象，然后按 Enter 键，如图 9-3 所示。

3 系统提示：选择第二组对象或[嵌套选择(N)/检查第一组(K)]<检查>，此时在文件窗口选择第二组实体对象，然后按 Enter 键，如图 9-4 所示。

4 打开【干涉检查】对话框后，此时可

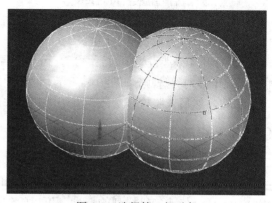

图 9-3　选择第一组对象

以单击【下一个】和【上一个】按钮在干涉对象之间循环。另外，也可以单击【实时缩放】按钮、【实时平移】按钮和【三维动态观察器】按钮进行相关的操作，如图 9-5 所示。

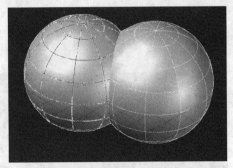

图 9-4　选择第二组对象

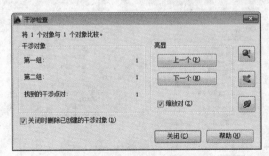

图 9-5　【干涉检查】对话框

5 如果需要结束检查，则单击【关闭】按钮即可。如图 9-6 所示为两组实体对象；如图 9-7 所示为查看对象干涉的效果。

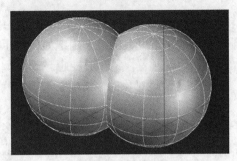

图 9-6　两组实体对象

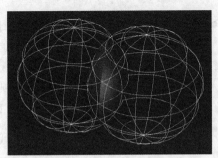

图 9-7　查看实体对象干涉的效果

2. 更改干涉对象显示

为了操作上的方便，AutoCAD 默认设置了干涉对象的显示属性，包括适用【真实】视觉样式、干涉部分以红色显示等。如果默认的设置不适合，则可以在进行检查干涉前进行更改干涉对象显示的设置。

动手操作　更改干涉对象显示

1 在命令窗口输入 "interfere"。

2 系统提示：选择第一组对象或[嵌套选择(N)/设置(S)]，此时输入 "S"，然后按 Enter 键。

3 打开【干涉设置】对话框后，可以设置视觉样式、颜色、亮显干涉对等选项，如图 9-8 所示。设置完成后，单击【确定】按钮，然后依照检查实体模型干涉的操作进行即可。

图 9-8　设置干涉对象的显示效果

9.1.3　修改三维对象特性

在 AutoCAD 中，创建的每个对象都具有自己的特性。有些对象至少有基本特性，如图层、颜色、线型和打印样式。还有些对象具有专用的特性，如实体圆模型还包括半径、体积、质量等特性。通过修改三维模型的特性，可以组织图形中的模型。并控制它们的显示和打印方式。

要修改三维模型的特性，可以按 Ctrl+1 快捷键打开【特性】选项板，然后针对需要修改的项目进行设置即可。

AutoCAD 将根据选择对象的类型，在【特性】选项板上显示相应的特性。

（1）如果当前选择一个对象，【特性】选项板只会显示当前对象的特性，如图 9-9 所示。

（2）如果当前选择多个对象，【特性】选项板将显示选择集中所有对象的公共特性，如图 9-10 所示。

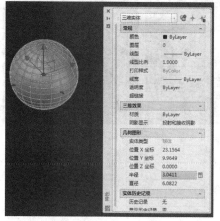 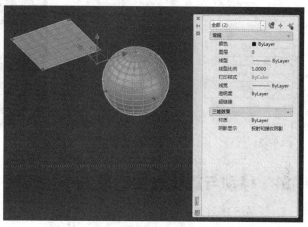

图 9-9　选择一个对象时的【特性】选项板　　　　图 9-10　选择多个对象时的【特性】选项板

动手操作　修改球体的颜色和大小

1 打开光盘中的"..\Example\Ch09\9.1.3.dwg"练习文件，选择文件窗口上的球体，然后按 Ctrl+1 键打开【特性】选项板。

2 在【特性】选项板的【常规】列表中打开【颜色】列表框，再选择【选择颜色】选项，如图 9-11 所示。

3 打开【选择颜色】对话框，选择【索引颜色】选项，然后选择一种颜色，再单击【确定】按钮，如图 9-12 所示。

 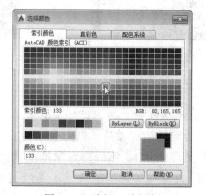

图 9-11　打开【选择颜色】对话框　　　　图 9-12　选择一种颜色

4 返回【特性】选项板，再选择【半径】选项的数值，接着单击数值右侧的【快速计算器】按钮，打开【快速计算器】对话框后，依次单击【*】按钮和【2】按钮，然后单击【应用】按钮,以增加球体 2 倍半径长度,如图 9-13 所示。

5 完成上述操作后,即可返回文件窗口查看球体修改特性后的效果,如图 9-14 所示。

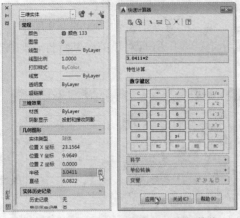

图 9-13　通过快速计算器修改半径数值

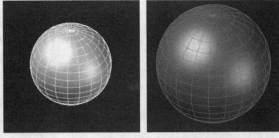

图 9-14　修改球体特性后的对比效果

9.1.4　移动与旋转三维对象

1. 移动三维对象

移动三维对象是指调整模型在三维空间的位置,这种操作在编辑三维对象时最为常用。

动手操作　移动三维对象

1 使用鼠标单击选择实体,然后在实体的移动点上单击,如图 9-15 所示。

2 系统提示:指定移动点或[基点(B)/复制(C)/放弃(U)/退出(X)],此时移动鼠标指定移动点即可,如图 9-16 所示。

图 9-15　单击移动点

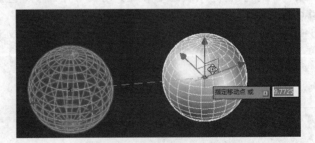

图 9-16　指定移动点位置

2. 旋转三维对象

在 AutoCAD 中,可以使用旋转夹点工具自由旋转对象和子对象,或将旋转约束到轴。在选择需要旋转的对象后,将夹点工具放到三维空间的任意位置(该位置由夹点工具的中心框或基准夹点指示),然后将对象拖动到夹点工具之外来自由旋转对象,或指定要将旋转约束到的轴。

动手操作　旋转三维对象

1 选择【常用】选项卡,在【修改】面板中单击【三维旋转】按钮⬚。系统提示:选择对象,此时在文件窗口中选择对象并按 Enter 键确定,如图 9-17 所示。

2 系统提示：指定基点，此时文件窗口出现旋转夹点工具，在文件窗口中单击或输入数值确定基点，如图 9-18 所示。

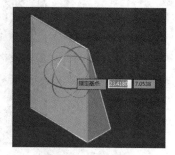

图 9-17　执行【三维旋转】功能并选择对象　　　　　　　图 9-18　指定基点

3 系统提示：拾取旋转轴，此时将光标悬停在夹点工具上的轴控制柄上，当轴控制柄变亮后单击即可拾取为旋转轴，如图 9-19 所示。

4 系统提示：指定角的起点，在文件窗口中单击或输入数值指定旋转角的起点，如图 9-20 所示。

5 系统提示：指定角的端点，此时可以移动鼠标旋转对象，当需要确定旋转角度后，只需在文件窗口中单击即可指定当前角度的端点，如图 9-21 所示。

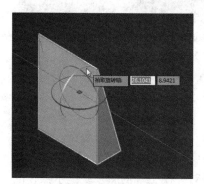

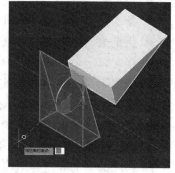

图 9-19　拾取旋转轴　　　　　　图 9-20　指定角的起点　　　　　图 9-21　指定角的端点

9.1.5　缩放与对齐三维对象

1. 缩放三维对象

在 AutoCAD 中，可以缩放小控件统一更改三维对象的大小，也可以沿指定轴或平面进行更改。

动手操作　缩放三维对象

1 在【常用】选项卡的【修改】面板上单击【三维缩放】按钮，然后选择对象。

2 指定基点，再将光标移动到三维缩放小控件的轴上，接着按住鼠标即可沿该轴缩放三维对象，如图 9-22 所示。

2. 对齐三维对象

在 AutoCAD 中，可以使用【三维对齐】功能，在三维空间中将两个对象按指定的方式对齐。系统将按照指定的对齐方式，可以通过移动、旋转或倾斜等操作，使对象与另一个对象对齐。

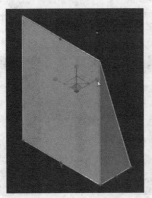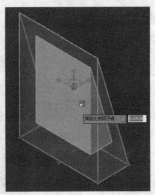

图 9-22　缩放三维对象

动手操作　对齐三维对象

1 选择【常用】选项卡，在【修改】面板中单击【三维对齐】按钮📇。

2 系统提示：选择对象，此时在文件窗口中选择对象并按 Enter 键确定，如图 9-23 所示。

3 此时系统依照操作依次出现如下提示：

- 指定基点或[复制(C)]。
- 指定第二个点或[继续(C)]<C>。
- 指定第三个点或[继续(C)]<C>。
- 指定第一个目标点。
- 指定第二个目标点或[退出(X)]<X>。
- 指定第三个目标点或[退出(X)]<X>。

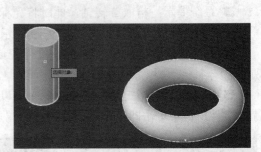

图 9-23　选择要对齐的对象

4 上面的提示中，前 3 个提示需要用户指定源平面的第一、第二或第三个源点，后 3 个提示需要指定目标平面相应的第一、第二或第三个目标点。其中源平面的第一个点称为基点。

5 指定源平面和目标平面的对应点后，按 Enter 键即可对齐模型。依照系统提示操作的整个过程如图 9-24 所示。

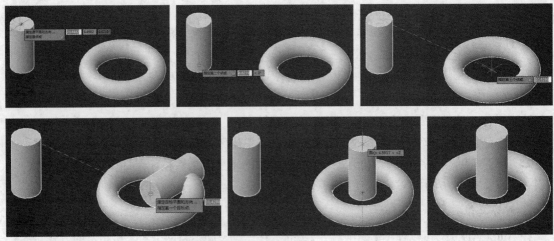

图 9-24　在三维空间中对齐两个三维对象

9.1.6 镜像三维对象

在 AutoCAD 中，可以使用【三维镜像】功能在三维空间中通过指定镜像平面来镜像对象，以创建相对于镜像平面对称的三维对象。镜像对创建对称的对象非常有用，因为可以快速地绘制半个对象，然后将其镜像，而不必绘制整个对象。

镜像平面可以是以下平面：

（1）平面对象所在的平面。

（2）通过指定点且与当前 UCS 的 XY、YZ 或 XZ 平面平行的平面。

（3）由 3 个指定点定义的平面。

当使用【三维镜像】功能并选择对象后，命令窗口出现多个指定镜像平面选项，这些选项说明如下：

- 三点：以三点构成一个平面，这个平面就作为镜像平面。
- 对象：使用选定平面对象的平面作为镜像平面。
- 上一个：相对于最后定义的镜像平面对选定的对象进行镜像处理。
- Z 轴：根据平面上的一个点和平面法线上的一个点定义镜像平面。
- 视图：将镜像平面与当前视图中通过指定点的视图平面对齐。
- XY/YZ/ZX 平面：将镜像平面与一个通过指定点的标准平面（XY、YZ 或 ZX 平面）对齐。

动手操作　通过镜像制作三维模型

1 打开光盘中的 "..\Example\Ch09\9.1.6.dwg" 练习文件，选择【常用】选项卡，在【修改】面板中单击【三维镜像】按钮，或在命令窗口中输入 "mirror3d"，如图 9-25 所示。

图 9-25　执行【三维镜像】功能

2 系统提示：选择对象，此时在文件窗口中选择对象并按 Enter 键确定，如图 9-26 所示。

3 系统提示：指定镜像平面(三点)第一个点或[对象(O)/最近的(L)/Z 轴(Z)/视图(V)/XY 平面(XY)/YZ 平面(YZ)/ZX 平面(ZX)/三点(3)]<三点>，此时在文件窗口或者对象上选择镜像平面的第一个点，如图 9-27 所示。

4 系统提示：在镜像平面上指定第二点，继续在文件窗口中指定镜像平面的第二个点，如图 9-28 所示。

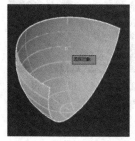

图 9-26　在文件窗口中选择对象

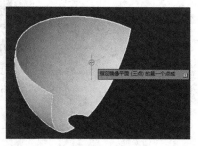

图 9-27　指定镜像平面的第一个点

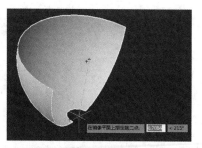

图 9-28　在镜像平面上指定第二点

5 系统提示：在镜像平面上指定第三点，在文件窗口中指定镜像平面最后一个点，如图 9-29 所示。

6 系统提示：是否删除源对象？[是(Y)/否(N)]，并且文件窗口也出现是否删除源对象的选项列表。本例选择【否】选项，即直接按 Enter 键，如图 9-30 所示。镜像三维对象的效果如图 9-31 所示。

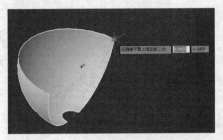　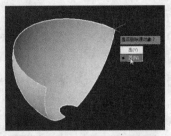　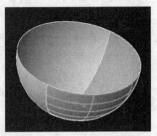

图 9-29　在镜像平面上指定第三点　　图 9-30　设置不删除源对象　　图 9-31　镜像三维对象的结果

9.1.7　三维对象阵列

AutoCAD 中的【阵列】功能可以创建以阵列模式排列的对象的副本。AutoCAD 有三种类型的阵列：矩形、路径和环形（也称极轴）。

1. 创建矩形阵列

在矩形阵列中，项目分布到任意行、列和层的组合。使用动态预览功能，可以快速地获得行和列的数量和间距。创建矩形阵列后，通过拖动阵列夹点，可以增加或减小阵列中行和列的数量和间距。

动手操作　创建矩形陈列

1 选择【常用】选项卡，在【修改】面板中单击【矩形阵列】按钮。

2 在文件窗口选择对象，并按 Enter 键确定。

3 此时程序会创建出矩形阵列，然后打开【阵列创建】选项卡。在该选项卡中，可以输入列数、行数、级别以及行列级的距离参数，如图 9-32 所示。

4 设置好阵列的参数后，即可从文件窗口中查看阵列效果，如图 9-33 所示。

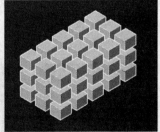

图 9-32　设置阵列的参数　　　　　　　　　　图 9-33　创建矩形阵列的效果

2. 创建环形阵列

在环形阵列中，项目将均匀地围绕中心点或旋转轴分布。使用中心点创建环形阵列时，旋转轴为当前 UCS 的 Z 轴。当需要修改旋转轴时，可以通过指定两个点重新定义旋转轴。

动手操作　创建环形陈列

1 选择【常用】选项卡，在【修改】面板中单击【环形阵列】按钮。

2 系统提示：选择对象，此时在文件窗口选择对象并按 Enter 键确定。

3 系统提示：指定阵列的中心点或[基点(B)/旋转轴(A)]，此时在文件窗口上单击选择阵列的中心点，如图 9-34 所示。

4 打开【阵列创建】选项卡，在此选项卡中输入项目数、行数、级别等相关参数，如图 9-35 所示。

5 设置阵列参数后，即可通过文件窗口查看创建阵列的结果，如图 9-36 所示。

图 9-34　指定阵列的中心点

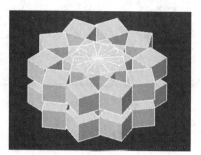

图 9-35　设置阵列的各项参数

图 9-36　三维对象环形阵列的效果

3. 创建路径阵列

在路径阵列中，项目将均匀地沿路径或部分路径分布。路径可以是直线、多段线、三维多段线、样条曲线、螺旋、圆弧、圆或椭圆。

动手操作　创建路径陈列

1 选择【常用】选项卡，在【修改】面板中单击【路径阵列】按钮。

2 系统提示：选择对象，此时在文件窗口选择对象并按 Enter 键确定。

3 系统提示：选择路径曲线，此时选择作为路径的曲线对象，如图 9-37 所示。

4 打开【阵列创建】选项卡后，在此选项卡中输入项目数、行数、级别等相关参数，如图 9-38 所示。

5 设置阵列参数后，按 Enter 键退出，然后通过文件窗口查看创建阵列的效果，如图 9-39 所示。

图 9-37　选择路径曲线

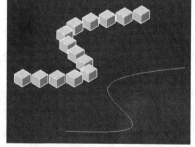

图 9-39　创建路径阵列的效果

图 9-38　设置阵列选项

9.2　三维模型的高级编辑

AutoCAD 2015 提供了强大的三维模型高级编辑功能，包括合并实体、删除两个实体重叠部分、制作实体圆角边等。

9.2.1 使用布尔运算组合实体

布尔运算是指对实体进行并集、差集和交集的运算，从而形成新的实体。在二维绘图时，可以对多个面域对象进行并集、差集和交集的操作。对于三维实体模型，同样也可以使用这些布尔运算方式，将多个实体对象创建各种组合的实体模型。

 布尔是英国的数学家，在 1847 年发明了处理二值之间关系的逻辑数学计算法，包括联合、相交、相减。在图形处理操作中引用了这种逻辑运算方法以使简单的基本图形组合产生新的形体。目前，由二维图形的布尔运算已经发展到三维图形的布尔运算。

1. 并集

并集是指将两个或多个三维实体、曲面或二维面域合并为一个复合三维实体、曲面或面域。

动手操作 使用并集组合实体

1 选择【实体】选项卡，在【布尔值】面板中单击【并集】按钮。

2 系统提示：选择对象，此时选择需要合并的实体，如图 9-40 所示。

3 系统提示：选择对象，选择其他需要合并的实体，然后按 Enter 键即可，如图 9-41 所示。这样被选择的实体就组合起来了，效果如图 9-42 所示。

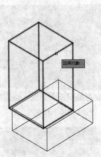
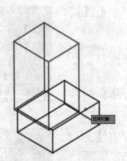
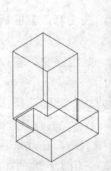
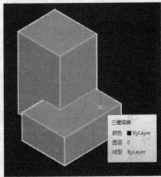

图 9-40 选择要合并的对象　　图 9-41 选择其他要合并的对象　　图 9-42 以并集编辑实体的效果

 选择集必须至少包含两个实体或面域对象，但对象可以位于任意不同平面。这些选择集分成单独连接的子集。同时，实体组合在第一个子集中，第一个选定的面域和所有后续共面面域组合在第二个子集中，下一个不与第一个面域共面的面域以及所有后续共面面域组合在第三个子集中。依此类推，直到所有面域都属于某个子集。

2. 差集

差集可以通过从另一个重叠集中减去一个现有的三维实体集来创建三维实体，同样可以通过从另一个重叠集中减去一个现有的面域对象集来创建二维面域对象。例如，可以通过【差集】功能，从对象中减去圆柱体，从而在机械零件中添加孔。

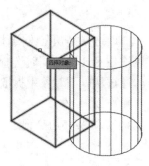

动手操作　使用差集创建三维实体

1 选择【实体】选项卡，在【布尔值】面板中单击【并集】按钮 。

2 系统提示：选择对象，此时选择需要从中减去的实体，完成后可按 Enter 键，如图 9-43 所示。

图 9-43　选择对象

3 系统提示：选择要减去的实体、曲面和面域，再提示：选择对象，此时选择要减去的实体，然后按 Enter 键即可，如图 9-44 所示。删除实体公共区域的效果如图 9-45 所示。

图 9-44　选择要减去的实体

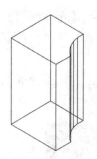

图 9-45　通过差集编辑实体的效果

3. 交集

交集可以从两个或两个以上现有三维实体、曲面或面域的公共体积创建三维实体。如果选择网格，则可以先将其转换为实体或曲面，然后再完成此操作。

动手操作　使用交集创建三维实体

1 选择【实体】选项卡，在【布尔值】面板中单击【并集】按钮 。

2 系统提示：选择对象，此时选择需要合并的实体或面域。

3 系统提示：选择对象，继续选择实体或面域，直到按 Enter 键结束选择对象，如图 9-46 所示。被选择到的实体或面域的公共部分生成新的模型，效果如图 9-47 所示。

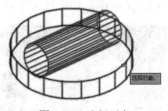

图 9-46　选择对象

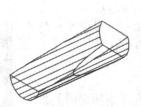

图 9-47　生成新的模型

9.2.2　编辑三维实体的边

在 AutoCAD 2015 中，可以提取实体的边，还可以对实体的边进行压印、着色、偏移的操作。

1．提取边

提取边就是从三维实体、曲面、网格、面域或子对象的边创建线框几何图形。在提取边时，可以按住 Ctrl 键的同时选择面、边和部件对象。

通过从以下对象中提取所有边，可以创建线框几何体：

- 三维实体。
- 三维实体历史记录子对象。
- 网格。
- 面域。
- 曲面。
- 子对象（边和面）。

动手操作 提取边

1 选择【实体】选项卡，在【实体编辑】面板中单击【提取边】按钮 。

2 系统提示：选择对象，此时选择文件窗口上所有的实体对象，并按 Enter 键即可，如图 9-48 所示。

3 实体提取边后，实体的面和边就分成独立的对象。当将实体删除时，实体的边依然存在，如图 9-49 所示。

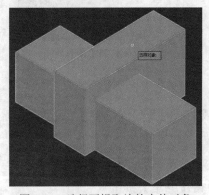

图 9-48 选择要提取边的实体对象

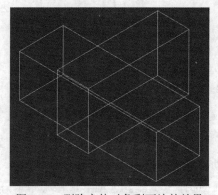

图 9-49 删除实体对象剩下边的效果

2．压印

压印是指通过压印三维实体或曲面上的二维几何图形，从而在平面上创建其他边。为了使压印操作成功，被压印的对象必须与选定对象的一个或多个面相交。【压印】功能仅限于以下对象：圆弧、圆、直线、二维和三维多段线、椭圆、样条曲线、面域、体和三维实体。

动手操作 压印

1 选择【实体】选项卡，在【实体编辑】面板中单击【压印】按钮 。

2 系统提示：选择三维实体，此时在文件窗口中选择三维实体，如图 9-50 所示。

3 系统提示：选择要压印的对象，再次在文

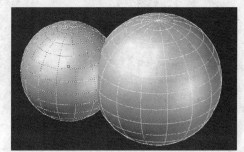

图 9-50 选择三维实体

件窗口上选择压印的对象，如图 9-51 所示。

4 系统提示：是否删除源对象[是(Y)/否(N)]，此时输入"Y"，然后按下 Enter 键确定，效果如图 9-52 所示。

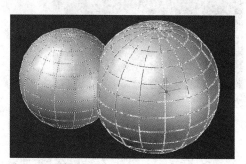

图 9-51　选择要压印的对象

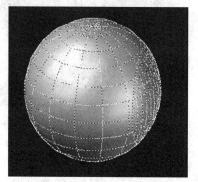

图 9-52　压印边的效果

3. 着色边

着色边是指将颜色添加至实体对象的单个边上。

动手操作　着色边

1 选择【常用】选项卡，在【实体编辑】面板中打开【边编辑】下拉列表，选择【着色边】选项。

2 系统提示：选择边或[放弃(U)/删除(R)]，此时在文件窗口中选择实体的一边，然后按 Enter 键，如图 9-53 所示。

3 打开【选择颜色】对话框后，选择一种颜色，然后单击【确定】按钮，如图 9-54 所示。

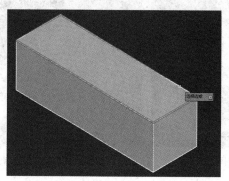

图 9-53　选择边

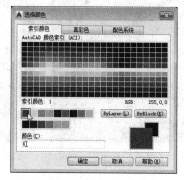

图 9-54　选择颜色

4 系统提示：输入边编辑选项[复制(C)/着色(L)/放弃(U)/退出(X)]<退出>，此时可以输入"L"，然后继续为其他边着色。如果需要退出，则直接按 Enter 键即可。

5 系统提示：输入实体编辑选项[面(F)/边(E)/体(B)/放弃(U)/退出(X)]<退出>，此时直接按下 Enter 键退出。着色边的效果如图 9-55 所示。

　　实体的边着色后，在"真实"和"概念"视觉样式中是没有显示的，只要使用其他视觉样式查看即可观看到边着色后的效果。

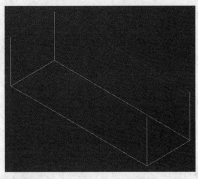

图 9-55　着色边的效果

4. 偏移边

偏移边可以偏移三维实体或曲面上平整面的边。其结果会产生闭合多段线或样条曲线，位于与选定的面或曲面相同的平面上，而且可以是原始边的内侧或外侧。

动手操作　偏移边

1 选择【实体】选项卡，在【实体编辑】面板中单击【偏移边】按钮 ▣ 偏移边。

2 系统提示：选择面，此时在文件窗口的实体对象中选择需要偏移边的面，如图 9-56 所示。

3 系统提示：指定通过点或[距离(D)/角点(C)]，此时拖动鼠标到合适的位置上单击，指定边的通过点，如图 9-57 所示。

4 系统提示：选择面，此时可以选择其他面进行偏移边操作，也可以直接按 Enter 键结束命令。偏移边的效果如图 9-58 所示。

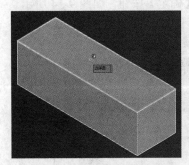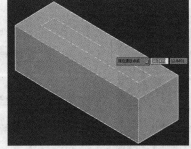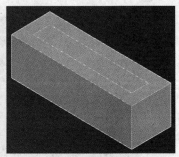

图 9-56　选择要偏移边的实体面　　图 9-57　指定边的通过点　　图 9-58　偏移边的结果

9.2.3　编辑三维实体的面

在 AutoCAD 中，除了可以单独编辑实体的边，还可以编辑三维实体的面，包括拉伸面、移动面、旋转面、偏移面、倾斜面、删除面、复制面和着色面等。

1. 拉伸面

拉伸面可以将选定的三维实体对象的面拉伸到指定的高度或沿一路径拉伸。

选择【拉伸面】选项后，可以依照系统的以下提示进行操作。

（1）选择面或[放弃(U)/删除(R)]：选择一个或多个面，或输入选项。

（2）选择面或[放弃(U)/删除(R)/全部(ALL)]：选择一个或多个面，或输入选项。

（3）指定拉伸高度或[路径(P)]：设置拉伸的高度，或输入"P"。

- 高度：设置拉伸的方向和高度(如果输入正值，则沿面的正向拉伸。如果输入负值，则沿面的反法向拉伸)。若选择该选项，系统提示：指定拉伸的倾斜角度，此时指定介于 -90°～+90°之间的角度。拉伸的效果如图 9-59 所示。
- 路径：以指定的直线或曲线来设置拉伸路径。所有选定面的轮廓将沿此路径拉伸。若选择该选项，系统提示：选择拉伸路径，此时在文件窗口中选择路径对象。拉伸的效果如图 9-60 所示。

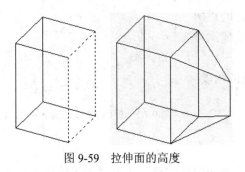　　　　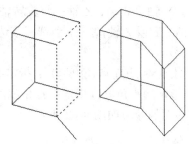

图 9-59　拉伸面的高度　　　　　　图 9-60　沿路径拉伸面

2. 移动面

移动面可以沿指定的高度或距离移动选定的三维实体对象的面。

选择【移动面】选项后，可以依照系统的以下提示进行操作。

（1）选择面或[放弃(U)/删除(R)]：选择一个或多个面，或输入选项。

（2）选择面或[放弃(U)/删除(R)/全部(ALL)]：再次选择一个或多个面，或输入选项，需要结束时可按 Enter 键。

（3）指定基点或位移：指定基点或位移。

（4）指定位移的第二点：指定点，接着按 Enter 键结束操作。

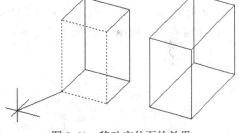

图 9-61　移动实体面的效果

移动面的效果如图 9-61 所示。

3. 旋转面

旋转面指绕指定的轴旋转一个或多个面或实体的某些部分。

选择【旋转面】选项后，可以依照系统的以下提示进行操作。

（1）选择面或[放弃(U)/删除(R)]：选择一个或多个面，或输入选项。

（2）选择面或[放弃(U)/删除(R)/全部(ALL)]：继续选择一个或多个面，或输入选项，当需要结束选择时可按下 Enter 键。

（3）指定轴点或[经过对象的轴(A)/视图(V)/X 轴(X)/Y 轴(Y)/Z 轴(Z)]<两点>：输入选项、指定点。

（4）轴点<两点>：使用两个点定义旋转轴。选择该选项后，系统依次进行以下提示。

- 在旋转轴上指定第一个点：指定点的位置。
- 在旋转轴上指定第二个点：指定点的位置。
- 指定旋转角度或[参照(R)]：指定角度或输入"R"。

（5）经过对象的轴：将旋转轴与现有对象对齐。选择该选项后，系统依次进行以下提示：

● 选择作为轴使用的曲线：使用作为旋转轴的曲线。

● 指定旋转角度或[参照(R)]：指定角度或输入"R"。

（6）视图：将旋转轴与当前通过选定点的视图的观察方向对齐。当选择该选项后，系统依次进行以下提示。

● 指定旋转原点<0,0,0>：指定旋转原点。

● 指定旋转角度或[参照(R)]：指定角度或输入"R"。

（7）X轴、Y轴、Z轴：将旋转轴与通过选择的点所在的轴(X、Y或Z轴)对齐。当选择该选项后，系统依次进行以下提示。

● 指定参照(起点)角度<0>：指定参照或起点的角度。

● 指定端点角度：指定端点角度。

旋转面的效果如图9-62所示。

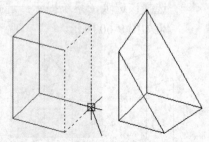

图 9-62　使用 45 度角旋转面的效果

4. 偏移面

偏移面是指按指定的距离或通过指定的点，将面均匀地偏移。正值增大实体尺寸或体积，负值减小实体尺寸或体积。

选择【偏移面】选项后，可以依照系统的以下提示进行操作。

（1）选择面或[放弃(U)/删除(R)]：选择一个或多个面，或输入选项。

（2）选择面或[放弃(U)/删除(R)/全部(ALL)]：继续选择一个或多个面，或输入选项，选择完成后可按下 Enter 键结束。

（3）指定偏移距离：指定面偏移的距离。

偏移面的效果如图9-63所示。

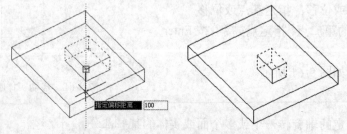

图 9-63　偏移面的效果

5. 倾斜面

倾斜面是指按一个角度将面进行倾斜。其中倾斜角的旋转方向由选择基点和第二点（沿选定矢量）的顺序决定。

选择【倾斜面】选项后，可以依照系统的以下提示进行操作。

（1）选择面或[放弃(U)/删除(R)]：选择一个或多个面，或输入选项。

（2）选择面或[放弃(U)/删除(R)/全部(ALL)]：继续选择一个或多个面，或输入选项，只要按 Enter 键即可结束选择。

（3）指定基点：指定基点。

（4）指定沿倾斜轴的另一个点：指定沿倾斜轴的另一点。

（5）指定倾斜角：设置介于−90°～+90°之间的倾斜角度。

倾斜面的效果如图 9-64 所示。

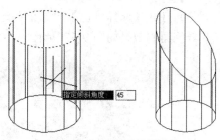

图 9-64　倾斜面的效果

6. 删除面

删除面是指删除实体模型的指定面，包括圆角和倒角。

选择【删除面】选项后，可以依照系统的以下提示进行操作。

（1）选择面或[放弃(U)/删除(R)]：选择一个或多个面，或输入选项。

（2）选择面或[放弃(U)/删除(R)/全部(ALL)]：继续选择一个或多个面，或输入选项，按 Enter 键即可结束选择。

（3）已开始实体校验。

（4）已完成实体校验。

删除面的效果如图 9-65 所示。

7. 复制面

复制面是指将面复制为面域或实体。如果指定两个点，【复制面】操作将使用第一个点作为基点，并相对于基点放置一个副本。如果指定一个点（通常输入为坐标），然后按 Enter 键，【复制面】操作将使用此坐标作为新位置。

选择【复制面】选项后，可以依照系统的以下提示进行操作。

（1）选择面或[放弃(U)/删除(R)]：选择一个或多个面，或输入选项。

（2）选择面或[放弃(U)/删除(R)/全部(ALL)]：继续选择一个或多个面，或输入选项，按 Enter 键即可结束选择。

（3）指定基点或位移：指定基点或位移。

（4）指定位移的第二点：指定位移另一个点。

复制面的效果如图 9-66 所示。

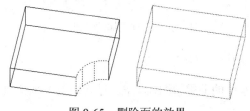

图 9-65　删除面的效果

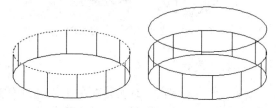

图 9-66　复制面的效果

8. 着色面

着色面是指修改实体面的颜色。

选择【着色面】选项后，可以依照系统的以下提示进行操作。

（1）选择面或[放弃(U)/删除(R)]：选择一个或多个面，或输入选项。

（2）选择面或[放弃(U)/删除(R)/全部(ALL)]：继续选择一个或多个面，或输入选项，按 Enter 键即可结束选择。

（3）打开【选择颜色】对话框：选择面的填充颜色。

着色面的效果如图 9-67 所示。

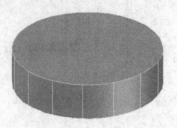

图 9-67　着色面的效果

9.2.4　三维模型的其他编辑

1. 分割实体

分割实体是指将三维实体对象分解成原来组成三维实体的部件。通过分割实体的方法，可以将组合实体分割成各个零件。另外，将三维实体分割后，独立的实体将保留原来的图层和颜色。

动手操作　分割实体

1 在【实体】选项卡的【实体编辑】面板中单击【分割】按钮回。

2 系统提示：选择三维实体，此时在文件窗口中选择需要分割的组合实体，然后按两次 Enter 键结束操作，如图 9-68 所示。

3 此时选定的实体将被分割成两个独立的实体对象，效果如图 9-69 所示。

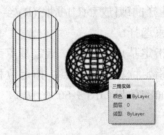

图 9-68　选择已经组合的实体　　　　　　　图 9-69　分割实体的效果

2. 抽壳实体

抽壳实体是指在三维实体对象中创建具有指定厚度的薄壁。用户只需通过将现有面向原位置的内部或外部偏移来创建新的面即可。

动手操作　抽壳实体

1 在【实体】选项卡的【实体编辑】面板中单击【抽壳】按钮回。

2 系统提示：选择三维实体，在文件窗口中选择需要抽壳的实体。

3 系统提示：删除面或[放弃(U)/添加(A)/全部(ALL)]，可以选择一个或多个需要删除的面，按 Enter 键结束选择，如图 9-70 所示。

4 系统提示：输入抽壳偏移距离，此时设置抽壳偏移的距离，如图 9-71 所示。

5 输入偏移距离后，连续按两次 Enter 键，结束操作。效果如图 9-72 所示。

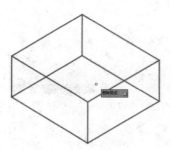

图 9-70　选择需要删除的面

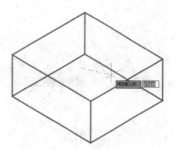

图 9-71　设置抽壳偏移的距离

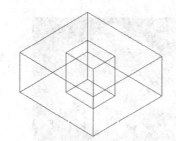

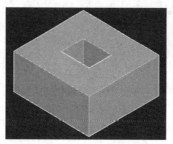

图 9-72　抽壳实体的效果

3. 创建倒角

倒角是指将两条成角的边连接两个对象。在三维空间中，可以为选定的三维实体的相邻面添加倒角。

动手操作　创建倒角

1 在【实体】选项卡的【实体编辑】选项卡中单击【倒角边】按钮 📦 。

2 系统提示：选择第一条直线或[环(L)/距离(D)]，此时在实体上选择要倒角的边，再选择同一个面的其他边，如图 9-73 所示。

3 系统提示：按 Enter 键接受倒角或[距离(D)]，此时可以按 Enter 键使用默认的倒角距离，也可以选择【距离】选项，以自定倒角距离，如图 9-74 所示。

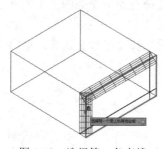

图 9-73　选择第一条直线

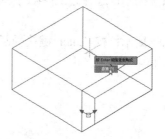

图 9-74　指定基面的倒角距离

4 系统提示：指定基本面倒角距离或[表达式(E)]，此时输入倒角距离，输入 0.5，按下 Enter 键，如图 9-75 所示。

5 系统提示：指定其他曲面倒角距离或[表达式(E)]，此时输入其他曲面的倒角距离，输入 0.5，按 Enter 键，如图 9-76 所示。

6 系统提示：按 Enter 键接受倒角或[距离(D)]，此时按 Enter 键接受倒角，如图 9-77 所示。

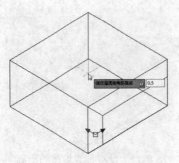

图 9-75　指定基本面倒角距离

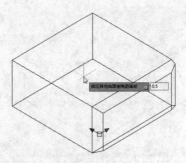

图 9-76　指定其他曲面的倒角距离

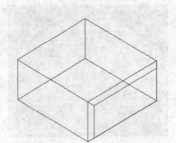

图 9-77　创建实体倒角的效果

　基面距离是指从选定边到基面上一点的距离；曲面距离是指从选定边到相邻曲面上一点的距离。

4. 创建圆角

圆角是指使用与对象相切并且具有指定半径的圆弧连接两个对象。

动手操作　创建圆角

1 在【实体】选项卡的【实体编辑】选项卡中单击【圆角边】按钮　。

2 系统提示：选择边或[链(C)/环(L)/半径(R)]，此时选择对象一个面的上下两条边，如图 9-78 所示。

3 系统提示：按 Enter 键接受圆角或[半径(R)]，此时选择【半径】选项，以自定义圆角半径，如图 9-79 所示。

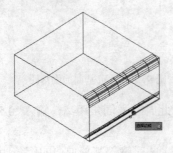

图 9-78　选择圆角面的两条边

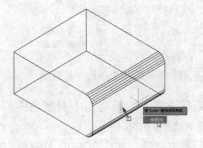

图 9-79　选择【半径】选项

4 输入圆角半径为 2，然后按两次 Enter 键确定，效果如图 9-80 所示。

282

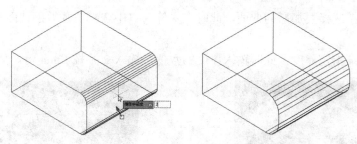

图 9-80　为实体创建圆角的效果

5. 剖切实体或曲面

使用【剖切】功能可以通过剖切或分割现有对象，创建新的三维实体和曲面。在操作过程中，可以通过 2 个或 3 个点定义剪切平面，方法是指定 UCS 的主要平面，或者选择某个平面或曲面对象（而非网格）。

使用【剖切】功能需要注意以下事项：

（1）可以使用指定的平面和曲面对象剖切三维实体对象。

（2）仅可以通过指定的平面剖切曲面对象。

（3）不能直接剖切网格或将其用作剖切曲面。

动手操作　剖切实体或曲面

1 在【实体】选项卡的【实体编辑】选项卡中单击【剖切】按钮。

2 系统提示：选择要剖切的对象，此时在文件窗口中选择要剖切的实体或曲面并按下 Enter 键，如图 9-81 所示。

3 系统提示：指定切面的起点或[平面对象(O)/曲面(S)/z轴(Z)/视图(V)/xy(XY)/ yz(YZ)/zx(ZX)/三点(3)]，程序默认使用三点方式指定剪切平面。此时分别指定切面的三个点，如图 9-82 所示。

4 指定三个点后，即可完成剖切，效果如图 9-83 所示。

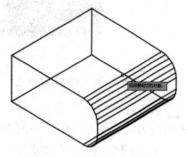

图 9-81　选择要剖切的对象

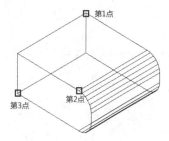

图 9-82　通过三个点指定切面

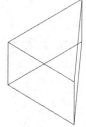

图 9-83　剖切实体对象的效果

6. 对曲面进行加厚处理

使用【加厚】功能可以指定的厚度将曲面转换为三维实体。

动手操作　对曲面进行加厚处理

1 在【实体】选项卡的【实体编辑】选项卡中单击【加厚】按钮。

2 系统提示：选择要加厚的曲面，此时在文件窗口中选择要加厚的曲面对象，如图 9-84 所示。

3 系统提示：指定厚度，此时输入厚度的数值，输入 2 并按 Enter 键，如图 9-85 所示。

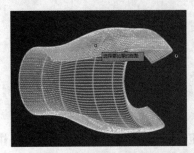
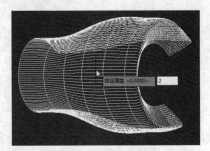

图 9-84　选择要加厚的曲面　　　　　　　图 9-85　输入厚度的数值

4 完成上述操作后，即可对曲面进行加厚处理，如图 9-86 所示。

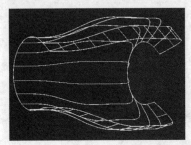
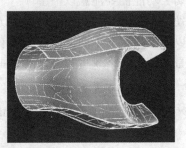

图 9-86　加厚曲面的效果

7. 平滑与优化网格模型

修改现有网格的其中一种方法是增加或降低其平滑度，其中平滑度为 0 表示最低平滑度，平滑度为 4 表示高圆度，不同对象之间可能会有所差别。

另外，优化网格对象可增加可编辑面的数目，从而提供对象精细建模细节的附加控制。如果要处理细节，可以优化平滑的网格对象或单个面。这样优化对象会将所有底层网格镶嵌面转换为可编辑的面。

动手操作　平滑与优化网格模型

1 选择要平滑的对象，在【网格】选项卡的【网格】面板中单击两次【提高平滑度】按钮 [提高平滑度]，如图 9-87 所示。其中单击一次可以将网格对象的平滑度提高一个级别。

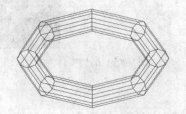
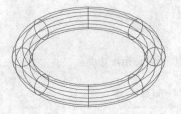

图 9-87　提高平滑度

2 如果要降低平滑度，可以保持对象的被选状态，在【网格】面板中单击【降低平滑度】按钮 [降低平滑度]，其中单击一次可以将网格对象的平滑度降低一个级别。

3 在【网格】面板中单击【优化网格】按钮 优化网格，系统提示：选择要优化的网格对象或面对象，此时选择整个网格对象，如图 9-88 所示。

4 按 Enter 键后，将会成倍增加选定网格对象或网格面中的面数，如图 9-89 所示。

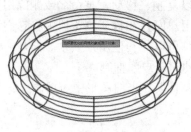

图 9-88 选择要优化的网格对象

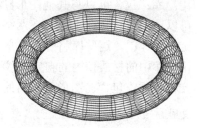

图 9-89 优化网格对象的效果

9.3 为三维模型应用材质

材质代表物质，如钢、棉和玻璃。在 AutoCAD 中，可以将材质应用于三维模型来为对象提供真实外观，同时可以调整材质的特性来增强反射、透明度和纹理。

9.3.1 应用预定义材质

AutoCAD 提供了一个预定义的材质库，包括陶瓷、混凝土、石材和木材等。使用材质浏览器可以浏览材质，并将它们应用于图形中的三维模型，如图 9-90 所示。

1. 关于材质库

材质库包含 700 多种材质和 1000 多种纹理的 Autodesk 库。用户可以将 Autodesk 材质复制到图形中，然后对其进行编辑并保存到自己的库中，也可以使用材质浏览器导航和管理 Autodesk 材质和用户定义的材质。如图 9-91 所示为材质库。

图 9-90 为三维模型应用预定义的材质

图 9-91 材质库

材质库有三种类型的库:

- Autodesk 库:包含预定义的材质,供支持材质的 Autodesk 应用程序使用。虽然无法编辑 Autodesk 库,但可以将这些材质用作可以保存在用户库中的自定义材质的基础。
- 用户库:包含可以与其他图形共享的材质。可以复制、移动、重命名或删除用户库。可以访问和打开在本地或在网络上创建的现有用户库并在材质浏览器中将它们添加到定义的库中。这些库将存储在单个文档中,并且可以与其他用户共享。但是,任何供用户库中的材质使用的自定义纹理文件必须手动与用户库捆绑。
- 文档材质:包含在图形中使用的或定义的材质,且仅在当前图形中可用。

2. 使用材质库

选择【可视化】选项卡,在【材质】面板中单击【材质浏览器】按钮 ◎ 材质浏览器,打开【材质浏览器】选项板后,即可使用材质库,如图 9-92 所示。

图 9-92　打开【材质浏览器】选项板

3. 使用材质编辑器

AutoCAD 提供了【材质编辑器】,它用于编辑在【材质浏览器】中选定的材质,如图 9-93 所示。

用户无法修改 Autodesk 材质库中的材质,但是可以将其用作新材质的基础。材质编辑器提供特性设置,例如光泽度、透明度、高光和纹理,因此在为三维模型应用材质后,还可以通过材质编辑器更改可用的特性设置,以便使材质更加适合实际设计需要。

默认通用材质具有以下特性。

- 颜色:可以指定颜色或自定义纹理,该纹理可以是图像或程序纹理。材质的颜色对象的不同区域各不相同。例如,如果观察红色球体,它并不显现出统一的红色。远离光源的面显现出的红色比正对光源的面显现出的红色暗。反射高光区域显示最浅的红色。
- 图像:控制材质的基础漫射颜色贴图。漫射颜色是指直射日光或人造光源照射下对象反射的颜色。

图 9-93　【材质编辑器】选项板

- 图像淡入度:控制基础颜色和漫射图像之间的组合。图像淡入度特性仅在使用图像时才可编辑。
- 光泽度:材质的反射质量定义光泽度或粗糙度。若要模拟有光泽的曲面,材质应具有较小的高亮区域,并且其镜面颜色较浅,甚至可能是白色。较粗糙的材质具有较大的高亮区域,并且高亮区域的颜色更接近材质的主色。
- 高光:控制用于获取材质的镜面高光的方法。金属设置将根据灯光在对象上的角度发散光线。金属高光是指材质的颜色。非金属高光是指照射在材质上的灯光的颜色。

在【材质编辑器】中，还可以使用其他特性来获得特殊效果。

- 反射率：模拟在有光泽对象的表面上反射的场景。要使反射率贴图获得较好的渲染效果，材质应有光泽，而且反射图像本身应具有较高的分辨率。
- 透明度：完全透明的对象允许灯光穿过对象。值为 1.0 时，该材质完全透明；值为 0.0 时，材质完全不透明。在图案背景下预览透明效果最佳。
- 剪切：裁切贴图以使材质部分透明，从而提供基于纹理灰度转换的穿孔效果。可以选择图像文件以用于裁切贴图。将浅色区域渲染为不透明，深色区域渲染为透明。使用透明度以实现磨砂或半透明效果时，反射率将保持不变。裁切区域不反射。
- 自发光：自发光贴图可以使部分对象呈现出发光效果。例如，若要在不使用光源的情况下模拟霓虹灯，可以将自发光值设定为大于零。没有光线投射到其他对象且自发光对象不接收阴影。贴图的白色区域渲染为完全自发光。黑色区域不使用自发光进行渲染。灰色区域将渲染为部分自发光，具体取决于灰度值。
- 凹凸：可以选择图像文件或程序贴图以用于贴图。凹凸贴图使对象看起来具有起伏的或不规则的表面。使用凹凸贴图材质渲染对象时，贴图的较浅（较白）区域看起来升高，而较深（较黑）区域看起来降低。如果图像是彩色图像，将使用每种颜色的灰度值。凹凸贴图会显著增加渲染时间，但会增加真实感。
- 染色：设置与白色混合的颜色的色调和饱和度值。

动手操作　应用材质到花瓶模型

1 打开光盘中的 "..\Example\Ch09\9.3.1.dwg" 练习文件，选择【可视化】选项卡，在【材质】面板中单击【材质浏览器】按钮 ⊗ 材质浏览器。

2 在【材质浏览器】选项板上选择【Autodesk 库】并打开列表框，并选择需要应用材质的分类，本例选择【陶瓷】分类，如图 9-94 所示。

3 为了方便查看材质的预览效果，可以设置以【缩略图视图】方式显示材质库的内容，如图 9-95 所示。

图 9-94　选择材质的分类

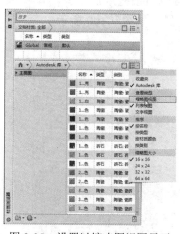

图 9-95　设置以缩略图视图显示

4 在材质库列表中选择合适的材质，然后将该材质缩略图拖到对象上，即可应用材质，如图 9-96 所示。

5 应用材质后，可以选择三维对象，然后在【材质浏览器】选项板上方中选择应用在实体上的材质项，接着单击【编辑材质】按钮，打开【材质编辑器】选项板，如图9-97所示。

6 打开【材质编辑器】选项板的【陶瓷】列表框，然后【颜色】上单击打开【选择颜色】对话框，选择一种合适的颜色并单击【确定】按钮，如图9-98所示。

7 为了改善三维模型渲染的光泽，可以在【材质编辑器】选项板中调整【饰面】的选项，如图9-99所示。

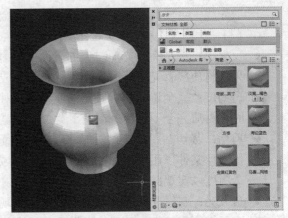

图 9-96　将材质应用到三维模型上

图 9-97　打开【材质编辑器】选项板

图 9-98　更改材质颜色

8 编辑材质完成后，关闭选项板，即可在文件窗口查看三维模型在应用材质并经过编辑后的效果，如图9-100所示。

图 9-99　设置饰面效果

图 9-100　三维模型应用材质的效果

9.3.2 应用贴图材质

贴图材质，如同将一张图像贴到三维实体的表面，从而在渲染时产生照片式的效果。贴图的作用就如同现实生活中物体的包装一样。如果把贴图与光源配合起来，可以得到各种特殊的渲染效果；同时，使用贴图的方法也可创建更多类型的材质。

贴图有多种方式，可以在【材质编辑器】选项板的【常规】选项组、【透明度】选项组、【剪切】选项组和【凹凸】选项组中选择应用图像，如图 9-101 所示。

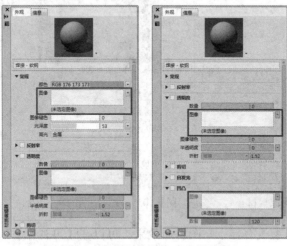

图 9-101　通过多种方式应用贴图

动手操作　为花瓶模型应用贴图材质

1 打开光盘中的 "..\Example\Ch09\9.3.2.dwg" 练习文件，通过【渲染】选项卡打开【材质浏览器】选项板，然后在【材质浏览器】选项板选择应用到实体上的材质项，接着单击【编辑材质】按钮，如图 9-102 所示。

2 打开【材质编辑器】选项板后，在【陶瓷】选项组中单击【颜色】项目右侧的按钮，然后选择【图像】选项，应用贴图材质，如图 9-103 所示。

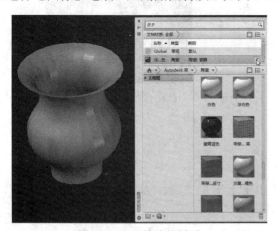

图 9-102　开始编辑材质

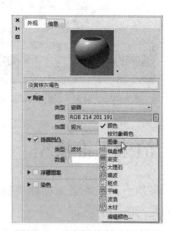

图 9-103　选择使用贴图材质

3 打开【材质编辑器打开文件】对话框，选择练习义件所在文件夹中的 "花朵.JPG" 图像素材并单击【打开】按钮，如图 9-104 所示。

4 程序自动打开【纹理编辑器】选项板，此时在选项板中设置纹理的属性，本例设置 XY 的偏移均为 3、样例尺寸为 10，如图 9-105 所示。

5 返回【材质编辑器】选项板，然后在【陶瓷】选项组中设置【饰面】为【粗面】，如图 9-106 所示。

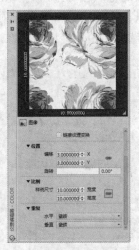

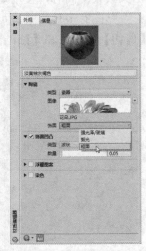

图 9-104 选择图像素材 　　图 9-105 设置贴图的文理属性 　　图 9-106 设置饰面选项

6 如果此时三维模型没有显示贴图材质效果，可以在【可视化】选项卡的【材质】面板中打开【材质/文理】列表框，选择【材质/纹理开】选项，以显示材质和纹理，如图 9-107。

7 返回文件窗口中，查看三维模型应用贴图材质的效果，如图 9-108 所示。

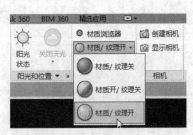

图 9-107 打开材质和纹理显示 　　　图 9-108 查看三维模型应用贴图材质的效果

9.4 渲染三维模型

渲染基于三维场景来创建二维图像，它使用已设置的光源、已应用的材质和环境设置，为场景的几何图形着色。

9.4.1 渲染等级与目标

渲染是一个占用相当多系统资源的过程，AutoCAD 为了使用户可以根据自己的需要来渲染模型，允许对渲染过程进行详细的配置。

1. 渲染的等级

渲染的等级在很大程度上决定了渲染的质量，AutoCAD 2015 提供了 5 种预设的渲染等级。

- 草稿：此等级的渲染质量最差，图形边缘在渲染时并没有平滑化。而相应的渲染速度也是最快的，它适用于快速浏览渲染的效果。
- 低：使用这个等级渲染模型时，既不显示材质和阴影，也不使用用户创建的光源，渲染程度会自动使用一个虚拟的平行光源。使用此等级渲染模型时，速度较快，一般用于显示简单图像的三维效果，但其效果要比草稿等级的效果好。
- 中：此等级的效果要优于前面两个等级，会使用材质与纹理过滤功能渲染模型，但阴影贴图还是被关闭。一般情况下，多使用此等级来渲染模型。
- 高：这种渲染等级将在渲染中根据光线跟踪产生反射、折射和更精确的阴影。此渲染等级创建的图像较精细，但花费的时间相当长。
- 演示：这是 AutoCAD 中等级最高的渲染，它的效果最好，但花费的时间也是最长的，一般用于最终的渲染效果图。

如果想要自定义渲染的等级，可以在【可视化】选项卡的【渲染】面板上打开【渲染等级】下拉列表，再选择【管理渲染预设】选项，然后通过对话框自定义系统预设 5 种渲染等级的相关参数，也可创建新的渲染预设等级，如图 9-109 所示。

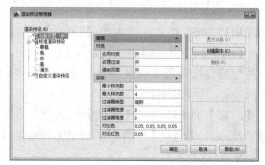

图 9-109　管理渲染预设

2. 渲染的目标

一般来说，渲染的目标预设是当前视口的图像。当一张图中包含多个实体对象时，若要指定渲染某个对象，则可使用【渲染面域】功能，此功能允许自定义渲染的区域，而且可以直接在【真实】视觉样式下看到渲染效果，如图 9-110 所示。

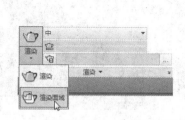

图 9-110　使用【渲染面域】功能渲染实体

9.4.2　渲染输出三维模型

渲染模型操作最终结果是生成图像，可以将渲染图像保存到视口、渲染窗口或文件中。保存图像后，可以随时查看图像，保存的图像还可以作为纹理贴图用于已创建的材质。

根据已选择的渲染设置和渲染预设，渲染可能是一个耗时的过程，如果已经保存过渲染图像，则可以瞬间重新显示以前的渲染图像。

动手操作　渲染输出三维模型

1 在【可视化】选项卡的【渲染】面板中按下【渲染输出文件】按钮，然后单击右侧的【浏览文件】按钮，打开【渲染输出文件】对话框，指定图像输出位置、文件类型及输出文件名，如图 9-111 所示。

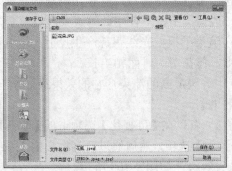

图 9-111　打开渲染模型保存功能并保存文件　　　　图 9-112　设置图像选项

2 如果选择 JPEG 格式，则弹出【JPEG 图像选项】对话框，然后设置质量和文件大小，完成后单击【确定】按钮，如图 9-112 所示。

3 设置使用的渲染质量以及输出尺寸，如图 9-113 所示。如果添加了光源与阴影效果，必须使用中级或以上渲染等级。

4 在【渲染】面板中单击【渲染】按钮，正式开始渲染模型，如图 9-114 所示。

5 渲染结束后，【渲染】窗口右侧与下方将会显示这次渲染操作所使用的配置信息以及渲染时间，如图 9-115 所示。

图 9-113　设置其他渲染选项

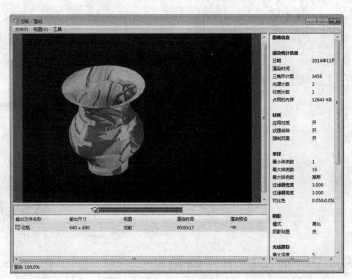

图 9-114　开始渲染模型　　　　　　　　　图 9-115　渲染模型的效果

9.5 技能训练

下面通过多个上机练习实例，巩固所学技能。

9.5.1 上机练习 1：通过对齐实体制作石台模型

本例先将喇叭形曲面进行加厚处理使之成为实体，然后使用【对齐】功能将喇叭状实体放置在圆台下方，接着放大圆柱体，使两个实体构成石台三维模型。

操作步骤

1 打开光盘中的 "..\Example\Ch09\9.5.1.dwg" 练习文件，选择【实体】选项卡，在【实体编辑】面板中单击【加厚】按钮 。系统提示：选择要加厚的曲面，此时在文件窗口中选择要加厚的曲面对象，如图 9-116 所示。

2 系统提示：指定厚度，此时输入厚度的数值为 1 并按 Enter 键，如图 9-117 所示。加厚曲面对象的结果如图 9-118 所示。

图 9-116　执行【加厚】功能　　　图 9-117　指定厚度　　　图 9-118　加厚对象的效果

3 选择【常用】选项卡，在【修改】面板中单击【三维对齐】按钮 。系统提示：选择对象，此时在文件窗口中选择对象并按 Enter 键确定，然后指定基点和第二个点，如图 9-119 所示。

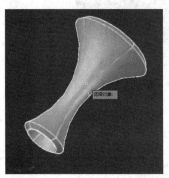
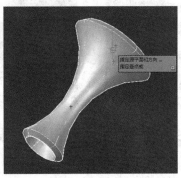

图 9-119　执行【三维对齐】功能并选择对象和指定点

4 系统提示：指定第三个点或[继续(C)]，此时指定圆柱体实体的圆心作为第三点，然后启用【正交限制】功能，再次指定圆柱体圆心作为第一个目标点，如图 9-120 所示。

5 系统提示：指定第二个目标点或[退出(X)]，此时在正交垂直线上单击指定第二个目标点并按 Enter 键结束命令，以对齐两个实体，如图 9-121 所示。

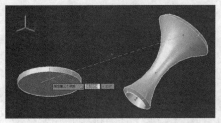

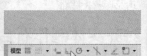

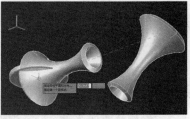

图 9-120　指定第三点和第一个目标点

6 切换到【可视化】选项卡，再打开视图方向列表框，选择【西南等轴测】视图方式，然后切换到【实体】选项卡，选择【缩放小控件】选项，如图 9-122 所示。

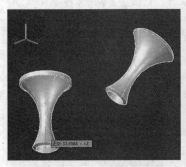

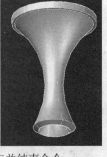

图 9-121　指定第二个目标点并结束命令　　　　图 9-122　设置视图方式并选择缩放小控件

7 选择圆柱体，然后指定圆柱体圆心为基点，再将光标移动到三维缩放小控件的轴上，按住鼠标沿该轴向外拖动鼠标，扩大圆柱体对象，如图 9-123 所示。

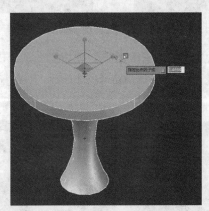

图 9-123　扩大圆柱体对象

9.5.2　上机练习 2：制作石台圆角边台面的效果

本例将使用【圆角边】功能制作石台模型的圆柱体上下面圆角边的效果，然后使用【并集】功能将台面实体和台座实体组合成一个完整的石台三维模型。

✍ 操作步骤

1 打开光盘中的 "..\Example\Ch09\9.5.2.dwg" 练习文件，在【实体】选项卡的【实体编辑】选项卡中单击【圆角边】按钮 。系统提示：选择边或[链(C)/环(L)/半径(R)]，此时选择圆柱体顶面的边，如图 9-124 所示。

图 9-124　执行【圆角边】功能并选择边

2 系统提示：按 Enter 键接受圆角或[半径(R)]，此时选择【半径】选项，接着输入圆角半径为 0.5，然后按 Enter 键确定，如图 9-125 所示。

3 系统再次提示：选择边或[链(C)/环(L)/半径(R)]，此时选择圆柱体底面的边，然后在命令窗口中选择【半径】选项，如图 9-126 所示。

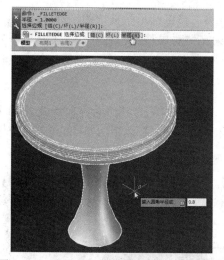

图 9-125　选择【半径】选项并输入半径数值

图 9-126　选择底面的边并选择【半径】选项

4 系统提示：输入圆角半径，此时输入圆角半径为 0.5，然后按两次 Enter 键确认并结束命令，如图 9-127 所示。

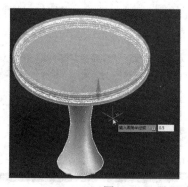

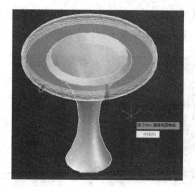

图 9-127　设置圆角半径并结束命令

5 选择【实体】选项卡，在【布尔值】面板中单击【并集】按钮，系统提示：选择对象，此时分别选择喇叭状实体和圆柱体对象，然后按 Enter 键组合实体，如图 9-128 所示。

图 9-128　执行【并集】功能并选择对象

9.5.3　上机练习 3：制作和压印石台模型花纹边

本例先在【俯视】视图中绘制一个椭圆形对象，然后将椭圆形拉伸成为椭圆体，再通过【环形阵列】功能制作花朵形状的立体对象，接着将花朵立体对象移到石台圆柱体上并进行分解处理，再使用【压印】功能分别将椭圆体的边压印到石台实体上。

操作步骤

1 打开光盘中的 "..\Example\Ch09\9.5.3.dwg" 练习文件，单击 ViewCube 工具的【上】面，设置为俯视视图方向，然后选择【常用】选项卡中【绘图】面板的【圆心】按钮，接着在文件上绘制一个椭圆形，如图 9-129 所示。

图 9-129　设置视图方向并绘制椭圆形

2 选择【实体】选项卡并单击【拉伸】按钮，然后选择椭圆形为拉伸的对象，再设置拉伸高度为 3，创建出椭圆体，如图 9-130 所示。

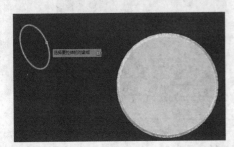
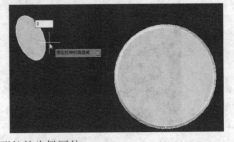

图 9-130　将椭圆形拉伸为椭圆体

3 选择椭圆体对象，切换到【常用】选项卡，选择【环形阵列】选项，然后指定椭圆体下端点作为阵列的中心点，如图 9-131 所示。

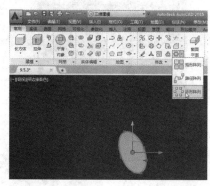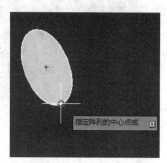

图 9-131　执行【环形阵列】功能并指定阵列中心点

4 打开【阵列创建】选项卡，然后设置如图 9-132 所示的各个选项，再关闭阵列即可，如图 9-132 所示。

图 9-132　设置阵列

5 选择阵列对象，然后按住夹点并移到圆柱体的圆心上，接着选择【可视化】选项卡，并设置【前视】视图，如图 9-133 所示。

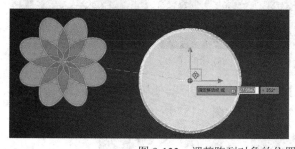

图 9-133　调整阵列对象的位置并设置视图

6 选择阵列对象，再按住对象的移动点并垂直向上移动，使花朵状的阵列对象在台面突出，如图 9-134 所示。

7 在【可视化】选项卡中选择【西南等轴测】视图，然后切换到【常用】选项卡，并单击【修改】面板的【分解】按钮，再选择阵列对象为要分解的对象，如图 9-135 所示。

8 切换到【实体】选项卡，单击【实体编辑】面板的【压印】按钮，然后选择石台实体作为要作用的对象，再选择其中一个椭圆体作为要压印的对象，接着设置删除源对象，如图 9-136 所示。

图 9-134　调整阵列对象的位置

图 9-135　调整视图并分解阵列对象

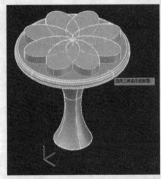

图 9-136　制作其中一个椭圆体的压印效果

❾　系统继续提示：选择要压印的对象，此时继续选择其他椭圆体作为要压印的对象，并分别删除源对象，制作出花纹状的压印边效果，如图 9-137 所示。

图 9-137　制作其他椭圆体的压印效果

9.5.4 上机练习4：为石台模型应用材质并渲染

本例将切换到【真实】视图样式，然后为石台三维模型应用石料材质并适当修改材质效果，接着设置渲染输出文件和位置，最后对石台三维模型进行渲染处理。

操作步骤

1 打开光盘中的"..\Example\Ch09\9.5.4.dwg"练习文件，选择【可视化】选项卡，再打开【视图样式】列表并选择【真实】视图样式，然后打开【材质浏览器】选项板并选择【石料】材质库，如图9-138所示。

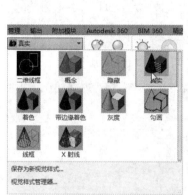

图9-138　切换视图样式并选择【石料】材质库

2 在【石料】材质库中选择【粗糙抛光-石膏】材质，然后将该材质拖到石台三维模型上，为模型应用材质，如图9-139所示。

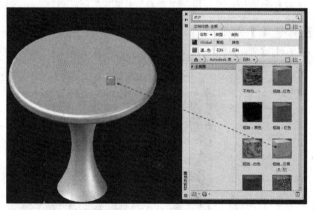

图9-139　三维模型应用材质

3 在【材质浏览器】选项上选择应用到三维模型的材质并单击【编辑材质】按钮 ，打开【材质编辑器】选项板，然后设置饰面为【有光泽】，如图9-140所示。

4 在【可视化】选项卡的【渲染】面板中按下【渲染输出文件】按钮 ，然后单击右侧的【浏览文件】按钮 ，打开【渲染输出文件】对话框，指定图像输出位置、文件类型及输出文件名，单击【保存】按钮，如图9-141所示。

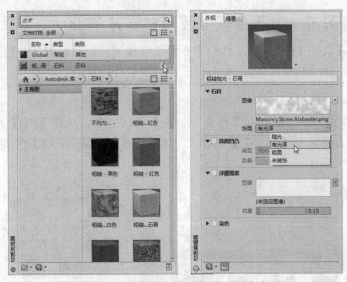

图 9-140　编辑应用在模型上的材质

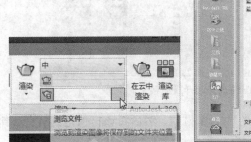

图 9-141　打开渲染模型保存功能并保存文件

5 打开【JPEG 图像选项】对话框后，设置质量和文件大小，完成后单击【确定】按钮，接着在【渲染】面板中单击【渲染】按钮 ，正式开始渲染模型，如图 9-142 所示。

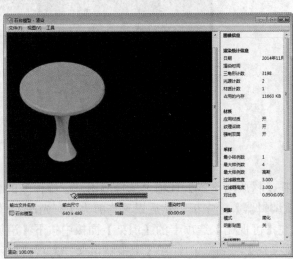

图 9-142　设置图像选项并执行渲染

9.6 评测习题

一、填空题

（1）在 AutoCAD 中，可以使用＿＿＿＿＿＿＿功能在三维空间中通过指定镜像平面来镜像对象，以创建相对于镜像平面对称的三维对象。

（2）AutoCAD 有三种类型的阵列：矩形、＿＿＿＿＿＿＿和环形（也称极轴）。

（3）＿＿＿＿＿＿＿是指将三维实体对象分解成原来组成三维实体的部件。

（4）＿＿＿＿＿＿＿基于三维场景来创建二维图像，它使用已设置的光源、已应用的材质和环境设置，为场景的几何图形着色。

二、选择题

（1）以下哪个命令可以在三维空间中通过指定镜像平面来镜像对象以创建相对于镜像平面对称的三维对象？ （ ）

A．move3d   B．mirror3d   C．3darray   D．interfere

（2）以下哪个命令可以对三维实体对象进行干涉检查？ （ ）

A．move3d   B．fix3d   C．3darray   D．interfere

（3）当需要进行拉伸面、移动面、旋转面、偏移面、倾斜面、删除面、复制面和着色面等操作时，应该使用什么命令？ （ ）

A．3dsolidedit   B．lidedit   C．solidedit   D．visualstyles

三、判断题

（1）在路径阵列中，项目将均匀地沿路径或部分路径分布。路径可以是直线、多段线、三维多段线、样条曲线、螺旋、圆弧、圆或椭圆。 （ ）

（2）剖切实体是指将三维实体对象分解成原来组成三维实体的部件。 （ ）

（3）并集是指将两个或多个三维实体、曲面或二维面域合并为一个复合三维实体、曲面或面域。 （ ）

四、操作题

使用【抽壳】功能将圆柱体制作成为如图 9-143 所示的空心圆柱体模型。

提示

（1）打开光盘中的"..\Example\Ch09\9.6.dwg"练习文件，在【实体编辑】面板中单击【抽壳】按钮 。

（2）系统提示：选择三维实体，在文件窗口中选择需要抽壳的实体。

（3）系统提示：删除面或[放弃(U)/添加(A)/全部(ALL)]，可以选择一个或多个需要删除的面，按 Enter 键结束选择。

（4）系统提示：输入抽壳偏移距离，此时设置抽壳偏移的距离。

（5）输入偏移距离后，连续按两次 Enter 键，结束操作。

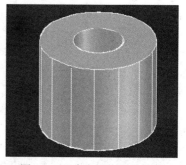

图 9-143　本章操作题的效果

第 10 章　综合制图项目设计

学习目标

本章通过机械传动轴设计图、连体式马桶设计图和花瓶三维模型 3 个项目设计，综合介绍 AutoCAD 2015 在绘图、编辑图形、填充图案、添加标注、创建和渲染三维模型等方面的应用。

学习重点

- ☑ 绘制二维图形
- ☑ 编辑二维图形
- ☑ 填充图案和颜色
- ☑ 添加和编辑标注
- ☑ 创建和编辑模型对象
- ☑ 应用材质并渲染三维模型

10.1　项目设计 1：制作机械传动轴设计图

本项目以一个机械传动轴为例，介绍机械规格图设计的方法。在本项目设计中，主要绘制多个圆形作为传动轴截面图，再绘制多条与圆形相切的直线作为传动带图形，然后以传动轴中心为基点绘制多条规格参考线，接着使用标注分别将机械图各个部分的规格注释显示出来，以作为机械设计的蓝图。

本项目制成的效果如图 10-1 所示。

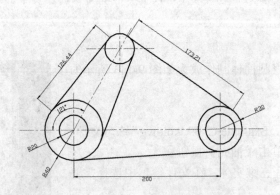

图 10-1　机械传动轴设计图的效果

10.1.1　上机练习 1：绘制传动轴基本图形

本例先新建一个无样板公制图形文件，并切换到【草图与注释】工作空间，然后分别绘制一大一小的同心圆形，通过复制的方式创建其他圆形对象，接着绘制一条直线，再通过编辑夹点的方式使直线与圆形相切，使用相同的方法，制作其他与圆形相切的直线，最后以圆心为通过点绘制多条垂直相交的直线，作为机械图的参考线。

操作步骤

1 启动 AutoCAD 应用程序，单击【新建】按钮，然后通过【选择样板】对话框新建一个无样板公制文件，如图 10-2 所示。

2 新建文件后，打开【工作空间】列表框，然后选择【草图与注释】选项，切换到草图与注释工作空间，如图 10-3 所示。

3 选择【默认】选项卡，再选择【圆心，半径】选项，然后在文件窗口中单击指定圆心，再指定半径为 20，绘制出一个圆形，如图 10-4 所示。

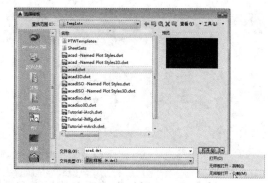

图 10-2 新建图形文件

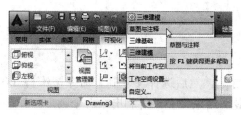

图 10-3 切换工作空间

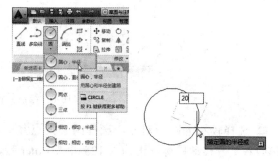

图 10-4 绘制出第一个圆形

4 选择【圆心，半径】选项，然后指定第一个圆形的圆心作为当前圆的圆心，再设置半径为 40，绘制第二个圆形，如图 10-5 所示。

图 10-5 绘制第二个圆形

5 选择较小的圆形对象，选择圆心夹点并单击右键，然后选择【移动】命令，接着在命令窗口中单击【复制(C)】选项，如图 10-6 所示。

图 10-6 执行【移动】命令并选择【复制】选项

6 水平向右移动鼠标，保持角度为 0 度，输入 200 后按 Enter 键，指定拉伸点，以复制出第三个圆形，最后退出夹点模式，如图 10-7 所示。

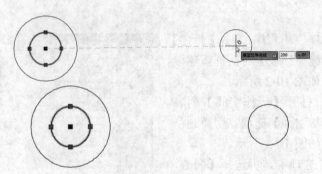

图 10-7　指定拉伸点复制出第三个圆形

7 选择【圆心，半径】选项，然后指定第三个圆形的圆心作为当前圆的圆心，再设置半径为 30，绘制第四个圆形，如图 10-8 所示。

图 10-8　绘制第四个圆形

8 选择较小的圆形对象，选择圆心夹点并单击右键，然后选择【复制】命令，维持 60 度角向右上方移动鼠标，再输入 125 并按 Enter 键，最后结束命令，复制出第五个圆形，如图 10-9 所示。

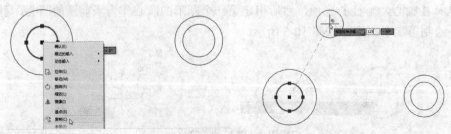

图 10-9　复制出第五个圆形

9 在【默认】选项卡中单击【直线】按钮，然后在文件窗口上绘制出一条直线，如图 10-10 所示。

图 10-10　绘制一条直线

10 启用【切点】捕捉功能，然后选择直线对象，并将上端点移到第五个圆形的切点上，接着选择直线下端点，并移到第二个圆形的切点上，如图 10-11 所示。

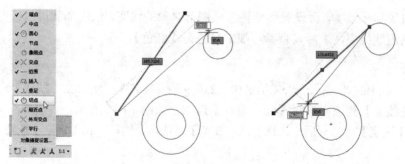

图 10-11　启用【切点】捕捉功能并使直线与圆相切

11 使用步骤9和步骤10的方法，绘制另外两条直线，并使之与圆形相切，制作出传动轴的传动带效果，效果如图 10-12 所示。

12 在【默认】选项卡中单击【直线】按钮，先捕捉到第一个圆形的圆心，再水平向左移动鼠标，然后在与圆心的同一水平线上单击指定直线第一个点，接着水平向右移动鼠标，并单击确定直线第二个点，如图 10-13 所示。

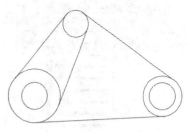

图 10-12　制作出传动带图形效果

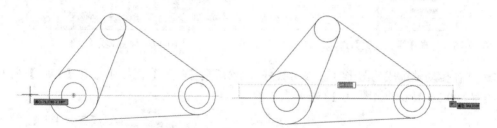

图 10-13　绘制穿过圆心的水平直线

13 使用步骤 12 的方法，分别绘制多条穿过圆心的水平和垂直方向的直线，如图 10-14 所示。

14 单击【直线】按钮，选择第一个圆形的圆心作为直线起点，然后移动鼠标使直线穿过第五个圆形的圆心，单击指定直线的第二个点，绘制出直线对象，如图 10-15 所示。

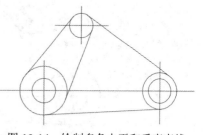

图 10-14　绘制多条水平和垂直直线

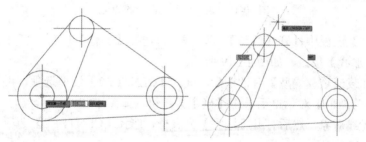

图 10-15　绘制穿过两个圆形圆心的直线

10.1.2 上机练习 2：设置传动轴图形特性

本例先设置显示线宽，再设置传动轴组成图形对象的线宽，然后加载虚线线型，并设置参考线对象使用虚线线型，最后设置参考线的颜色为【红色】。

操作步骤

1 打开光盘中的"..\Example\Ch10\10.1.2.dwg"练习文件，然后在【默认】选项卡的【特性】面板的【线宽】列表中选择【线宽设置】选项，如图 10-16 所示。

2 打开【线宽】对话框后，选择【显示线宽】复选项，然后单击【确定】按钮，如图 10-17 所示。

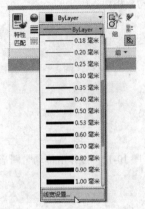

图 10-16 选择【线宽设置】选项

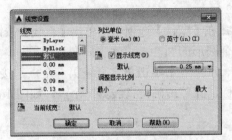

图 10-17 设置显示线宽

3 选择传动轴组成的图形（除参考线外），然后在【特性】面板中打开【线宽】列表框，选择线宽为 0.35 毫米，如图 10-18 所示。

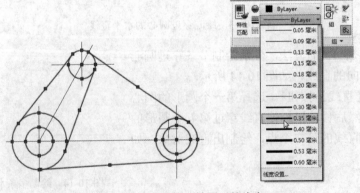

图 10-18 设置传动轴图形的线宽

4 在【特性】面板中打开【线型】列表框，再选择【其他】选项，打开【线型管理器】对话框后单击【加载】按钮，如图 10-19 所示。

5 打开【加载或重载线型】对话框后，选择【CENTER2】线型选项，再单击【确定】按钮，返回【线型管理器】对话框后单击【确定】按钮，如图 10-20 所示。

6 选择参考线对象，然后打开【线型】列表框，选择【CENTER2】选项，为参考线设置虚线线型，如图 10-21 所示。

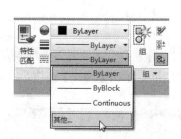

图 10-19　打开【线型管理器】对话框

图 10-20　加载线型

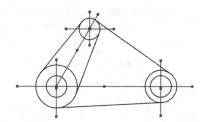

图 10-21　设置参考线的线型

7 继续选择参考线对象，打开【对象颜色】列表框，然后选择【红色】，设置参考线的颜色，如图 10-22 所示。

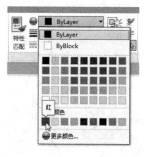
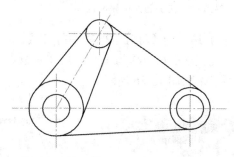

图 10-22　设置参考线的颜色

10.1.3　上机练习 3：为机械传动轴添加标注

本例先通过【标注样式管理器】修改当前默认标注的文字高度、文字位置和箭头大小的样式，然后分别为传动带对象添加对齐和线性标注，再分别依照设计需要添加角度标注和半径标注。

操作步骤

1 打开光盘中的"..\Example\Ch10\10.1.3.dwg"练习文件，打开【注释】选项卡，再单击【标注】面板右下角的按钮，打开【标注样式管理器】对话框后单击【修改】按钮，如图 10-23 所示。

图 10-23　修改当前标注样式

2 打开【修改标注样式】对话框后，选择【文字】选项卡，修改文字高度为 5、垂直文字位置为外部，如图 10-24 所示。

3 切换到【符号和箭头】选项卡，然后修改箭头大小为 5，设置完成后单击【确定】按钮，退出所有对话框，如图 10-25 所示。

图 10-24　修改标注文字的大小和位置

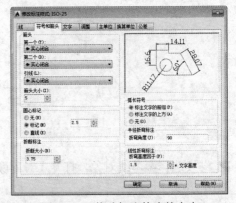

图 10-25　修改标注箭头的大小

4 在【注释】选项的【标注】面板中打开【标注】列表后，选择【对齐】选项，然后捕捉上方圆形与右侧直线的切点作为第一个尺寸线原点，接着捕捉右下方圆形与直线的切点作为第二个尺寸线原点，如图 10-26 所示。

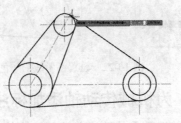
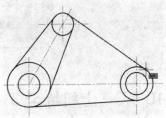

图 10-26　添加对齐标注并指定尺寸线的原点

5 向上方拖动鼠标，在合适的位置上单击，指定尺寸线位置，再使用相同的方法，为传动轴左侧的传动带直线添加对齐标注，如图 10-27 所示。

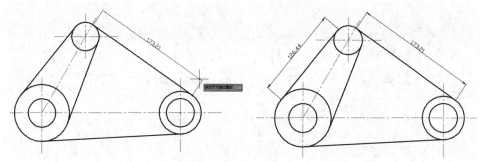

图 10-27　指定尺寸线位置并添加另一个对齐标注

6 在【注释】选项的【标注】面板中打开【标注】列表，选择【线性】选项，然后捕捉下方传动带直线的两个端点作为尺寸线原点，创建出线性标注，如图 10-28 所示。

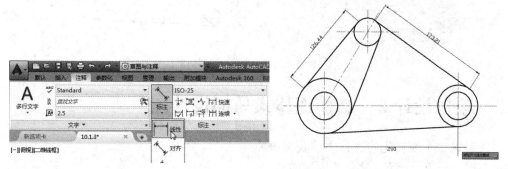

图 10-28　添加线性标注

7 在【注释】选项的【标注】面板中打开【标注】列表，选择【角度】选项，然后选择下方水平参考线与倾斜的参考线，再创建出角度标注，如图 10-29 所示。

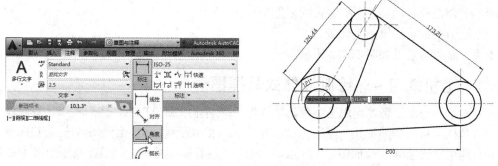

图 10-29　添加角度标注

8 在【注释】选项的【标注】面板中打开【标注】列表，选择【半径】选项，选择第一个绘制的圆形为对象，然后指定尺寸线位置，创建出第一个半径标注，如图 10-30 所示。

9 使用步骤 8 的方法，分别为第二个绘制的圆形和第四个绘制的圆形添加半径标注，效果如图 10-31 所示。

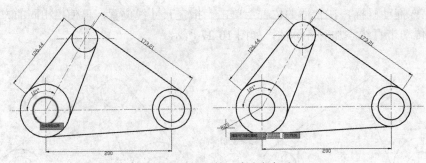

图 10-30　添加第一个半径标注

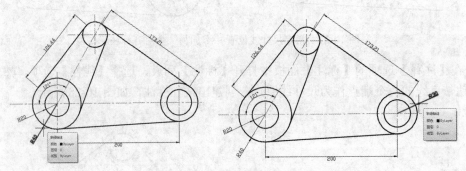

图 10-31　添加其他的半径标注

10.2　项目设计 2：制作连体式马桶设计图

本项目以一个现代化的连体水箱式按钮冲
水马桶为例，介绍设计家居物件平面图的方法。
在本项目设计中，首先制作一个圆角矩形作为水
箱图形，然后使用【多段线】功能绘制一侧马桶
盖垫的形状，再通过镜像的方式制作出整个马桶
盖垫图形，接着分别绘制马桶其他组成图形并与
水箱图形组合在一起，最后分别为冲水按钮和马
桶盖叠添加图案以做简单的美化处理。

本项目制成的效果如图 10-32 所示。

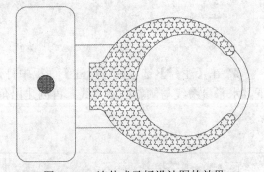

图 10-32　连体式马桶设计图的效果

10.2.1　上机练习 4：绘制连体式马桶图形

本例先绘制一个矩形，使用【圆角】功能将矩形制作成圆角矩形，然后使用【多段线】功
能绘制出马桶盖垫一侧的形状，再进行镜像处理并调整多段线顶点，绘制出马桶盖垫图形，接
着绘制马桶边缘线条并对马桶图形（除水箱图形外）进行缩小处理，最后在圆角矩形中央处绘
制一个圆形，作为马桶冲水按钮图形。

操作步骤

1 启动 AutoCAD 应用程序，通过【选择样板】对话框新建一个无样板公制文件，然后
在【默认】选项卡的【绘图】面板中单击【矩形】按钮 □·，在文件上绘制一个矩形，如图 10-33
所示。

310

2 在【默认】选项卡的【修改】面板中单击【圆角】按钮▣▾，然后选择矩形上边为第一个对象，如图 10-34 所示。

图 10-33　新建图形文件并绘制矩形　　　　图 10-34　执行【圆角】功能并选择第一个对象

3 在命令窗口中选择【半径】选项，指定圆角半径为 10，将矩形左边作为第二个对象，最后使用相同的方法，制作矩形的直角为圆角，如图 10-35 所示。

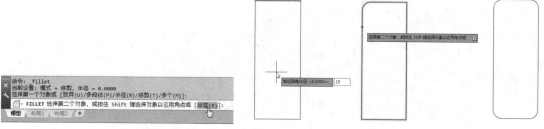

图 10-35　设置圆角半径制作出其他圆角

4 在【绘图】面板中单击【多段线】按钮，然后在矩形右侧单击指定起点，接着维持垂直方向移动鼠标，输入 30 后按 Enter 键，指定下一个点的距离为 30，继续水平向右移动，并指定下一个点的距离为 12，如图 10-36 所示。

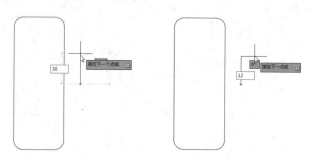

图 10-36　执行【多段线】功能并指定第 1、2、3 个点

5 在命令窗口中选择【圆弧】选项，然后移动鼠标使角度为 30 度，再输入 10 并按 Enter 键，指定圆弧的端点，如图 10-37 所示。

6 移动鼠标并在角度为 5 度时停止，输入 170 后按 Enter 键，指定圆弧的端点，然后移动鼠标在 140 度时停止，输入 15 后按 Enter 键，指定圆弧另一个端点，接着移动鼠标并捕捉到垂足点，此时输入 130 并按两次 Enter 键，完成多段线绘制，如图 10-38 所示。

7 在【默认】选项卡的【修改】面板中单击【镜像】按钮▲，然后选择多段线为对象，接着指定多段线起点和终点作为镜像线的两个点，如图 10-39 所示。

图 10-37　选择【圆弧】选项并绘制第一段圆弧

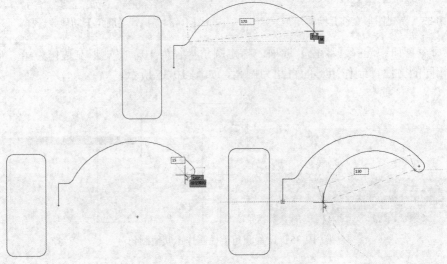

图 10-38　绘制多段线的其他圆弧段

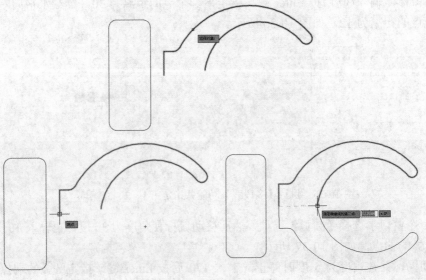

图 10-39　镜像多段线对象

8 选择下方的多段线对象，然后单击多段线终点的端点并水平向右移动，当圆心点处于绿色的垂直轴线上时，即可单击确定端点的位置，接着使用相同的方法，调整上方多段线终点的位置，如图 10-40 所示。

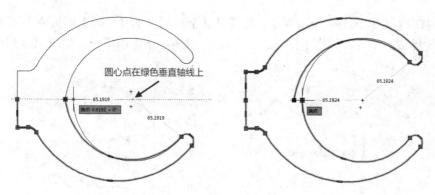

图 10-40　调整多段线的端点位置

9 在【默认】选项卡的【绘图】面板中单击【三点】按钮 ，捕捉上方多段线右侧弧线段的垂足后单击确定弧线起点，接着捕捉垂直轴线上的点并在 65 度角上单击确定第二个点，最后在下方多段线右侧弧线段的垂足上单击确定弧线第三个点，如图 10-41 所示。

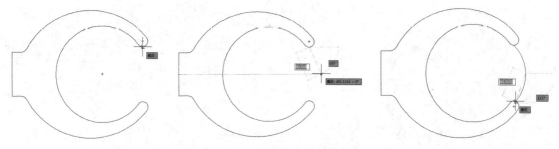

图 10-41　绘制圆弧线

10 在【默认】选项卡的【修改】面板中单击【偏移】按钮 ，选择弧线为对象，再指定偏移距离为 10，接着向右侧移动鼠标后单击，创建出偏移弧线，最后调整弧线下端点的位置，通过两条弧线构成马桶边缘形状，如图 10-42 所示。

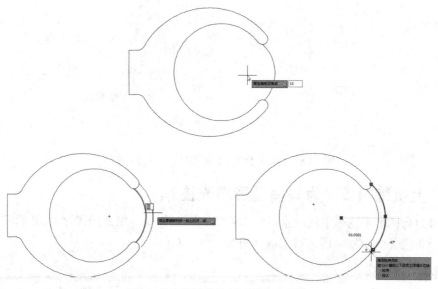

图 10-42　通过偏移创建第二个弧线

11 选择除圆角矩形外的所有对象，在【默认】选项卡的【修改】面板中单击【缩放】按钮⬜，指定缩放的基点，并指定比例因子为 0.7，以缩小选定的图形，如图 10-43 所示。

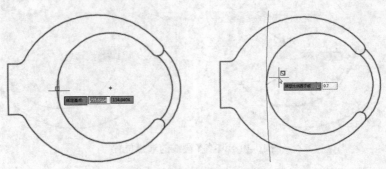

图 10-43　缩小马桶部分图形

12 选择除圆角矩形外的所有对象，再移动选定图形到圆角矩形右侧中央的位置，然后使用【直线】功能，分别在绘制两条水平直线连接选定的图形，如图 10-44 所示。

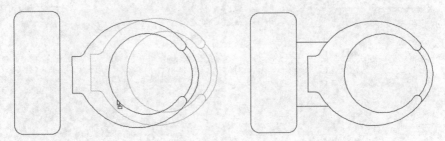

图 10-44　调整部分图形的位置在绘制直线

13 启用【中点】捕捉功能，再选择【默认】选项卡并选择【圆心，半径】选项，然后在圆角矩形上捕捉到左边和下边终点的相交点，并以此点作为圆心，绘制一个半径为 8 的圆形，如图 10-45 所示。

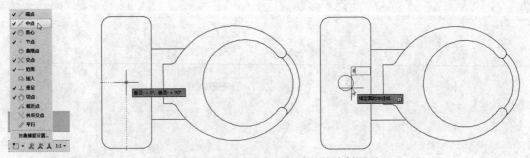

图 10-45　启用【中点】捕捉功能并绘制圆形

10.2.2　上机练习 5：为马桶图形填充图案

本例将为马桶水箱图形中的冲水按钮图形填充图案并调整填充图案比例，然后将马桶盖垫的多段线合并成一个对象，再为对象填充图案。

🖉 操作步骤

1 打开光盘中的 "..\Example\Ch10\10.2.2.dwg" 练习文件，在【默认】选项卡中单击【图

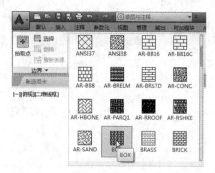

案填充】按钮 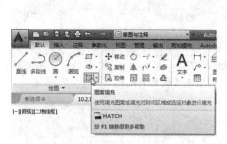，打开【图案填充创建】选项卡后，打开图案列表并选择一种图案，如图 10-46 所示。

图 10-46 打开【图案填充创建】选项卡并选择图案

2 将鼠标移到圆形对象上并单击填充图案，然后选择填充的图案，再设置填充图案比例为 0.1，如图 10-47 所示。

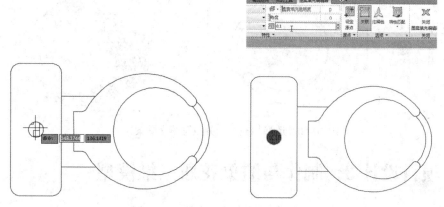

图 10-47 填充图案并设置图案比例

3 同时选择组成马桶盖垫的两个多段线对象，然后在【默认】选项卡的【修改】面板中单击【合并】按钮 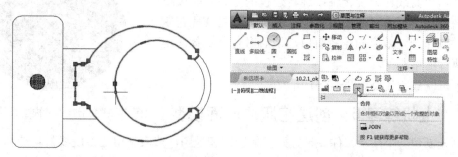，将两个对象合并，如图 10-48 所示。

图 10-48 合并多段线对象

4 在【默认】选项卡中单击【图案填充】按钮 ，再打开图案列表并选择一种图案，然后单击【选择】按钮 ，如图 10-49 所示。

5 选择合并后的多段线为作用对象，执行填充处理后，选择图案并设置图案比例为 0.8，如图 10-50 所示。

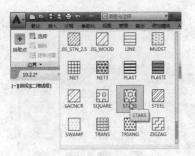

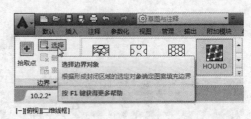

图 10-49　选择填充图案并单击【选择】按钮

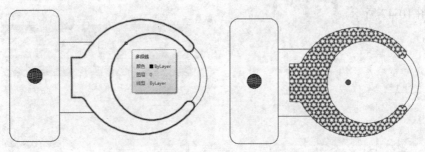

图 10-50　选择填充对象并设置填充图案比例

10.3　项目设计 3：制作与渲染花瓶三维模型

本项目以一个大肚宽口的花瓶三维实体模型为例，介绍创建三维模型并应用材质的方法。在本项目设计中，首先设置好工作空间和视图方向，再分别绘制多段线和直线对象，然后以直线作为旋转轴以旋转建模的方式将多段线制成花瓶曲面，接着对曲面进行加厚处理，使之变成花瓶实体，并制作圆角效果的花瓶瓶口，最后对花瓶实体应用材质并执行渲染即可。

本项目制成的效果如图 10-51 所示。

10.3.1　上机练习 6：创建花瓶的曲面模型

图 10-51　花瓶三维模型设计的效果

本例先创建一个图形文件并设置好工作空间和视图，然后使用【多段线】功能和【直线】功能在文件上绘制多段线和直线，再进行打断和删除的处理，绘制出用于花瓶建模的二维对象，接着通过【旋转】功能，旋转多段线创建出花瓶曲面模型，最后将直线和多段线删除即可。

操作步骤

1 启动 AutoCAD 应用程序，通过【选择样板】对话框新建一个无样板公制文件，然后切换到【三维建模】工作空间，如图 10-52 所示。

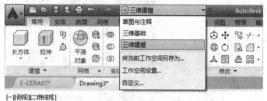

图 10-52　新建文件并选择工作空间

2 在【常用】选项卡的【视图】面板中打开视图样式列表，再选择【线框】视图样式，然后单击 ViewCube 工具的【上】按钮，调整成俯视的视图方向，如图 10-53 所示。

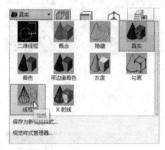

图 10-53　设置视图样式和视图方向

3 在文件窗口右侧的工具栏中打开【缩放】列表，选择【缩放比例】选项，然后输入缩放比例因子为 0.5，缩小显示文件，接着将三维坐标轴移到文件左下角，如图 10-54 所示。

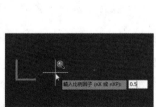

图 10-54　缩小显示文件并调整坐标轴位置

4 在【常用】选项卡的【绘图】面板中单击【多段线】按钮，然后在文件上单击确定起点，再水平向左移动鼠标（180 度角）并输入 100 后按 Enter 键，指定多段线第二个点，接着移动鼠标在 120 度角处，输入 15 并按 Enter 键，确定多段线第三个点，如图 10-55 所示。

5 在命令窗口中选择【圆弧】选项，再移动鼠标到 140 度角处，输入 15 后按 Enter 键，接着移动鼠标到 90 度角处，输入 90 后按 Enter 键，再次移动鼠标到 45 度角处，输入 50 后按 Enter 键，最后移动鼠标到 100 度角处，输入 70 后按 Enter 键，分别确定多段线的其他点，如图 10-56 所示。

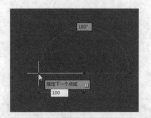

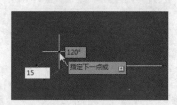

图 10-55　执行【多段线】功能并确定前三个点

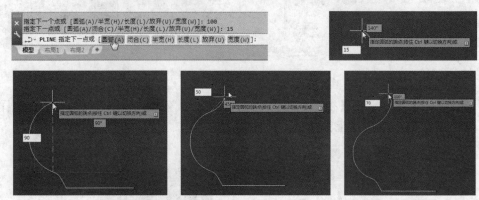

图 10-56　确定多段线的其他点

6 在命令窗口中选择【直线】选项，然后水平向右移动鼠标，输入 60 后按两次 Enter 键，结束【多段线】命令，如图 10-57 所示。

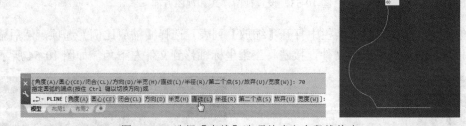

图 10-57　选择【直线】选项并确定多段线终点

7 在【常用】选项卡的【绘图】面板中单击【直线】按钮，捕捉多段线终点为直线第一个点，然后垂直向下移动鼠标，再穿过与多段线垂直相交点，在多段线下方单击执行直线第二个点，接着结束【直线】命令，如图 10-58 所示。

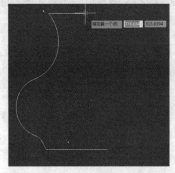

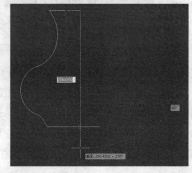

图 10-58　绘制一条直线

8 在【常用】选项卡的【修改】面板中单击【打断于点】按钮□，然后选择多段线为对象，再指定多段线与直线相交点作为打断点，如图 10-59 所示。

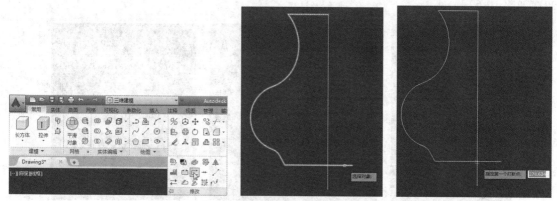

图 10-59　使用【打断于点】功能打断多段线

9 选择打断多段线后产生的直线并将它删除，接着使用步骤 8 的方法，继续打断多段线上方水平直线部分并将打断的线删除，如图 10-60 所示。

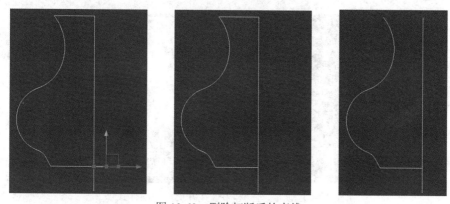

图 10-60　删除打断后的直线

10 单击▲按钮，在菜单中单击【选项】按钮，打开【选项】对话框后切换到【显示】选项卡，再设置显示精度参数并单击【确定】按钮，如图 10-61 所示。

图 10-61　设置显示精度

11 切换到【曲面】选项卡，再单击【旋转】按钮 旋转，然后选择多段线作为要旋转的对象，再分别指定直线两个端点作为旋转轴端点，指定旋转角度为 360 度，创建出花瓶三维曲面，如图 10-62 所示。

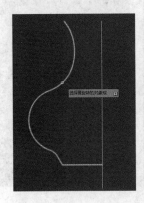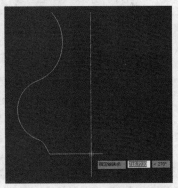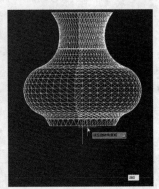

图 10-62　创建花瓶三维曲面

12 选择直线和多段线对象，将它们删除，然后切换视图样式为【带边缘着色】，查看花瓶曲面效果，如图 10-63 所示。

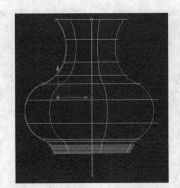

图 10-63　删除直线和多段线并调整视图样式

10.3.2　上机练习 7：编修和渲染花瓶模型

本例先将花瓶曲面对象进行三维旋转，再进行加厚处理，使之变成花瓶实体模型，然后设置花瓶瓶口的圆角效果，接着为实体应用材质并适当编辑材质，最后将花瓶实体模型进行渲染并输出。

操作步骤

1 打开光盘中的 "..\Example\Ch10\10.3.2.dwg" 练习文件，在【常用】选项卡的【选择】面板中选择【旋转小控件】选项，再选择花瓶曲面对象，如图 10-64 所示。

2 将鼠标移到旋转小控件红色旋转轴上，将该旋转轴变成金色，再指定旋转角度为 90，如图 10-65 所示。

3 切换到【可视化】选项卡，再选择【西南等轴测】视图方向，然后在【实体】选项卡的【实体编辑】面板中单击【加厚】按钮 加厚，如图 10-66 所示。

4 选择花瓶曲面作为要加厚的对象，再指定厚度为 5，将花瓶曲面加厚并转成实体对象，如图 10-67 所示。

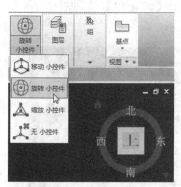
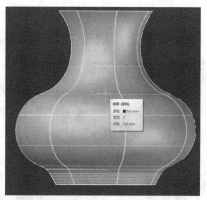

图 10-64 选择旋转小控件再选择曲面对象

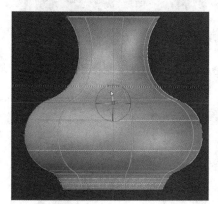
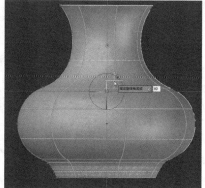

图 10-65 旋转花瓶曲面对象

图 10-66 调整视图方向并执行【加厚】功能

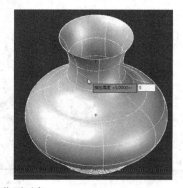

图 10-67 加厚花瓶曲面对象

5 在【实体】选项卡的【实体编辑】面板中单击【圆角边】按钮，选择瓶口面的两个边作为对象，然后选择【半径】选项，如图 10-68 所示。

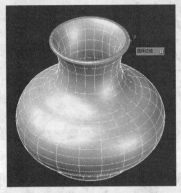

图 10-68　执行【圆角边】功能并选择边和半径选项

6 指定圆角的半径为 2.5，再按 Enter 键退出命令，将瓶口制作成圆角效果，如图 10-69 所示。

图 10-69　指定半径并结束命令

7 打开【材质浏览器】选项板，选择【陶瓷】材质库，然后选择【1.5 英寸方形-中蓝色】材质，将该材质拖到花瓶实体上，如图 10-70 所示。

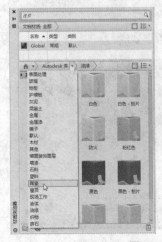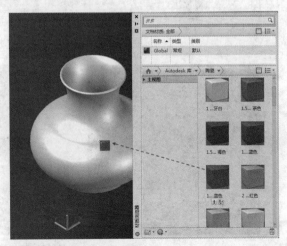

图 10-70　选择材质库并为实体应用材质

8 在【材质浏览器】选项上选择应用到三维模型的材质，单击【编辑材质】按钮 ✏️，打开【材质编辑器】选项板，然后调整浮雕图案的数量值，设置饰面为【缎光】，如图 10-71 所示。

图 10-71　编辑材质

9 在【可视化】选项卡的【渲染】面板中按下【渲染输出文件】按钮 🖼️，再单击右侧的【浏览文件】按钮 ⋯，然后指定图像输出位置、文件类型及输出文件名，单击【保存】按钮，接着在【JPEG 图像选项】对话框中设置质量和文件大小，完成后单击【确定】按钮，如图 10-72 所示。

图 10-72　设置渲染输出文件和图像选项

10 在【渲染】面板中设置其他渲染选项，然后单击【渲染】按钮 ☁️，正式开始渲染模型，如图 10-73 所示。

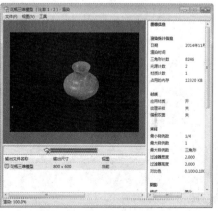

图 10-73　设置渲染选项并执行渲染

参考答案

第1章

一、填空题

(1) Autodesk   (2) 新选项卡

(3) 草图与注释

二、选择题

(1) D   (2) A

(3) C   (4) B

三、判断题

(1) √   (2) ×

(3) √

第2章

一、填空题

(1) 变量

(2) 窗口缩放视图

(3) 圆心缩放视图

二、选择题

(1) A   (2) C

(3) D   (4) C

三、判断题

(1) √   (2) ×

(3) √

第3章

一、填空题

(1) 射线   (2) 构造线

(3) 多段线

(4) 中心点至各个顶点

二、选择题

(1) B   (2) B

(3) C   (4) D

三、判断题

(1) √   (2) ×

第4章

一、填空题

(1) 坐标系

(2) 世界坐标系

(3) AutoTrack 或自动追踪

(4) 极轴追踪

二、选择题

(1) B   (2) C

(3) A   (4) C

三、判断题

(1) √   (2) ×

第5章

一、填空题

(1) 线型   (2) 特性匹配

(3) 图层

二、选择题

(1) C   (2) B

(3) A   (4) D

三、判断题

(1) ×   (2) √

(3) √

第6章

一、填空题

(1) 移动   (2) 偏移

(4) 修剪

二、选择题

(1) A   (2) D

(3) C

三、判断题

(1) √   (2) √

(3) √   (4) ×

第7章

一、填空题

(1) 多行文字   (2) 堆叠文字

(3) 表格样式   (4) 多重引线

二、选择题

(1) D   (2) D

(3) B

三、判断题

(1) √   (2) ×

(3) √

第8章

一、填空题

（1）实体模型 　　　　（2）程序曲面

（3）网格模型

二、选择题

（1）D 　　　　（2）C

（3）B

三、判断题

（1）√ 　　　　（2）×

（3）√ 　　　　（4）√

第9章

一、填空题

（1）三维镜像 　　　　（2）路径

（3）分割实体 　　　　（4）渲染

二、选择题

（1）B 　　　　（2）D

（3）C

三、判断题

（1）√ 　　　　（2）×

（3）√